Die Wirtschaftspsychologie

Die Buchreihe *Die Wirtschaftspsychologie* informiert – praxisorientiert und wissenschaftlich fundiert – über aktuelle Themen aus dem beruflichen und wirtschaftlichen Alltag. Experten aus den Teilgebieten der Wirtschaftspsychologie (Arbeits- und Organisationspsychologie, Personalpsychologie, Markt- und Konsumentenpsychologie, Ökonomischen Psychologie) verbinden in themenspezifischen Einzelbänden praktische Relevanz mit wissenschaftlichem Rigor. Jeder Einzelband gibt Einblick in aktuelles psychologisches Wissen zur Beantwortung praxisorientierter Fragen.

Von Interesse sind die Einzelbände der Reihe für Arbeitnehmer, Manager und Betriebsräte sowie Marketingfachleute gleichermaßen, in privaten und öffentlichen Unternehmen und der staatlichen Verwaltung, insbesondere auch für HR- und Personalverantwortliche, Unternehmens- und Personalberater sowie Young Professionals und Studierende verschiedener berufsqualifizierender Fachgebiete, zum Beispiel BWL, VWL, Wirtschaftspsychologie, Erwachsenenbildung, Ingenieurswesen …

In leicht verständlicher Sprache wird auch Lesern ohne psychologische Grundkenntnisse ein kurzweiliger und kompetenter Einblick in verschiedene Themengebiete geboten, mit Verweisen auf weiterführende Quellen.

Bereits erschienen:

Werther, Jacobs, Organisationsentwicklung – Freude am Change
Brodbeck, Internationale Führung – Das GLOBE-Brevier in der Praxis

Weitere Bände der Reihe sind in Vorbereitung:

Mühlbacher, Steuerverhalten (Arbeitstitel)
Stark, Kirchler, Entscheidungen (Arbeitstitel)
Florack, Psychologische Strategien in Marketing und Werbung (Arbeitstitel)
Wastian, Coaching-Management in Organisationen (Arbeitstitel)
Spieß, Reif, Stadler, Gesundheitsmanagement (Arbeitstitel)

Sarah Diefenbach
Marc Hassenzahl

Psychologie in der nutzerzentrierten Produktgestaltung

Mensch-Technik-Interaktion-Erlebnis

 Springer

Sarah Diefenbach
Department Psychologie
Universität München
München, Deutschland

Marc Hassenzahl
Fakultät III, Wirtschaftsinformatik
Universität Siegen
Siegen, Deutschland

Die Wirtschaftspsychologie
ISBN 978-3-662-53025-2   ISBN 978-3-662-53026-9 (eBook)
DOI 10.1007/978-3-662-53026-9

Die Deutsche Nationalbibliothek verzeichnet diese Publikation in der Deutschen National-
bibliografie; detaillierte bibliografische Daten sind im Internet über http://dnb.d-nb.de abrufbar.

Planung und Lektorat: Marion Krämer, Martina Mechler

Gedruckt auf säurefreiem und chlorfrei gebleichtem Papier

Springer ist Teil von Springer Nature
Die eingetragene Gesellschaft ist Springer-Verlag GmbH Deutschland
Die Anschrift der Gesellschaft ist: Heidelberger Platz 3, 14197 Berlin, Germany

Vorwort

Wir möchten Menschen glücklich machen.

Das klingt in postmodernen Zeiten im besten Fall naiv, im schlimmsten Fall verwerflich. Für manche riecht es nach Big Brother, Freiheitsverlust und Manipulation; nach Geräten, die Menschen ohne deren Zustimmung in gesündere, sozialere oder wirtschaftlichere Verhaltensweisen drängen, weil es vermeintlich zu ihrem Besten ist. *Google, Facebook, Microsoft* und *Apple* machen uns gerade vor, was es bedeutet, wenn sich große Unternehmen auf die Fahnen schreiben, die Welt zu retten. Evgeny Morozow nennt das in seinem Buch *To save the world, click here* kritisch *solutionism*. Die Welt wird dabei als ein Problem verstanden, das es mithilfe von Technik zu lösen gilt. Uns fällt es zunehmend schwer, von all den sozialen Medien, autonomen Fahrzeugen, Datenfarmen, Robotern, virtuellen Realitäten und künstlichen Intelligenzen begeistert zu sein, denn oftmals ist das keine wirkliche Technik für Menschen. Wie Bruce Sterling (in *The Epic Struggle of the Internet of Things*) richtig bemerkt: Wir sind keine Kunden von *Facebook*, sondern schuften lediglich unentgeltlich im notdürftig maskierten Datenbergwerk, angetrieben durch unser menschliches Bedürfnis nach sozialem Austausch, benutzt von den wirklichen Kunden von *Facebook*. Das ist keine Technik für *uns*.

Wie alle Dinge und Werkzeuge unseres Alltags darf auch Technik nicht unkritisch betrachtet werden. Technisch fortschrittlich heißt nicht unbedingt gesellschaftlich fortschrittlich oder Wohlbefinden verbessernd. Wir brauchen eine psychologische Perspektive: Was macht Technik mit uns im Alltag? Wie verändert sie unseren Umgang miteinander und unsere sozialen Normen? Wie muss sie gestaltet sein, sodass langfristig bedeutsame Erlebnisse geschaffen werden, die mehr als ein kurzer Hype aufgrund der Neuartigkeit der Technik sind? Was können wir tun, damit die Technik Menschen nicht in Routinen führt, die ihnen eher schaden als guttun? Wer mit, durch oder trotz Technik Menschen glücklicher machen will, muss nicht gleich ein (digitales) Dankbarkeitstagebuch oder eine Achtsamkeitsapp entwickeln. Auch die Software, mit der wir täglich arbeiten (z. B. *Microsoft Word*, gerade im Moment), hat das Potenzial, einen Beitrag zum eigenen Wohlbefinden zu leisten. Ein Schreibprogramm muss Basisfunktionen bieten (Dokumente schreiben, speichern, schließen, öffnen), aber Glück entsteht an anderer Stelle. Was zählt, sind die Erlebnisse, die durch die Nutzung von Word entstehen, wie beispielsweise ein Gefühl von Kompetenz (toll, diese vielen Formatvorlagen – da sieht mein Geschreibsel doch gleich viel professioneller aus), Autonomie (geteilte Seitenansicht – ich kann an zwei Stellen gleichzeitig schreiben, alles im Blick haben) oder auch der Einschränkung von Autonomie (*Karl Klammer* nervt mal wieder, er glaubt, ich möchte einen Brief schreiben und mischt sich ein – mittlerweile glücklicherweise abgeschafft).

Hersteller technischer Produkte beginnen, sich zunehmend für das Erlebnis zu interessieren. So wird die Gestaltung interaktiver Produkte auch zum Betätigungsfeld für Psychologen und entwickelte sich zum Teilgebiet der Wirtschaftspsychologie. Vielleicht fragen Sie sich jetzt: Wirtschaft und Wohlbefinden – wie passt das zusammen? Lehrt uns die Wirtschaftspsychologie, insbesondere die Markt- und Konsumentenpsychologie, nicht vorrangig, wie sich Dinge am besten verkaufen? Den Kunden Dinge aufschwatzen, die sie eigentlich gar nicht wollen, Manipulationstaktiken, Verkaufstricks? Sicherlich wird es Menschen und Unternehmen geben, die sich primär dafür interessieren. Wir aber bleiben bei unserer Mission: Wir wollen Menschen glücklich machen. Und zwar, indem wir ihre Bedürfnisse verstehen und ernst nehmen.

Mit diesem Buch wollen wir Anregungen geben, wie eine psychologische und erlebnisorientierte Perspektive die Gestaltung von Technik bereichern kann. Dabei schließt jedoch die erlebnisorientierte Perspektive auf Technik ein unternehmerisches Interesse nicht aus. Im Gegenteil, oftmals wird das Erlebnis zum wichtigen Alleinstellungsmerkmal und Erfolgsfaktor (oder ist das *iPhone* einfach nur praktisch?). Wer das beste Erlebnis verkauft, gewinnt. In anderen Domänen ist dies schon lange selbstverständlich – der Hotelier, der es schafft, dass sich seine Gäste rundum wohlfühlen, die nette Bar an der Ecke, in der scheinbar einfach alles dafür gemacht ist, dass hier gute Gespräche entstehen. Perfektes *Experience Design* könnte man sagen. Warum auch nicht, wenn hierdurch der Alltag der Menschen bereichert wird.

Glück wird im Alltag gemacht. Was und wie wir etwas tun, bestimmt unser Wohlbefinden. Bei Handlungen spielt die Interaktion mit Dingen, im weitesten Sinne technische Geräte, eine zentrale Rolle. Ganz unabhängig davon, ob dies so gewollt ist oder nicht. Die Gestaltung von Technik – oder allgemein von Dingen unseres Alltags – ist also geradezu prädestiniert, um einen Beitrag zu mehr Glück zu leisten.

Wissen Sie was ein „Smombie" ist? Das Jugendwort des Jahres 2015 ist eine Kombination aus Smartphone und Zombie. Es bezeichnet Menschen, die durch den ständigen Blick auf ihr Smartphone ihre Umgebung kaum noch wahrnehmen. Augsburg und Köln richten nun Bodenampeln ein, damit aus Smombies nicht wirklich Tote werden. Wahrscheinlich hat das kein Smartphonedesigner geplant oder gewollt. Es ist aber eine Konsequenz des extremen Buhlens um die Aufmerksamkeit der Nutzer. Mit Wohlbefinden hat das wenig zu tun, eher schon mit Sucht. Und manche Zyniker in großen Konzernen nehmen dies hin, solange die Werbeeinnahmen nur sprudeln. Als Gestalter interaktiver Produkte braucht man einen moralischen und methodischen Kompass. Nicht alles, was technisch machbar ist, ist auch persönlich oder gesellschaftlich erstrebenswert.

Aus unserer Sicht ist die Technik für den Menschen gedacht. Es geht um Dinge, die den Alltag verändern, ihn aber nicht notwendigerweise schneller oder einfacher, sondern freudvoller und bedeutungsvoller machen. Hier scheint für uns auch der Unterschied zu liegen, zwischen dem moderaten Wunsch, Menschen im Alltag etwas glücklicher zu machen, und dem überzogenen Anspruch von Hightechunternehmen, die Welt zu retten.

Wir, Sarah und Marc, arbeiten seit mehr als zehn Jahren gemeinsam an der Schnitt-stelle von Psychologie, Informatik und Mensch-Technik-Interaktion sowie von In-teraktion- und Industriedesign. Dieses Buch ist unser Versuch, die gesammelten Erfahrungen und Eindrücke in eine Form zu bringen, die Sie dazu einlädt, die Ge-staltung von interaktiven Produkten aus der Perspektive von Lebenszufriedenheit und Wohlbefinden zu betrachten.

Die Kapitel sind so geschrieben, dass sie zusammenhängend oder auch einzeln gelesen werden können, wodurch sich Doppelungen zwischen den Kapiteln nicht gänzlich ausschließen lassen.

In ▶ Kap. 1 bis 4 des Buchs werden relevante Themenfelder diskutiert. Dabei widmen wir uns ganz besonders den gerade entstehenden Themen, wie dem Nutzungserleb-nis, der Veränderung von Verhalten durch interaktive Produkte, oder der Frage, was Konsumenten von interaktiven Produkten eigentlich erwarten. Auch Zusammen-hänge zwischen ethischen und gesellschaftlichen Aspekten (z. B. Nachhaltigkeit) werden beleuchtet. Ziel ist es nicht, einen erschöpfenden theoretischen Überblick zu geben, sondern anhand einer Auswahl von Studien und Beispielen einen Ein-druck der Vielfältigkeit des Berufsfeld zu vermitteln und zu skizzieren, mit welchen weiteren Aufgaben zukünftig zu rechnen ist. Nicht zuletzt soll in diesen Kapiteln deutlich werden, wie notwendig psychologische Kompetenzen für die Gestaltung interaktiver Produkte sind, um qualitativ hochwertige interaktive Produkte wahr-scheinlicher zu machen.

In ▶ Kap. 5 bis 9 des Buchs liegt der Schwerpunkt auf Methoden und Werkzeugen für die psychologisch orientierte Gestaltung von Interaktion und Erlebnis. Die vor-gestellten Ansätze liefern ein wissenschaftlich fundiertes und gleichzeitig anwen-dungsbezogenes Repertoire für die Gestaltung und Evaluation interaktiver Produkte in Forschung und Praxis.

Noch ein Wort bevor es richtig losgeht: Bücher schreibt man nicht alleine. Sie sind das Ergebnis unzähliger Gespräche und intensiver Zusammenarbeit – nicht nur zwi-schen den Autoren. Wir haben das Glück schon seit einigen Jahren von einer ganzen Horde kluger und interessanter Gesprächspartner umgeben zu sein. Dazu zählen unter vielen anderen (in alphabetischer Reihenfolge): Wei-Chi Chien, Lara Chris-toforakos, Kai Eckoldt, Stephanie Heidecker, Holger Klapperich, Martin Knobel, Kirstin Kohler, Matthias Laschke, Claudius Lazzeroni, Eva Lenz, Carmen Ludwig, Jasmin Niess, Thies Schneider, Josef Schumann, Stefan Tretter und Julika Welge. Vielen Dank an Euch. Auch darf man nicht die Organisationen vergessen, die einen erheblichen Teil unserer Arbeiten finanziell möglich gemacht haben. Dazu gehören das Bundesministerium für Bildung und Forschung (BMBF), die BMW Forschung und die BMW Group, die Siemens AG und Siemens Healthcare und viele andere. Insbesondere ▶ Kap. 4 hat außerordentlich von dem Projekt „Design for Wellbeing" profitiert, gefördert durch den Leitmarkt Medien und Kreativwirtschaft in Nord-rhein-Westfalen (OPEFRE, Förderkennzeichen: EFRE 0800005). Unser Dank geht hier an das ganze Forschungsteam. Um seine Arbeit gut zu machen, ist es notwendig auch mal auf andere Gedanken zu kommen. Dabei unterstützen uns: Daniel Ullrich, Annette Amon-Hassenzahl, Alma Hassenzahl und Greta Hassenzahl. Danke auch an Euch.

Nun ist es aber Zeit loszulesen. Viel Vergnügen wünschen Ihnen

Sarah Diefenbach und Marc Hassenzahl

Inhaltsverzeichnis

Die Gestaltung interaktiver Produkte als Berufsfeld

Sarah Diefenbach, Marc Hassenzahl

© Springer-Verlag GmbH Deutschland 2017
S. Diefenbach, M. Hassenzahl, *Psychologie in der nutzerzentrierten Produktgestaltung*,
Die Wirtschaftspsychologie, DOI 10.1007/978-3-662-53026-9_1

1.1   Interaktive Produkte und die Psychologie

Praktiker im Berufsfeld „Gestaltung interaktiver Produkte"

Anja Endmann – UX Researcher

Anja Endmann ist Senior UX Researcher bei einem internationalen Softwarehersteller. Dort kümmert sie sich um die UX (User Experience, Nutzungserleben oder Nutzungserlebnis) verschiedener Softwareprodukte. Ihre Abteilung ist die User Experience Group. Ihre Kollegen sind meist Psychologen oder Medieninformatiker, teils finden aber auch Quereinsteiger (z. B. aus der Chemie) den Weg in das Team. Anjas Tätigkeitsbereich ist breit. Zum Beispiel erforscht sie Nutzer und ihre Nutzungskontexte: Wer nutzt die Produkte, wann, unter welchen Umständen und für was? Aus den erhobenen Kenntnissen entstehen Anforderungen an die Produkte, die dann dokumentiert und verwaltet werden müssen (Requirements Engineering). Ob diese durch das Produkt angemessen umgesetzt wurden, wird im Nachgang mit Benutzern empirisch geprüft. UX wird aber auch als interne Beratungsleistung angeboten. Ein Kunde (z. B. ein Produktmanager) kann Anjas Kompetenzen gezielt anfordern, muss sie dann aber auch zusätzlich bezahlen. Dies ist nicht untypisch, aber trotzdem überraschend. Man sollte meinen, dass gute UX eine generelle Qualität aller Produkte darstellen sollte. Technische Qualität kann ja auch nicht optional hinzugebucht werden. Der Stellenwert von UX als Qualität ist dem Management noch nicht immer ganz klar, besonders wenn das Produkt kein typisches Konsumprodukt ist. Darüber hinaus ist Anja auch gestalterisch tätig, z. B. im Rahmen von Workshops zur Ideenfindung (Ideation). Das Gestalterische war ihr als Psychologin anfangs besonders fremd, ist für sie mittlerweile aber zu einer Leidenschaft geworden.

Henning Brau – Manager Corporate UX

Henning Brau ist Manager Corporate User Experience bei der *Bosch-Siemens Hausgeräte GmbH* (BSH). Er arbeitet in der Abteilung „Corporate User Experience" gemeinsam mit anderen Psychologen, Informatikern und Designern an der Einbettung von UX in bestehende Produktentwicklungsprozesse. Ein Beispiel ist die Erstellung eines Reifegradmodells, mit dem sich abschätzen lässt, wie intensiv eine Abteilung oder ein Produktbereich der BSH schon UX betreibt. Bei BSH genießt UX große Aufmerksamkeit und ist Teil eines unternehmensweiten Wandels. Henning ist stolz, dabei mitwirken zu können. UX soll als eine Gestaltungsphilosophie, ja fast schon als eine Lebensart, und nicht als bloße Methode verstanden werden. Es geht um mehr als benutzbare und schöne Benutzungsoberflächen (User Interfaces, UI). Es geht auch um die Einbindung der Marke und die Gestaltung ganzheitlicher Produkt-Service-Erlebnisse.

Melanie Lamara – UX Spezialist Produktmanagement

Melanie Lamara ist im Bereich Produktmanagement bei einem Motorradhersteller tätig. Als Psychologin ist sie in ihrer Abteilung eine Exotin. Kolleginnen und Kollegen stammen eher aus dem Bereich Elektrotechnik, Maschinenbau oder der Betriebswirtschaftslehre. Allerdings gibt es ein hohes Interesse an innovativen interaktiven Produkten rund um das Thema Motorrad, bei denen das Erlebnis im Vordergrund steht. Das könnte beispielsweise eine Anwendung sein, die neben der bloßen Navigation auch andere Arten des Fahrens unterstützt, wie das Vorschlagen spezieller Routen bei schönem Wetter oder die spielerische Erkundung von Gebieten, in denen man bislang noch nicht häufig unterwegs war. Oft ist das Motorrad mehr ein Hobby als ein Fortbewegungsmittel des Alltags. Die Aufgaben von Melanie sind Marktforschung und Zielgruppenanalysen, die Organisation von Workshops, aber auch Analysen der notwendigen technischen Voraussetzungen für die Entwicklung „ihrer" UX-Produkte (z. B. was ist erforderlich, um das Telefon mit dem Motorrad „kommunizieren" zu lassen?). Auch wenn der Begriff UX im Unternehmen nicht immer explizit genannt wird, beschreibt Melanie das Unternehmen als offen für entsprechende Themen. Jeder mache sich bewusst Gedanken, was ein Motorradfahrer erleben will, welche freudvollen Situationen entstehen können, was passiert, wenn man in der Gruppe unterwegs ist und so weiter. Das zeigt sich auch in den Kommunikationsstrategien der Marke. Die Frage ist immer, welche Geschichten über das Motorradfahren können und wollen wir als Marke erzählen.

Interaktive Produkte sind aus unserem Alltag kaum mehr wegzudenken. Wir schreiben mit *Word*, lesen auf dem *Kindle*, hören Musik mit *Spotify*, sehen Serien mit *Netflix*, sind Barbaren in *Clash of Clans*, shoppen mit *Amazon*, bleiben mit Freunden in Kontakt über *Facebook* und planen unsere Reisen mit *TomTom* oder den *DB Navigator*. Wir zeichnen unsere Joggingerfolge mit *Endomondo* auf oder tragen eine *Nike+* Uhr, und auch der naturverbundenste Wanderer möchte kaum mehr auf sein GPS-Gerät (Global Positioning System) verzichten. Selbst die Anleitungen für entspanntes Origamifalten beziehen wir mittlerweile durch *YouTube*. Die Suche nach „origami tutorials" ergibt hier nicht weniger als 262.000 Videos.

Jedes der genannten Produkte beruht auf komplexen Telekommunikationsinfrastrukturen, komplizierten Algorithmen und Sensoren und finanziert sich mithilfe ausgeklügelter Geschäftsmodelle. Letztendlich sind es aber Menschen, die sie nutzen. Sie brauchen diese Produkte, haben Spaß mit ihnen, lieben sie oder hassen sie manchmal sogar. Damit Letzteres nicht zu häufig vorkommt, müssen die technischen Möglichkeiten und Notwendigkeiten so gestaltet werden, dass Menschen sie verstehen und in ihrem Alltag als bereichernd erleben. Dies erfordert nicht nur technisches Fachwissen, sondern solide psychologische und gestalterische Kenntnisse.

Daher ist es nicht verwunderlich, dass sich um die Gestaltung interaktiver Produkte ein neues Berufsfeld entwickelt hat. Im Zentrum steht dabei das positive Nutzungserlebnis (User Experience, UX). Praktiker nennen sich „Usability Engineer", „UX Researcher" oder sogar „User Experience Designer". Sie beschäftigen sich im weitesten Sinne mit der Konzeption und Evaluation interaktiver Produkte aus der Benutzerperspektive. Das tun sie nicht nur bei *Google* und Co, sondern auch bei Herstellern von Arbeitssoftware, Hausgeräten und Motorrädern, wie die Steckbriefe uns bekannter Praktiker zu Beginn des Kapitels zeigen (▶ Kasten „Praktiker im Berufsfeld ‚Gestaltung interaktiver Produkte'").

Die Beispiele von Anja, Henning und Melanie zeigen: Psychologische Kenntnisse sind bei der Gestaltung interaktiver Produkte entscheidend. Dementsprechend viele Psychologen sind im Berufsfeld tätig. Sie stellen neben Medieninformatikern die am häufigsten vertretene Gruppe dar. Dies zeigt auch ein aktueller Bericht: Der „Branchenreport UX/Usability" ist eine seit 2007 jährlich durchgeführte landesweite Befragung im Auftrag des Berufsverbandes der Usability und User Experience Professionals in Deutschland (▶ Kasten „German UPA e. V."). ◻ Abb. 1.1 zeigt einige weitere Ergebnisse (siehe auch http://germanupa.de/berufsverband/branchenreport/). Hersteller haben also ganz offensichtlich die Bedeutsamkeit von UX erkannt. Viele haben spezialisierte Abteilung oder kaufen entsprechende Dienstleistungen bei externen Agenturen ein.

German UPA e. V. – Berufsverband der Deutschen Usability und User Experience Professionals
Der Berufsverband der Deutschen Usability und User Experience Professionals (German UPA e. V., ▶ www.germanupa.de) wurde 2002 in Stuttgart gegründet. Mittlerweile zählt der Verein rund 1500 Mitglieder und ist damit die größte Fachvertretung im deutschsprachigen Raum. Seine Hauptaufgabe sieht der Verband in der Wissensvermittlung und Meinungsbildung rund um das Thema UX. Hierzu zählen die Definition des Berufsbildes und die Entwicklung von Qualitätsstandards für die Arbeit von UX Professionals. Zu den regelmäßigen Aktivitäten des Vereins gehören neben der Durchführung des Branchenreports die jährlich stattfindende Usability-Professionals-Konferenz (UP), die traditionell gemeinsam mit der Konferenz „Mensch und Computer" der Gesellschaft für Informatik (GI) stattfindet, und eine Summer School für

Studierende. Darüber hinaus beschäftigen sich Arbeitskreise mit der Entwicklung von Informationsschriften und Veranstaltungen zu spezifischen Schwerpunktthemen, wie beispielsweise Anforderungsanalysen, Barrierefreiheit, Sicherheit und Privatsphäre oder Gebrauchstauglichkeit in der Medizintechnik. Ein wichtiges Medium für Professionals ist das Forum in der „i-com – Journal of Interactive Media", das anhand von praxisorientierten Beiträgen den Austausch zwischen Praktikern und Wissenschaftlern anregt.

Allerdings zeigt der Branchenreport auch, dass der Anteil an Psychologen im Berufsfeld „Gestaltung interaktiver Produkte" über die Jahre bereits abgenommen hat. Dies ist sicher den mittlerweile häufiger werdenden, spezialisierten Masterstudiengängen zum Thema geschuldet (z. B. Human-Computer Interaction, Interactive Systems Design, Interaction Design). Das bedeutet aber nicht, dass psychologische Kenntnisse und Fertigkeiten nicht mehr gefragt sind. Ganz im Gegenteil: Auch andere Disziplinen, wie Informatik oder Design, zeigen ein verstärktes Interesse an der Interaktion zwischen Mensch und Technik.

So erklärt sich auch die Idee des vorliegenden Buches. Es verortet das Berufsfeld „Gestaltung interaktiver Produkte" in der Wirtschaftspsychologie (▶ Abschn. 1.5). Uns geht es um eine berufsfeldspezifische Schwerpunktlegung. Zum einen möchten wir die Neugier der Studierenden und Lehrenden der Psychologie für die Gestaltung interaktiver Produkte wecken und zum anderen Praktiker anderer Disziplinen besser auf die Tätigkeiten im Berufsfeld vorbereiten. Psychologische Expertise ist in der Gestaltung interaktiver Produkte unbedingt gefragt – doch das Berufsfeld bringt spezifische Anforderungen mit sich, die auch über das, was im klassischen Psychologiestudium vermittelt wird, hinausgehen. Diese betreffen mindestens drei Aspekte:
1. Die für die Praxis wertvolle inhaltliche Kompetenz ist über verschiedene Fächer der Psychologie verteilt. Es fehlt eine integrierte Sicht, die deutlich macht, welche Theorien, Modelle und Erkenntnisse in der Praxis wichtig sein können. Das macht auch den Zugang für Praktiker anderer Disziplinen besonders schwer.
2. Die für die Praxis notwendige gestalterische Kompetenz wird in der Psychologie nicht adressiert. Jede Bewertung oder anders geartete Auseinandersetzung mit einem interaktiven Produkt zieht unweigerlich die Frage nach sich, wie man es in Hinblick auf Verständlichkeit, Akzeptanz etc. verbessern kann. Dies erfordert konkrete, umsetzbare, gestalterische Lösungsvorschläge, nicht nur detaillierte Problembeschreibungen, was bedacht werden sollte, wenn man in dem Berufsfeld erfolgreich tätig sein will.
3. Die für die Praxis notwendige methodische Kompetenz ist meist nicht optimal ausgerichtet. Die Gestaltung interaktiver Produkte erfordert oft ein qualitatives, diagnostisches Vorgehen, während die Psychologie oder wirtschaftsorientierte Studiengänge meist ein quantitatives, experimentelles Vorgehen lehren. Letzteres eignet sich zum Klären globaler, allgemeiner Fragen, weniger aber zur detaillierten Exploration spezifischer Kontexte und lokaler Fragen. Zudem orientiert sich die Vermittlung von Methodenwissen eher am Forschungseinsatz, Möglichkeiten der Anpassung für den Einsatz in der Unternehmenspraxis werden selten thematisiert.

Unsere Bestandsaufnahme deckt sich mit der Sicht von Kostanija Petrovic, Psychologin und von 2010 bis 2015 Präsidentin des Berufsverbandes der Deutschen Usability und User Experience Professionals. In einem Interview im Rahmen der jährlich stattfindenden Usability-Professio-

Geschlecht

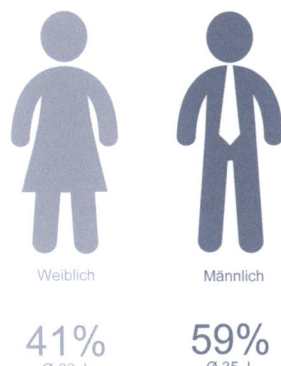

Weiblich   Männlich

41%   59%
Ø 33 J.   Ø 35 J.

Arbeitsstandort
andere Bundesländer je unter 6%

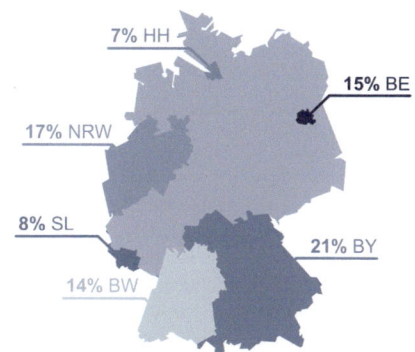

7% HH

15% BE

17% NRW

8% SL

21% BY

14% BW

Alter

22 Jüngste/r

34 Durchschnitt

69 Älteste/r

Studienfach/Ausbildungsberuf

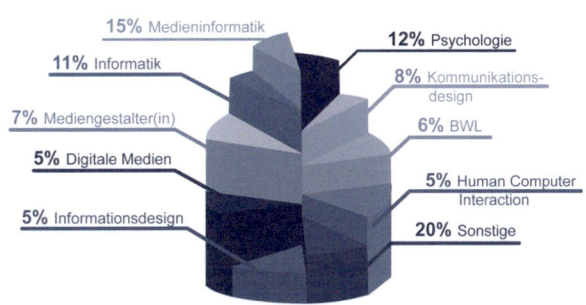

15% Medieninformatik
12% Psychologie
11% Informatik
8% Kommunikations-design
7% Mediengestalter(in)
6% BWL
5% Digitale Medien
5% Human Computer Interaction
5% Informationsdesign
20% Sonstige

Wichtigste Aktivitäten zum UX/ Usability-Wissenserwerb

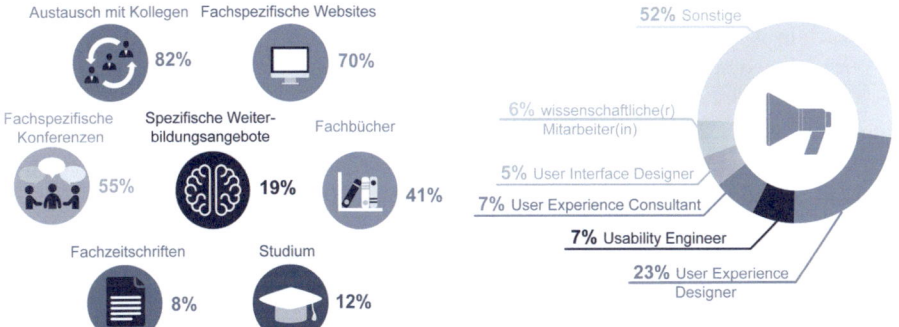

Austausch mit Kollegen **82%**

Fachspezifische Websites **70%**

Fachspezifische Konferenzen **55%**

Spezifische Weiter-bildungsangebote **19%**

Fachbücher **41%**

Fachzeitschriften **8%**

Studium **12%**

Berufsbezeichnung

52% Sonstige

6% wissenschaftliche(r) Mitarbeiter(in)

5% User Interface Designer

7% User Experience Consultant

7% Usability Engineer

23% User Experience Designer

■ **Abb. 1.1** Zentrale Kennzahlen aus dem Branchenreport UX/Usability 2016. (Grafiken Carmen Ludwig) nals-Konferenz haben wir sie zur besonderen Rolle der Psychologie im Berufsfeld UX befragt (▶ Interview „Psychologie ist aus dem Berufsfeld UX nicht wegzudenken").

Interview: „Psychologie ist aus dem Berufsfeld UX nicht wegzudenken"

Sarah Diefenbach: „Liebe Kostanija, als Psychologin, Praktikerin im Berufsfeld UX und langjährige Präsidentin des Berufsverbandes der Deutschen Usability und User Experience Professionals: Wie siehst du die Relevanz der Psychologie für die Gestaltung interaktiver Produkte?"

Kostanija Petrovic: „Psychologie ist aus dem Berufsfeld UX nicht wegzudenken – die einzigen, die es wegdenken können, sind die Psychologen selbst. Wir brauchen ein Selbstverständnis, das die Produktgestaltung als Domäne sieht, in der die Psychologie wichtige Beiträge liefern kann. Die Psychologie bringt so viel mit, was uns prädestiniert, im Feld UX tätig zu werden. Wir bringen so viel relevantes Wissen für Produktentwicklung mit: Wissen über kognitive Fähigkeiten, Wissen darüber, wie Menschen aus motivationaler Sicht funktionieren. Wir wissen, wie man Interviews führt, Fragebögen entwickelt, das ist ein wichtiges Alleinstellungsmerkmal. Aber wir müssen aktiv werden und die Chance ergreifen, dieses Feld für uns zu besetzen. Wir dürfen uns diese Rolle nicht abnehmen lassen. Wir sollten ruhig mutig sein, selbstbewusst auftreten, uns bewusst sein, was die Psychologie beitragen kann. Aus der berufspolitischen Sicht muss man sich fragen: Will man es den Gestaltern überlassen, Interviews zu führen, oder will man, dass es mit Qualität stattfindet? Nicht, dass Designer das nicht auch lernen könnten – aber Methoden sind doch unser Brot-und-Butter-Geschäft!"

Sarah Diefenbach: „Was ist deiner Meinung nach die größte Herausforderung für Psychologen im Berufsfeld UX?"

Kostanija Petrovic: „Die Herausforderung ist, das, was man im Studium antrainiert bekommen hat, erfolgreich in die Praxis zu transferieren. Die Ausbildung ist sehr akademisch, man lernt immer ‚Bloß keine Methodenfehler, sonst ist das alles nichts wert!' Dieses Dogma darf nicht immer im Vordergrund stehen. Sonst hat man schnell den Methodenreiterstempel, und die Leute hassen dich. Das macht es dann sozial schwierig. Natürlich soll man Methoden nicht falsch anwenden, aber man muss es auch im Rahmen der Möglichkeiten denken. Man kann nicht jede Untersuchungen so kompliziert anlegen wie in der Wissenschaft. Die Branche will schnelle Einsichten. Man muss das Gute aus der Psychologie einbringen, gleichzeitig pragmatisch sein, um sich keine Türen zu verschließen."

Das vorliegende Buch richtet sich an alle, die sich für eine berufliche Zukunft in der Gestaltung interaktiver Produkte interessieren oder bereits dort tätig sind. Es geht davon aus, dass eine psychologische Inhalts- und Methodenkompetenz bereits wichtig ist und noch wichtiger wird (▶ Abschn. 1.2.4) – und zwar unabhängig von der ursprünglichen Disziplin. Es ist aber notwendig, diese Kompetenzen neu zu strukturieren und Gestaltungskompetenz ebenfalls zu berücksichtigen.

Wir beginnen mit einer Reise durch psychologische Inhaltsbereiche, die heutzutage bei der Gestaltung interaktiver Produkte angesprochen werden. Dann diskutieren wir methodische Anforderungen der Praxis und die Rolle anderer Kompetenzen (z. B. visuelle Gestaltung, Industriedesign, Programmieren). So entsteht ein Bild des Berufsfeldes „Gestaltung interaktiver Produkte" und dessen inhaltlicher Bezüge zur Wirtschaftspsychologie. Das Buch hat das Ziel, die angesprochen Themen, insbesondere neuere Entwicklungen, praxisorientiert darzustellen und sie mithilfe von Beispielen, Prinzipien und Werkzeugen zu vertiefen.

1.2   Inhaltliche Kompetenzen zur Gestaltung interaktiver Produkte

Im Folgenden werden wir vier Perspektiven auf die Gestaltung interaktiver Produkte darstellen: die kognitive, emotionale, motivationale und wohlbefindensorientierte Perspektive. Diese schließen sich nicht aus, sondern sollen als aufeinander aufbauende Erweiterungen verstanden werden.

Naturgemäß werden hierbei viele Fachtermini eingeführt. Im ► Kasten „Zentrale Begriffe in der Gestaltung interaktiver Produkte" haben wir einige wichtige Begriffe zusammengestellt.

Zentrale Begriffe in der Gestaltung interaktiver Produkte

Gebrauchstauglichkeit, Usability

Laut DIN EN ISO 9241-11 beschreibt die Gebrauchstauglichkeit das Ausmaß, in dem ein Produkt durch bestimmte Benutzer in einem bestimmten Nutzungskontext genutzt werden kann, um bestimmte Ziele effektiv, effizient und zufriedenstellend zu erreichen. Die Forderung der Effektivität bezieht sich hierbei auf die Genauigkeit und Vollständigkeit, mit der Benutzer ein bestimmtes Ziel erreichen können. Die Effizienz beschreibt den Aufwand im Verhältnis zur Genauigkeit und Vollständigkeit der Zielerreichung. Zufriedenheit meint die subjektiv wahrgenommene Beeinträchtigungsfreiheit sowie positive Einstellungen der Nutzer zur Produktnutzung. Usability ist das englischsprachige Synonym für Gebrauchstauglichkeit. Insgesamt beschreibt also die Gebrauchstauglichkeit eine Passung des interaktiven Produkts zu den Nutzern, ihren Aufgaben und dem jeweiligen Nutzungskontext.

Einige Modelle bezeichnen die Gebrauchstauglichkeit auch als eine pragmatische Qualität, da diese sich auf die Aufgabenerfüllung bezieht – im Gegensatz zur hedonischen Qualität, welche sich auf das Selbst des Nutzers und die Erfüllung psychischer Bedürfnisse bezieht.

Prinzipien guter Gebrauchstauglichkeit

Experten haben verschiedene Prinzipien vorgeschlagen, mit deren Berücksichtigung sich eine verbesserte Gebrauchstauglichkeit erzielen lässt. Beispielsweise nennt Nielsen (2012): Erlernbarkeit, Effizienz, Einprägsamkeit, Fehlertoleranz und Zufriedenheit. Die in der DIN EN ISO 9241-10 formulierten Grundsätze der Dialoggestaltung umfassen Aufgabenangemessenheit, Selbstbeschreibungsfähigkeit, Erwartungskonformität, Fehlertoleranz, Steuerbarkeit, Individualisierbarkeit und Lernförderlichkeit.

Nutzungskontext

Laut DIN EN ISO 9241-11 umfasst der Nutzungskontext die Benutzer, Arbeitsaufgaben, Ausrüstung (Hardware, Software und Materialien) sowie die physische und soziale Umgebung, in der das Produkt genutzt wird. Die Nutzungskontextanalyse bildet den ersten Schritt des nutzerzentrierten Gestaltungsprozesses (► Abschn. 1.3).

Hedonische Qualität

Der Begriff der hedonischen Qualität hat seinen Ursprung in der Konsumentenpsychologie und beschreibt „intangible and subjective product attributes, built on the emotive and fantasy aspects of one's experience with the product" (Hirschman und Holbrook 1982, S. 92). Die Berücksichtigung von Erlebnisqualitäten war eine Erweiterung der bislang vorherrschenden utilitaristischen Qualitätsperspektive, die Produkte vorrangig aus einer aufgaben- und nutzenorientierten Sicht betrachtete. Mittlerweile ist das Konzept der hedonischen Qualität auch in der Mensch-Technik-Interaktion gut etabliert (einen Überblick geben Diefenbach et al. 2014). Man kann den Unterschied zwischen hedonischen und pragmatischen/utilitaristischen Produktqualitäten anhand der Unterscheidung von „Do-Goals" und „Be-Goals" nach Carver und Scheier (1989) verdeutlichen. Pragmatische Qualität ist die wahrgenommenen Fähigkeit einen Produktes, „Do-Goals", also konkrete Aufgabenziele, wie „einen Telefonanruf tätigen", zu verwirklichen. Hedonische Qualität hingegen beschreibt die wahrgenommene Fähigkeit eines Produktes, bei der Verwirklichung von „Be-Goals", also persönlichen Entwicklungszielen, zu unterstützen. Beispiele für solche Ziele sind: kompetent sein, angeregt zu werden oder sich anderen nahe fühlen. Typische Produktattribute hedonischer Qualität sind: aufregend, schön oder interessant.

Nutzungserleben, User Experience (UX)
Die DIN EN ISO 9241-201 beschreibt Nutzungserlebnisse (User Experience, UX) als die Wahrnehmungen und Reaktionen einer Person, die sich vor, während oder nach der Benutzung eines Produktes ergeben. Im Unterschied zur Usability ist UX der weiter gefasste Begriff, der sich nicht auf die Aufgabenerfüllung beschränkt, sondern explizit hedonische und pragmatische Qualitätsaspekte des Produkts umfasst. Hassenzahl (2010, S. 2) sieht die UX als einen Spezialfall von Erlebnissen im Allgemeinen mit ähnlichen Strukturen und zugrunde liegenden Prinzipien: „Experience becomes User Experience by focusing on a particular mediator of experiences – namely interactive products – and the according emerging experiences."

Wohlbefindensorientierte Gestaltung
Wohlbefindensorientierte Gestaltung betrachtet Produkte als ein Medium für die Steigerung von Wohlbefinden und/oder langfristiger Veränderung (▶ Abschn. 1.2.4). In Anlehnung an die Positive Psychologie (Seligman und Csikszentmihalyi 2000) ist das Ziel, positive und bedeutungsvolle Momente im Alltag zu setzen. Anstelle psychologischer Interventionen treten hier allerdings Produkte, die durch ihre Form, Funktion und Interaktion ein spezifisches (positives) Erlebnis hervorrufen wollen. Vertreter wohlbefindensorientierter Gestaltung sind Ansätze wie Positives Design (Desmet und Pohlmeyer 2013) oder Erlebnisorientiertes Design (Hassenzahl 2010).

1.2.1   Kognitive Perspektive: Gebrauchstauglichkeit

Technikgestaltung ist ein klassischer Gegenstand der Arbeitspsychologie. Ulich (1990) skizzierte schon vor mehr als 20 Jahren den Unterschied zwischen einer technisch orientierten Sicht der Arbeitsgestaltung, bei der die Technik den Ausgangspunkt darstellt und die Arbeitsbedingungen sich lediglich aus ihr ergeben, und einer psychologisch orientierten Sicht, bei der die Technik als ein Mittel verstanden wird, bessere Arbeitsbedingungen zu schaffen. Hier äußert sich der für die Psychologie typische Gedanke, den Menschen und nicht die Technik in den Mittelpunkt der Gestaltung zu stellen.

Im Fokus stand dabei immer die Arbeit und die Frage, welche Rolle interaktive Produkte darin spielen können. Hacker (1987) machte schon früh klar, dass Softwaregestaltung als Arbeitsgestaltung zu verstehen ist, denn interaktive Produkte strukturieren Arbeit. Es entstehen ganzheitliche soziotechnische Systeme, die förderlich für den Arbeitenden sein sollen. Allerdings werden dabei eher kognitive Aspekte betrachtet, und zwar vornehmlich Barrieren der Handlungsregulation.

Spezifischer hat sich die Softwareergonomie als angewandte Kognitionspsychologie mit den wahrnehmungs- und kognitionspsychologischen Grundlagen gebrauchstauglicher interaktiver Produkte beschäftigt. So diskutiert Wandmacher (1993) beispielsweise Kriterien für eine kognitionspsychologisch angemessene Menügestaltung, die Gestaltung von Bildschirmausgaben

◘ **Abb. 1.2** Windows 10 Mobile im „Metro-Design", Screenshot

in Hinblick auf Farben, Kontraste, Schriftgrößen oder die Verständlichkeit von Piktogrammen. Während dieses Wissen natürlich auch für interaktive Produkte jenseits des Arbeitskontextes hilfreich ist, liegt sein Fokus primär auf den grundlegenden Prozessen der Wahrnehmung und Kognition. Fragen nach der Ästhetik von interaktiven Produkten, ihrer Akzeptanz, ihrer Wirkung und Rolle im Alltag stehen außerhalb des Fokus von Arbeitspsychologie und Softwareergonomie. Das Wort „Schönheit", beispielsweise kommt in Wandmachers Buch nicht einmal vor, und Attraktivität und Akzeptanz werden zwar als „abhängige Variablen der Benutzbarkeit" eingeführt (Wandmacher 1993, S. 6), aber nicht näher bestimmt.

1.2.2 Emotionale Perspektive: Ästhetik und hedonische Qualitäten

Die übermäßige Fokussierung auf die kognitive Gebrauchstauglichkeit interaktiver Produkte im Kontext der Arbeit ist natürlich erlaubt. Es gibt Domänen, in denen diese Aspekte besonders wichtig sind, wie beispielsweise in der Flugsicherung, bei der Anlagensteuerung, in Kraftfahrzeugen oder in der Raumfahrt. Es gibt aber auch viele Domänen, in denen der Fokus auf kognitive Gebrauchstauglichkeit allein nicht mehr praktikabel ist. Computer, Smartphones, digitale Kameras, Fernseher, Musikabspielgeräte und die dazu gehörige Software sind mittlerweile Konsum- und Lifestyleprodukte, die nicht nur gebrauchstauglich sein müssen, sondern auch gut aussehen sollen. Heute haben sogar Betriebssysteme ihre eigene Gestaltungssprache (s. ◘ Abb. 1.2).

Ungefähr zur selben Zeit, als Wandmacher (1993) sein Buch *Software-Ergonomie* veröffentlichte, bricht Bloch (1995) im Kontext der Konsumentenforschung bereits eine Lanze für Ästhetik und das Design als Disziplin (allerdings noch weitestgehend im Sinne eines Indust-

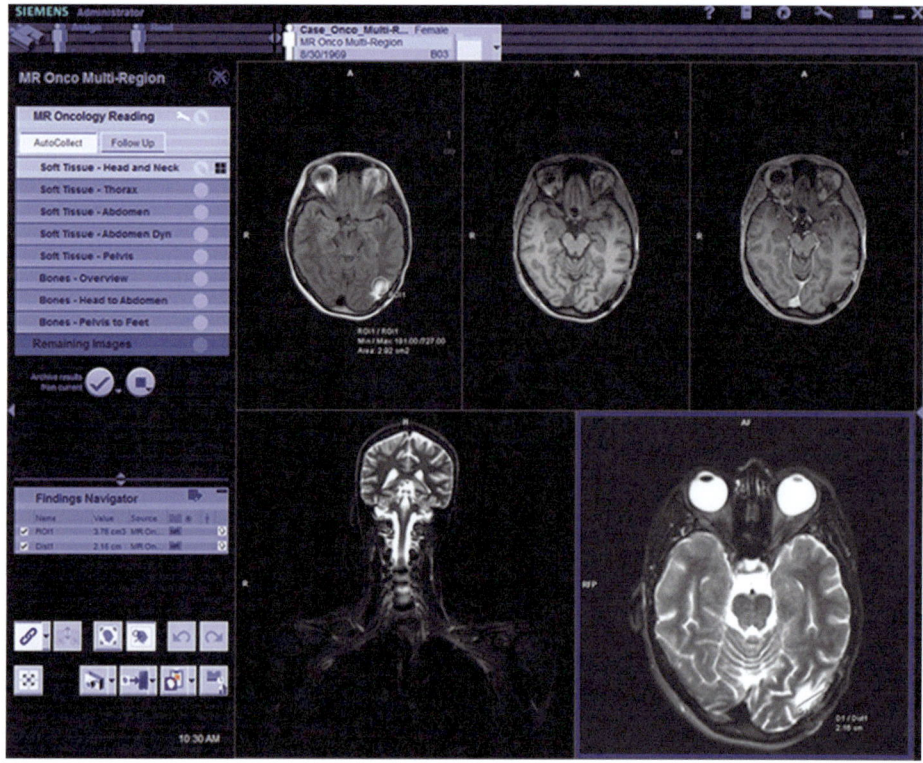

◘ **Abb. 1.3** Siemens Befundungssoftware *syngo.via* für bildgebende Verfahren. (Quelle: Siemens Presse)

riedesigns, d. h. der Formgebung materieller Güter). Er zählt eine Reihe von Funktionen einer ästhetischen Produktform auf:

– ästhetische Form als Möglichkeit der Differenzierung in gesättigten Märkten, getreu dem Motto von Raymond Loewy, einem wichtigen, US-amerikanischen Industriedesigner: „Between two products equal in price, function and quality, the better looking will outsell the other" (► http://www.raymondloewyfoundation.com/en/raymond-loewy.html),

– ästhetische Form als Informationsquelle für den Benutzer, zum Ableiten anderer, momentan nicht wahrnehmbarer Aspekte, z. B. der Qualität eines Produktes,

– ästhetische Form als eine Quelle alltäglicher Lebensqualität mit nachhaltigen Effekten, wenn es um besonders langlebige Produkte geht.

Dies alles gilt genauso für interaktive Produkte (z. B. Tractinsky und Hassenzahl 2005). *Siemens Healthcare* beispielsweise legt bei der Software seiner Geräte zur Bildgebung schon lange Wert auf eine eigene gestalterische Sprache und Ästhetik (ein Beispiel zeigt ◘ Abb. 1.3). Diese Art interaktiver Produkte ist hoch spezialisiert und ausschließlich für professionelle Nutzer gedacht, wie Radiologen oder medizinisch-technische Radiologieassistenten. Trotzdem wurde sehr viel Wert auf eine ästhetische visuelle Gestaltung gelegt, ganz sicher auch als Signal für die allgemeine Qualität der Geräte und den Wert der Marke *Siemens*.

Nun bietet die Psychologie nur wenig Konkretes für visuellen Gestalter. Allerdings existiert profundes Wissen über Konstrukte wie Schönheit und Ästhetik in der Konsumentenpsycholo-

■ **Abb. 1.4** *Oral B SmartGuide.* (Quelle: Oral B)

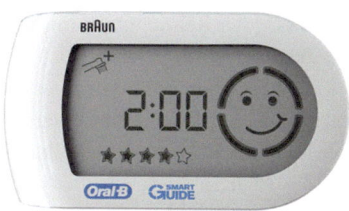

gie. Ganz besonders macht die Diskussion um die ästhetische Form klar, dass es weitere Aspekte eines „guten" interaktiven Produktes gibt, die eher im Emotionalen liegt. Am deutlichsten zeigt sich das in der mittlerweile breit akzeptierten Unterscheidung zwischen pragmatischen und hedonischen Produktqualitäten (Hirschman und Holbrook 1982; einen Überblick im Bereich interaktiver Produkte geben Diefenbach et al. 2014). Pragmatische Qualitäten betonen die Funktionalität, effiziente Aufgabenerfüllung, Nützlichkeit und Notwendigkeit eines interaktiven Produkts. Hedonische Qualitäten hingegen betonen Vergnügen, Freude und das sensorische Erlebnis der Nutzung. Diese beiden Aspekte sind natürlich nicht als Gegensätze zu verstehen, sondern als sich ergänzende Qualitäten. Wichtig ist hier die Erweiterung des Interesses um emotionale Aspekte – ein Bereich, der eher von der Konsumentenpsychologie als von der klassischen, kognitiv orientierten Arbeitspsychologie oder Ergonomie abgedeckt wird.

1.2.3 Motivationale Perspektive: Verhaltens- und Einstellungsänderung

Neuere Entwicklungen im Bereich interaktiver Produkte erweitern das Spektrum notwendigen psychologischen Wissens erneut und rücken besonders Motivation und Veränderung ins Zentrum. Persuasive interaktive Produkte (z. B. Fogg 2003) setzen sich zum Ziel, das Verhalten und die Einstellungen ihrer Benutzer durch Interaktion zu verändern. Gerade in den Themenfeldern „Gesundheit" und „Nachhaltigkeit" gewinnen entsprechende interaktive Produkte an Bedeutung. Ein Beispiel ist die elektrische Zahnbürste von *Oral B* mit *SmartGuide*. Der *SmartGuide* (s. ■ Abb. 1.4) ist eine Gerät, das den Nutzern Rückmeldung über ihr Zahnputzverhalten gibt. Zunächst schlägt es aktiv eine gute Zahnputzpraktik vor. Sie besteht darin, jeden Quadranten des Gebisses für 30 s intensiv zu putzen. Der notwendige Wechsel zum nächsten Quadranten wird durch ein Vibrieren der Bürste angezeigt. Der aktuell zu putzende Quadrant wird durch ein blinkendes Ringelement angezeigt, das sich füllt, wenn man den Quadranten geputzt hat. So entsteht eine Mindestputzdauer von 2 min. Hält man sich an den Vorschlag, wird man durch Sterne und einen lächelnden Smiley belohnt. Ungesunde Verhaltensweisen, wie das Putzen mit zu viel Druck, werden erkannt und als Warnung zurückgemeldet. *Oral B* verspricht, dass der drahtlose *SmartGuide* dabei hilft, „das Putzverhalten nachhaltig zu verbessern" (▶ http://www.oralb-blendamed.de/de-DE/zahnpflegeprodukte/oral-b-pulsonic-smartseries-schallzahnburste-mit-smartguide/).

   Es ist offensichtlich, wie viel psychologisches Wissen in dieses banal anmutende interaktive Produkt eingeflossen ist. Zum einen vermittelt es seinem Benutzer Wissen über angemessenes Zähneputzen, beispielsweise über die Mindestdauer. Es tut dies allerdings nicht im herkömmlichen Sinne durch das explizite Vermitteln von Information, also rhetorisch, sondern durch Interaktion, durch das implizite Formen von Handlung. Dies unterstützt das Bilden einer gesunden Routine, was gerade beim täglichen Zähneputzen wichtig scheint. Zum anderen versucht es, gutes Zähneputzen mithilfe positiver Rückmeldung und Belohnung zu verstärken und Benutzer so zu motivieren.

Während im Themenfeld Gesundheit interaktive Produkte dabei helfen sollen, den eigenen inneren Schweinehund zugunsten eines gesünderen Lebens zu überwinden, geht es bei der Nachhaltigkeit um gesellschaftliche Ziele und abstrakte Themen wie Generationengerechtigkeit. Aber in beiden Fällen gilt: Anders als in der klassischen Ergonomie, die dem Ideal folgt, die Technik dem Menschen anzupassen, geht es bei diesen Themen darum, die formende Kraft der Technik einzusetzen, um damit den Menschen zu verändern. In diesem Sinne sind wir also nicht nur Nutzer interaktiver Technologien, sondern werden auch von ihnen benutzt (Redström 2006). Diese formende Kraft, die Möglichkeit, durch Dinge und nicht durch Worte Verhalten und Einstellungen zu formen, ist bei interaktiven Produkten besonders ausgeprägt, da sie auf den Benutzer reagieren können. Die Herausforderungen, die sich so ergeben, sind komplex. Was wirkt nachhaltig überzeugend? Wie kann man Reaktanz vermeiden? Wie können interaktive Produkte dabei helfen, persönliche Ziele (z. B. gesünder zu sein) und gesellschaftliche Ziele (z. B. weniger Ressourcen zu verbrauchen) mit dem Alltag in Einklang zu bringen? Während eine elektrische Zahnbürste, wie die oben beschriebene, natürlich Ingenieursgeschick und gestalterische Kompetenz in Hinblick auf die Form erfordert, ist ein Großteil der erhofften Wirkung doch eine psychologische. Das Ausarbeiten eines solchen Konzepts erfordert neben grundlegenden Kenntnissen der Ergonomie zusätzliches Wissen aus den Bereichen Motivationspsychologie, Sozialpsychologie und anwendungsnahen Fächern wie der Gesundheits- und Umweltpsychologie.

1.2.4   Erlebnisorientierte Perspektive: Wohlbefinden

Bislang haben wir das Berufsfeld der Gestaltung interaktiver Produkte vorrangig aus der Perspektive seiner Einbettung in wirtschaftliche Prozesse verstanden, wie es für eine wirtschaftspsychologische Sichtweise sicher auch angemessen ist. Interaktive Produkte werden im großen Maßstab produziert, um gekauft und konsumiert zu werden. Unabhängig von einer Absatzperspektive können Produkte aber auch als ein Medium für die Steigerung von Wohlbefinden und/oder langfristiger Veränderung betrachtet werden. Dies verdeutlichen auch schon die im vorherigen Abschnitt diskutierten Themen wie Gesundheit und Nachhaltigkeit. Wenn Produkte Veränderungsprozesse anregen wollen, bedeutet das nicht unbedingt, dass ihre Verwendung unmittelbar und uneingeschränkt Vergnügen bereitet. Ein Fitnessstudio ist beispielsweise ein solches Serviceprodukt. Dies gilt auch für interaktive Produkte. Die aktuell populären Fitnessarmbänder beispielsweise haben ihren Sinn und Zweck nur darin, ihren Benutzer dazu zu bringen, sich mehr zu bewegen und schneller bzw. weiter zu laufen. Die Tatsache, dass Benutzer glauben, dieses Produkt nutzen zu müssen, zeigt, dass Bewegung kein uneingeschränkt positives Erlebnis für sie darstellt – es ist aber dennoch gut für sie.

Ziel ist hier also langfristiges Wohlbefinden, nicht der kurzfristige Genuss. Für Fitnessarmbänder findet sich offensichtlich ein Markt. Es sind jedoch auch andere interaktive Produkte denkbar, die das Wohlbefinden steigern würden, aber (noch) unverkäuflich erscheinen. Versteht man interaktive Produkte lediglich als Konsumgüter oder Arbeitsmittel, ist eine Beschäftigung mit unverkäuflich erscheinenden Produkten unnötig. Versteht man sie allerdings als ein Medium, welches es ermöglicht, Wohlbefinden im Alltag zu steigern, erlaubt dies auch kritischere Positionen. Beleuchten wir dies am Beispiel des Kaffeekochens. Der Kaffeevollautomat als Alltagsautomatisierung, der eine effiziente und saubere Zubereitung von leckerem morgendlichen Kaffee erlaubt, scheint uneingeschränkt positiv und verkaufbar. Eine eher wohlbefindensorientierte Sicht könnte darauf aufmerksam machen, dass das händische, ineffizientere Zubereiten von Kaffee (z. B. mit einer italienischen Espressokanne und handgemahlenen Kaffeebohnen) auch besondere Freude bereiten kann – ein Ritual, das einen Moment der Ruhe und Kontemplation am Morgen verspricht. Diese Momente alltäglichen Wohlbefindens werden durch interaktive Produkte, wie Kaffeevollautomaten, wegrationalisiert, anstatt Wege zu erkunden, wie das Kaffeekochen durch Interaktionsdesign freudvoller gemacht werden könnte (Hassenzahl und Klapperich 2014). Von einer so entstehenden Lösung müsste vielleicht nicht nur der Hersteller, sondern sogar der Konsument noch überzeugt werden. Ein anderes Beispiel wären interaktive Produkte, die Autofahrer bei einem achtsamen und respektvollen Umgang mit anderen Straßenverkehrsteilnehmern unterstützen (Eckoldt et al. 2015). Während bekannt ist, dass prosoziales Handeln das Wohlbefinden des Handelnden verbessert (Lyubomirsky und Layous 2013), es also guttut, Gutes im Straßenverkehr zu tun, stellen sich Autohersteller wie *BMW* primär die Frage, ob ihre Kunden für dieses Funktionspaket bereit wären, einen Aufpreis zu bezahlen.

Ansätze wohlbefindensorientierter Gestaltung, wie Positives Design (Desmet und Pohlmeyer 2013) oder Erlebnisorientiertes Design (Hassenzahl 2010), stellen das individuelle psychologische Wohlbefinden in den Mittelpunkt ihrer Bemühungen. Inspiriert durch die Positive Psychologie (Seligman und Csikszentmihalyi 2000) geht es ihnen darum, durch interaktive Produkte positive und bedeutungsvolle Momente im Alltag zu erzeugen. In der kommerziellen Praxis bildet meist eine Technologie den Ausgangspunkt, und Praktiker müssen Wege finden, diese Technologie in Form eines interaktiven Produkts verständlich, attraktiv und verkäuflich zu machen. Im Gegensatz dazu geht die wohlbefindensorientierte Gestaltung vom bedeutungsvollen und positiven Moment aus, um erst dann die Frage zu stellen, ob und wie dieser durch ein interaktives Produkt vermittelt werden kann. Dieser Ansatz macht die Gestaltung interaktiver Produkte psychologisch noch anspruchsvoller, da ihr primärer Nutzen nun im bedeutungsvollen Erleben liegt. Das Denken in Produktkategorien wie Telefone, Musikplayer oder Autos und deren Basisfunktionen wird aufgelöst, stattdessen wird das Erlebnis bzw. das psychologische Bedürfnis zum Ausgangspunkt der Gestaltung. Funktion und Interaktion ergeben sich aus dem Erlebnis. Um ein Beispiel zu geben: Bei der traditionellen Sicht auf das Mobiltelefon als interaktives Produkt stellt sich die Frage, ob die Benutzungsoberfläche ästhetisch ist und es dem Benutzer ermöglicht, erfolgreich und effizient einen Telefonanruf zu tätigen. Eine wohlbefindensorientierte Sicht stellt sich zunächst die Frage nach dem gewünschten Erlebnis, z. B. einem Gefühl von Nähe und Verbundenheit zu einer geliebten Person, skizziert es, um erst dann zu entscheiden, wie es mithilfe eines interaktiven Produkts vermittelt werden kann. Im ▶ Kasten „Ein Flüsterkissen" wird ein Beispiel gegeben.

Ein Flüsterkissen

Das *Flüsterkissen* (Chien et al. 2013; ▢ Abb. 1.5) geht davon aus, dass sich Menschen im Alltag mit für sie relevanten Personen verbunden fühlen wollen. Paare entwickeln zu diesem Zweck oft ein reichhaltiges Repertoire an Praktiken. Allerdings sind die Umstände nicht immer optimal. Paare, die zwar gemeinsam in einer Wohnung leben, aber einen unterschiedlichen Tagesrhythmus haben (z. B. durch Schichtdienst), haben tatsächlich recht wenig gemeinsame Zeit. Er steht auf, wenn sie schon längst zur Arbeit gegangen ist; er kommt nach Hause, allerdings schläft sie dann schon. Eine Möglichkeit, dem anderen zu zeigen, dass man an ihn oder sie denkt, ist es, Botschaften zu hinterlassen. Ein Post-it mit einem gezeichneten Herz oder ein „Ich liebe dich" am Badspiegel reichen da schon. Das *Flüsterkissen* nimmt dies als Ausgangspunkt. Es erlaubt seinen Benutzern, eine kurze, romantische Nachricht einzusprechen, sobald er oder sie die kleine Tasche am oberen Ende des Kissens öffnet. Das Kissen bläst sich auf, um zu zeigen, dass es eine Nachricht enthält. Öffnet man die Tasche erneut, kann man die Nachricht einmal abhören, das Kissen wird wieder flach. Das Flüsterkissen materialisiert damit eine Praktik der intimen, persönlichen Kommunikation.

◼ **Abb. 1.5** *Flüsterkissen.* (Quelle: Autoren)

Alle Aspekte dieses interaktiven Produkts wurden auf das Gefühl romantischer Nähe ausgerichtet. Funktional erlaubt es nur das Aufnehmen kurzer, geflüsterter Nachrichten (um zu vermeiden, dass lange Einkaufslisten eingesprochen werden). Die fehlende Speicher- und Wiederholfunktion betont die Flüchtigkeit romantischer Nachrichten und die Notwendigkeit, diese häufig zu wiederholen. Die Interaktion ist so gewählt, dass sie ein Gefühl der Intimität fördert. Die Form eines Kissens unterstützt dies und macht bestimmte Nutzungsorte wahrscheinlicher. Ein im kühlen Gang der Wohnung montiertes Nachrichtenbrett lädt sicher weniger zum Liebesgeflüster ein, als ein kuscheliges Kissen auf dem Sofa. An diesem Beispiel wird deutlich, dass auch die wohlbefindensorientierte Gestaltung die Passung von Produkt, Nutzer und Nutzungskontext betont, allerdings auf einer ganz anderen Ebene als es ein klassischer, auf Gebrauchstauglichkeit fokussierter Ansatz tun würde. Nicht Praktikabilität oder Effizienz stehen im Vordergrund, sondern die Qualität des Erlebnisses, das durch das interaktive Produkt vermittelt wird. So gesehen wird die Gestaltung interaktiver Produkte hier als Alltagsgestaltung mit dem Ziel Wohlbefinden verstanden.

Kommerzieller Erfolg und eine wohlbefindensorientierte Gestaltung interaktiver Produkte schließen sich natürlich nicht aus. Allerdings emanzipiert sich dieser Ansatz von der allgegenwärtigen industriellen Verwertungslogik. Er wünscht sich Praktiker, die auf der Basis eines profunden Wissens über die Psychologie des Wohlbefindens aktiv zwischen Verwertungszielen und -wünschen einer Unternehmung und den individuellen Ansprüchen von Menschen (Benutzern, Konsumenten) an ihr alltägliches Glücksempfinden und wichtigen gesellschaftlichen Themen (Nachhaltigkeit, Gerechtigkeit etc.) vermitteln. Dieser Wechsel in der Perspektive findet sich auch in der Konsumentenpsychologie, beispielsweise in Form transformativer Konsumenten-

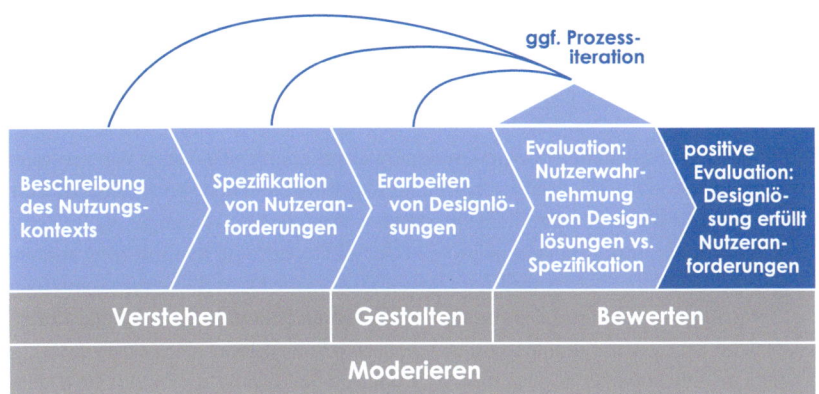

■ Abb. 1.6 Benutzerzentrierter Gestaltungsprozess (DIN EN ISO 9241-210) und relevante Kompetenzen

forschung (Mick 2006). Diese argumentiert für eine Forschung zur Stärkung des Konsumenten anstelle der noch üblicheren Erforschung des Konsumenten zur Optimierung von Angeboten. In diesem Sinne geht es auch den wohlbefindensorientierten Gestaltungsansätzen darum, interaktive Produkte und ihre Gestaltung als einen wertvollen Beitrag zum Wohlbefinden zu verstehen, und nicht nur als optimiertes Konsumprodukt. Der Übergang ist natürlich fließend. Wie schon oben hinsichtlich der Funktion ästhetischer Form angedeutet, kann man Schönheit primär als verkaufsförderliches Attribut verstehen, das es zu optimieren gilt. Eine andere Sichtweise wäre, Schönheit als gesellschaftliche Pflicht zu verstehen, da jedes Produkt, das in Massen produziert wird, auch ein entsprechendes Potenzial hat, unsere Umwelt zu verschandeln.

1.3 Methodische Kompetenzen: Verstehen, Bewerten, Moderieren

Der benutzerzentrierte Gestaltungsprozess (s. auch ISO 9241-210) beschreibt ein iteratives Vorgehen zur konsequenten Integration von Gebrauchstauglichkeit in der Produktentwicklung (■ Abb. 1.6). Der Prozess sieht vor, zunächst den Nutzungskontext zu verstehen, Nutzeranforderungen zu spezifizieren, Designlösungen zur Erfüllung der Nutzeranforderungen zu entwickeln sowie die Designlösungen anhand der zuvor spezifizierten Anforderungen zu bewerten. Je nach Ergebnis der Evaluation findet ein Rücksprung zu vorherigen Prozessschritten statt. Ergibt die Evaluation, dass die vorgeschlagene Designlösung die zuvor spezifizierten Anforderungen zufriedenstellend erfüllt, gilt der Gestaltungsprozess als erfolgreich abgeschlossen. Der Gestaltungsprozess umfasst damit neben der eigentlichen Gestaltung wichtige Kernkompetenzen der Psychologie: Verstehen und Bewerten.

Das methodische Vorgehen zum Verstehen des Nutzungskontexts bedient sich hier oftmals Verfahren, wie sie auch in der Wirtschaftspsychologie, insbesondere in der Markt- und Konsumentenpsychologie sowie der qualitativen Marktforschung, üblich sind (z. B. Buber und Holzmüller 2007). Dies sind verschiedene Interviewtechniken (z. B. Experteninterview, problemzentriertes Interview, Laddering-Interview), moderierte Diskussionen (z. B. Fokusgruppe), ethnografische Ansätze, Tagebuchstudien und Dokumentenanalysen, Videografie, Beobachtungstechniken (z. B. lautes Denken). Für viele dieser Verfahren liegen auch spezifische Erweiterungen für den Bereich interaktiver Produkte vor. Beispielsweise wird die klassische Repertory-Grid-Technik basierend auf der Persönlichkeitstheorie von Kelly (1955) auch zur Exploration des Gestaltungsraumes und der Evaluation interaktiver Produkte eingesetzt (Hassenzahl und Wessler 2000). Lautes Denken in Kombination mit der Methode „Site Covering" dient der detaillierten Bewertung der Nutzungsoberfläche von Webangeboten (Yom et al. 2007).

Unabhängig von den eingesetzten Methoden der Datenerhebung ist es dann von zentraler Bedeutung, die gewonnenen Einsichten in hilfreiche Ergebnisdarstellungen zu überführen. Diese müssen Nutzeranforderungen möglichst plastisch werden lassen. Wichtiger als Prozentangaben sind dabei oftmals einprägsame Anekdoten oder Zitate, die eine Anforderung auf den Punkt bringt. Eine beliebte Möglichkeit sind auch Personas, d. h. die Darstellung repräsentativer Vertretern der Zielgruppe in Form einer konkreten, realistischen Person (z. B. durch Steckbrief, Fotos, Zitate), welche das Team in den folgenden Schritten immer wieder vor Augen hat (z. B. durch ein Poster am Arbeitsplatz). Eine gute Übersicht von Techniken dieser Art bietet das Kap. 17 „Research into Action: Representing Insights as Deliverables" im Buch *Observing the User Experience* von Goodman et al. (2012).

Die Bewertung der vorgeschlagenen Gestaltungslösungen erfolgt typischerweise anhand von Prototypen (▶ Kap. 8). Für die Überprüfung der Gebrauchstauglichkeit ist das klassische Vorgehen das Usability-Testing. Dabei werden Testteilnehmer beim Bewältigen von Aufgaben beobachtet und befragt. Darüber hinaus kommen häufig Fragebogenverfahren zur Produktbewertung zum Einsatz, aber auch physiologische Methoden wie Eyetracking.

Der klassische nutzerzentrierte Gestaltungsprozess verstand Nutzeranforderungen vorrangig im Sinne von Aufgaben und Zielerreichung. Dies bedingte auch in der Evaluation lange einen Fokus auf aufgabenbezogenen Produktqualitäten. Mit dem Konzept der User Experience und einer erweiterten Qualitätsperspektive hielten, auch in der Evaluation, erlebnisbezogene Maße (z. B. Erfassung von Emotionen und psychologischen Bedürfnissen) Einzug, welche in den folgenden Kapiteln noch genauer vorgestellt werden. All dies sind Aktivitäten, die eine fundierte psychologische Methodenausbildung benötigen.

Schließlich gibt es noch eine weitere Kompetenz im Prozess der benutzerzentrierten Gestaltung, die häufig von Psychologen abgedeckt wird und von zentraler Bedeutung für den gesamten Erfolg des Prozesses ist: das Moderieren. Als Metakompetenz findet die Moderation im nutzerzentrierten Gestaltungsprozess nach DIN EN ISO 9241 210 zwar keine formale Abbildung (wie das Verstehen und Bewerten), ist aber eine kritische Größe. Es geht darum, den Prozess zu initialisieren, am Laufen zu halten, das Ineinandergreifen der verschiedenen Prozessschritte zu begleiten und die Interessen und möglichen Konflikte zwischen den Projektbeteiligten sinnvoll zu kanalisieren. So verwundert es nicht, dass auch der Berufsverband der Deutschen Usability und User Experience Professionals in seiner Fachschrift zum Berufsfeld Usability (Bogner et al. 2010) diese Kompetenz in „Schritt 0 – Den benutzerorientierten Gestaltungsprozess initial aufsetzen und moderieren" den anderen Schritten voranstellt und die Bedeutsamkeit für den gesamten Prozess betont.

1.4   Über die psychologischen Kernkompetenzen hinaus: Gestaltung und Technik

1.4.1   Gestalten als praktische Notwendigkeit

Sowohl das Verstehen von Nutzungskontexten, den Nutzern und ihren Anforderungen als auch das verbesserungsorientierte Bewerten auf der Basis von Rückmeldungen der Nutzer sind

Grundvoraussetzung für jedes qualitativ hochwertige, alltagstaugliche interaktive Produkt. Dies kann aber nicht darüber hinwegtäuschen, dass im Zentrum des Berufsfeldes das Gestalten steht. Verstehen bleibt bedeutungslos, wenn man das erworbene Verständnis nicht einsetzt und Bewerten ist ohne ein Produkt oder zumindest einen Produktprototypen schlichtweg nicht möglich.

Nun wird das Gestalten typischerweise nicht als etwas besonders Psychologisches verstanden. Vielmehr gibt es ja „Designer" verschiedenster Spielarten (z. B. Industriedesigner, Kommunikationsdesigner, Servicedesigner, Interfacedesigner), die die notendigen technisch-gestalterischen Kompetenzen im Rahmen ihres spezifischen Studiums erwerben. Daher liegt es nahe, das Gestalten anderen zu überlassen.

In der Praxis ist dies allerdings nicht so einfach möglich. Beginnen wir mit dem Bewerten. Typischerweise wird im Laufe des Gestaltungsprozesses mindestens ein Prototyp erstellt, der dann mit potenziellen Nutzern erprobt wird. Gestalter erarbeiten solche Prototypen natürlich nach bestem Wissen und Gewissen. Sie setzen ihre Kompetenzen ein und folgen höchstwahrscheinlich bereits einer gewissen Gestaltungphilosophie. Sie tun also bereits ihr Bestes. Zeigen sich nun Probleme mit dem Nutzungserleben bei der Erprobung, fällt es den Gestaltern in der Regel schwer, diese durch eine veränderte Gestaltung zu adressieren. Es benötigt zum einen ein gutes Verständnis der Gründe für ein Problem, um es zu lösen. Zum anderen muss dann eine Gestaltungsveränderung gefunden werden, die sich gut in den bestehenden Entwurf einfügt und nicht wieder neue Probleme erzeugt. In der Praxis ist es also so, dass selbst ein Teammitglied, das nur bewerten soll, auch immer nach angemessenen gestalterischen Lösungsvorschlägen gefragt wird. Man stelle sich vor, eine Bewertung hat ergeben, dass einige Worte bzw. Begriffe, die in einem Menü verwendet werden, vom Nutzer nicht verstanden werden. Allerdings weigert sich der Psychologe, der dies herausgefunden hat, nun standhaft, alternative Begriffe anzubieten. Das wäre absurd. Einfach nur Probleme aufzeigen, ohne Lösungsansätze anzubieten, wird somit eher als behindernd als bereichernd erlebt. Allerdings erfordert das Erarbeiten von Lösungen bereits eine gestalterische Herangehensweise. In unserem Beispiel müssen nun Begriffe erarbeitet werden, die das Beschriebene besser treffen und so besser verstanden werden. Dies kann man nur schwer durch bloßes Beobachten und Befragen lösen.

Beim Verstehen ist es auch nicht viel einfacher. Hier spricht man sogar manchmal von einer „Design Gap" (z. B. Wood 1997). Dies beschreibt das Phänomen, dass zwar viele Einsichten über den Nutzungskontext und die Nutzer vorliegen können, diese Einsichten aber nur zu einem geringen Teil in das eigentliche Produkt einfließen. Das ist eigentlich nicht verwunderlich. Eine detaillierte Beschreibung der Abläufe, Rollen und Bedürfnisse in einem Krankenhaus beispielsweise führt nicht automatisch zum Entwurf eines gebrauchstauglichen Computertomografen. Vielmehr muss das Verständnis in einen Entwurf übersetzt werden, d. h., Erkenntnisse aus dem Kontext müssen in konkrete Funktionen, Abläufe, Formen, Farben etc. überführt werden. Um das Beispiel des *Flüsterkissens* noch einmal aufzugreifen (▶ Kasten „Ein Flüsterkissen"): Es ist eine Sache zu verstehen, dass romantische Kommunikation einen gemütlichen und intimen Ort benötigt, aber eine andere, der entsprechenden Kommunikationstechnik die Form eines Kissens zu geben, um die Verwendung im Bett oder auf dem Sofa nahezulegen. Das Letztere ist ein gestalterischer Akt: das Übertragen von Verständnis in das Materielle. So gesehen, stellen gestalterische Vorschläge das eigentliche Ergebnis des Verstehens dar.

Alles in allem ist also weder das Verstehen noch das Bewerten in der Praxis ohne gestalterischen Anspruch denkbar und sinnvoll. Dies berichtete auch Anja Endmann. Das Gestalterische war für sie anfangs besonders fremd, ist mittlerweile aber zu einer Leidenschaft geworden. Gestalter haben die Notwendigkeit der Verbindung von empirischer Forschung mit Gestaltung schon länger erkannt. Koskinen et al. (2011) sprechen beispielsweise von konstruktiver Designforschung, einem Ansatz, der das Transformieren von Verständnis in das Materielle besonders betont. Diese Autoren wünschen sich Praktiker, die eine Nahtstelle zwischen dem empirischen Erforschen von Nutzungskontext bzw. Nutzer und der Gestaltung des Produkts bilden. Design ist für sie „about capturing something in the gray area between people and the things around them" (Koskinen et al. 2011, Pos. 446). Dazu benötigen Gestalter Einfühlungsvermögen und gestalterische Sensibilität. Um diese zu bilden, müssen sie den Kontext aus erster Hand erfahren.

Im Allgemeinen genießen Gestalter allerdings noch keine intensive methodische Ausbildung. Gestalter nach dem Modell von Koskinen et al. (2011) betätigen sich also als Sozialwissenschaftler, ohne meist über besonders tiefe methodische Kenntnisse zu verfügen. Tatsächlich sind auch der größte Teil der von Gestaltern verwendeten Methoden aus den sozialwissenschaftlichen Fächern geborgt. Die Notwendigkeit, die Design Gap zu überwinden, macht dies aber einfach erforderlich. So gesehen spricht also auch nichts dagegen, sich als Psychologe das Gestalterische zu erarbeiten und die Brücke sozusagen von der andere Seite zu schlagen, von der Sozialwissenschaft zu Gestaltung. So wie ein paar Kurse in „Designforschung" aus Gestaltern keine Sozialwissenschaftler machen, machen eine paar Überlegungen zum Gestalten aus Psychologen noch keine Designer. Allerdings gibt es keinen Grund, sich als Psychologe nicht genauso selbstbewusst mit der Gestaltung zu beschäftigen, wie die Gestalter es mit psychologischen Methoden tun.

1.4.2 Was bedeutet Gestalten?

Bis jetzt haben wir zwar angedeutet, was es bedeutet zu gestalten, ohne allerdings zu definieren, was Gestaltung eigentlich genau ist. Dies ist auch nicht ganz einfach (s. Koskinen et al. 2011, Pos. 427). Hört man den Begriff Design, denkt man zumindest in Deutschland zunächst an Formgebung. Designer machen Stühle, Leuchten, Geschirr, Autokarosserien, schicke Mobiltelefone, Webseiten und Plakate. Man denkt an Typografie, Farben, Seitenlayout, Proportionen, Formen und Muster. Auf dieser Ebene der Formgebung hat ein Psychologe oder Informatiker, möge er noch so kunsthandwerklich ambitioniert sein, eher wenig beizutragen. Der Begriff Gestaltung hat aber auch eine weiter gefasste Bedeutung, bei der es um das Materialisieren von Konzepten geht. Stellt man sich als Psychologe beispielsweise ein zukünftiges Nutzungserlebnis vor und beschreibt es in Form einer Geschichte, ohne allerdings genau zu wissen, wie ein interaktives Produkt, das dieses Erlebnis erzeugen kann, genau funktioniert oder gar aussieht, ist dies trotzdem eine gestalterische Handlung.

Dessen ungeachtet ist das Gestalten auf der Basis eines psychologischen oder sozialwissenschaftlichen Studiums eher ungewohnt. Dafür gibt es mindestens zwei Gründe:

1. Die Sozialwissenschaften sind in weiten Teilen mit dem Beschreiben von Sachverhalten befasst. Sie sind gut darin, Beobachtungen zu machen und auf deren Basis einen Ausschnitt der Welt zu beschreiben und gegebenenfalls auch zu erklären. Beim Gestalten ist allerdings die Beschreibung des Bestehenden nur der Ausgangspunkt. Zentral ist das Entwickeln einer Vorstellung davon, wie die Welt sein könnte. Um ein Beispiel zu geben: Hätte sich *Apple* bei der Entwicklung des *iPad* lediglich auf Beobachtung gestützt, wäre man nicht weit gekommen. Vor dem *iPad* fand die Computernutzung weitestgehend an Schreibtischen statt, auch wenn es eigentlich um Freizeit ging. Aus dieser Beobachtung ließe sich nun ableiten, dass es keinen Bedarf nach einem schicken, leichten Computer für das Sofa gibt. Dies ist natürlich Unsinn, da die damalige Form der Computer das gemütliche Freizeitcomputing ja einfach nicht ermöglichte. Gestaltung bedeutet nun, eine Möglichkeit zur Veränderung auf der

Basis des Bestehenden zu identifizieren und eine Vorstellung davon zu entwickeln, wie eine solche veränderte Zukunft aussähe und ob sie erwünscht wäre (Simon 1996). Gestaltung ist also in weiten Teilen normativ. Sie erfordert es, zu äußern, wie man ein Produkt haben möchte, welche Nutzung man sich vorstellt, welche Erlebnisse Benutzer damit haben sollen, und warum. Angewandten Psychologen beispielsweise ist dies natürlich nicht ganz fremd. Auch Arbeitspsychologen werden gebeten, das Arbeitsklima zu verbessern, und klinische Psychologen arbeiten daran, die Lebensqualität ihrer Klienten zu erhöhen. Beides benötigt eine intensive Auseinandersetzung damit, was denn ein gutes Arbeitsklima sei, oder aber, was Gesundheit und Lebensqualität nun genau bedeuten soll. Dies ist typisch für gestalterische Aufgaben, aber nichts, was im Rahmen eines sozialwissenschaftlichen Studiums intensiv diskutiert würde.

2. Gestaltung bedeutet immer den Aufbau eines kohärenten, in sich schlüssigen Systems. Dies erfordert zahlreiche, kleine und große Entscheidungen. Nicht jede dieser Entscheidung kann auf der Basis empirischen Fakten getroffen werden. Die Gestaltungsperspektive zwingt förmlich dazu, entstehende Lücken sensibel zu füllen. Dies geht nur, wenn man ein Gespür für das ganze Produkt und seine Einbettung in den Lebensalltag entwickelt. Diese Ganzheitlichkeit widerspricht aber der in mancher empirischen Wissenschaftspraxis üblichen Zerlegung von Problemen in immer kleinere Probleme zur Reduktion der Komplexität. Aus einer gestalterischen Perspektive muss jede Entscheidung immer wieder auf das Große und Ganze bezogen werden. Dabei geht es in weiten Teilen auch nicht um das Optimieren von Teillösungen, sondern um das Verhandeln von Kompromissen.

Dies bedeutet natürlich nicht, dass Sozialwissenschaftler nicht gestalten können. Es soll nur verdeutlichen, warum es zunächst fremd wirken kann und vielleicht dann und wann auch liebgewonnenen Überzeugungen widerspricht. Gestalter müssen bereit sein, Entscheidungen auch bei unklarer Faktenlage zu treffen. Sie müssen ihre Vision der Zukunft deutlich machen und rechtfertigen. Sie müssen eine Haltung zu Themen wie „Was ist Lebensqualität?" oder „Wie wollen wir in Zukunft leben?" entwickeln. Sozialwissenschaftler, aber auch Informatiker, die im Berufsfeld Gestaltung interaktiver Produkte tätig sein wollen, müssen sich mit diesen Themen beschäftigen.

1.4.3   Psychologie in der Gestaltung

Natürlich sind Kompetenzen der Formgebung – was wir herkömmlich unter Design verstehen – kein Teil eines psychologischen Studiums und spielen auch in der Informatik oft eine eher untergeordnete Rolle. Allerdings besteht aus unserer Sicht ein interaktives Produkt auch nicht lediglich aus Form. Vielmehr gibt es einen materiellen Teil, das Ding an sich, und einen immateriellen Teil, das erhoffte Nutzungserlebnis (vgl. Hassenzahl et al. 2013). Beides muss und kann explizit gestaltet werden.

Dies sei an einem Beispiel verdeutlicht. Eva Lenz et al. (2012) haben sich im Rahmen eines Projektes zu Gastfreundschaft mit dem gemeinsamen Musikhören auf kleinen Partys beschäftigt. Oft findet man eine ähnliche Situation: Der Gastgeber, dessen Pflichten normalerweise auch die musikalische Gestaltung des Abends umfasst, hat eigentlich zu viel mit der Bereitstellung von Essen und Getränken zu tun, um sich auch noch darum zu kümmern. Ein Computer oder ein mp3-Spieler wird zur Verfügung gestellt, eine Playlist zusammengestellt, und dann sind auch die Gäste eingeladen, ein bisschen Musik zu machen. Dies ist allerdings oft leichter gesagt als getan. Es

◘ **Abb. 1.7** Sozialer mp3-Player *Mo*.
(Quelle: Eva Lenz)

gibt sicher keine unangenehmere Situation als die, gerade ein Lieblingslied gewählt zu haben, das nun von einem anderen Gast rüde unterbrochen wird, weil dieser lieber sein Lieblingslied hören möchte. Eva Lenz und Kollegen haben ein dezentrales mp3-Player Konzept, *Mo*, erarbeitet, das die soziale Situation kleiner Partys, also das Partyerlebnis, besonders berücksichtigt (s. ◘ Abb. 1.7).

Das Konzept besteht aus Musikabspielgeräten. Diese *Mos* belädt man mit der Musik, die man für den anstehenden Abend angemessen hält. Die Abspielgeräte bringt man mit zur Party. Dort verbinden sie sich automatisch und spielen eine zufällige Auswahl aus allen mitgebrachten Liedern. Es gibt eine weitere Funktion, mit der man einen Titel vorhören (s. ◘ Abb. 1.8) und ihn in die aktuelle Abspielreihenfolge einfügen kann, um so aktiv an der Musikgestaltung teilzunehmen. Jeder *Mo* speichert die Lieder des Abends. So nimmt jeder Gast mit seinem *Mo* auch ein musikalisches Souvenir mit nach Hause. In diesem Beispiel werden zunächst Funktionalitäten des interaktiven Produkts definiert, die bestimmte Erlebnisse erzeugen sollen: Das zufällige Abspielen der Lieder aller betont das Gemeinsame, die spezifische Konfiguration von Gästen an diesem Abend. Das Auswählen der Lieder ist eine Vorbereitung, die sicher auch schon Vorfreude auslösen kann. Das Vorhören gibt die Möglichkeit, die Party musikalisch zu entwickeln. Die Souvenirfunktion ermöglicht es, eine gute Party nachzuerleben. Vielleicht hat man ja die Frau oder den Mann seines Lebens just an diesem Abend kennengelernt. Das Konfigurieren von Funktionalität in Bezug auf die psychologischen, erlebnisorientierten Effekte, die sich durch die Nutzung von *Mo* ergeben sollen, ist eine gestalterische Handlung. Sie impliziert aber noch keine physische Formgebung. Vielmehr geht es um Abläufe, Handlungsmöglichkeiten, Gefühle und Gedanken, die sich in der Nutzung einstellen sollen. Wie unsensibel selbst die Gestaltung bekannter designaffiner Firmen sein kann, zeigt *Apples iTunes DJ*. Hier kann man auf einer Party mit jedem *iPhone* über das nächste Lied abstimmen. Was lustig klingt, verwandelt eine Party schnell in einen Wettbewerb, mit Gewinnern und Verlieren. Dass dies nicht angemessen ist, fällt sicher jedem Sozialwissenschaftler mit flüchtigem Interesse an grundlegenden Phänomenen der Sozialpsychologie sofort auf.

Die gestalterische Aktivität kann aber auch noch eine Stufe tiefer ansetzen. Auch die Interaktionsgestaltung befindet sich im Kompetenzbereich der Psychologie. *Mo* hat beispielsweise bewusst keinen Nächstes-Lied-Knopf (eine Interaktionsmöglichkeit, die jeder mp3-Spieler eigentlich besitzt). Der Grund ist klar: Jeder Druck auf diesen Knopf ist potenziell unhöflich. Wahrscheinlich beende ich damit das Lieblingslied eines anderen Partygasts. Selbst wenn es mein eigenes Lieblingslied ist, das ich gerade nicht hören will, kann ich mir nicht sicher sein, ob ein anderer es nicht auch mitgebracht hat. Ein anderes Beispiel ist die Interaktion beim Vorhören. *Mo* macht es möglich,

◘ **Abb. 1.8** Vorhören mit *Mo*.
(Quelle: Eva Lenz)

einen Titel auszuwählen, der dann als Nächstes gespielt wird. Eine weitere Titelwahl ist erst wieder möglich, wenn der gewählte Titel abgespielt wurde. Dies hat zwei Gründe: Zum einen verhindert man, dass ein Nutzer sich einfach zwanzig Hits aus den Achtzigern auf einem fremden *Mo* vormerkt, um dann schnell die Party zu verlassen. Zum anderen ist es so wahrscheinlicher, dass Gäste auf die bereits laufende Musik mit einem eigenen Beitrag reagieren, getreu dem Motto: „Wenn jetzt noch ____ käme, dann wäre die Party perfekt." Statt komplexe Liedfolgen zu arrangieren und in die Rolle des DJs zu schlüpfen, reagiert man so auf die Party und feiert weiter. Auch die hier beschriebenen Interaktionsformen betreffen wieder Abläufe und Handlungen und ihre Passung zum gewünschten Erlebnis und dem Kontext. Funktionen und ihre intendierten Effekte sowie die dazu notwendigen Interaktionen werden meist als Szenerien visualisiert, z. B. in Form von Storyboards, Fotogeschichten oder kurzen Filmen. Sie können aber auch einfach verbal beschrieben werden. Typische Kompetenzen, die man mit Formgebung, z. B. im Industriedesign, verbindet, wie das Zeichnen, das Modellieren in CAD, Materialwahl oder klassischen Modellbau, sind nicht nötig.

Die Abbildung von *Mo* (s. ◘ Abb. 1.7) zeigt ein gestaltetes interaktives Produkt mit einer sicher ansprechenden physischen Formgebung. Allerdings zeigt das Beispiel auch, wie viel vom Konzept im Immateriellen liegt: intendierte Erlebnisse, nötige Funktionen und die Interaktion mit diesen haben weit weniger mit klassischer Formgebung zu tun als mit Psychologie. Sie sollten und können daher auch auf der Basis psychologischer Kenntnisse gestaltet werden.

1.4.4 Und die Technik?

Bisher wurden in diesem Buch eine ganze Reihe von Technologien angesprochen. Dem Leser stellt sich sicher die Frage, ob es nicht wichtiger wäre, Informatik zu studieren, um im Berufsfeld „Gestaltung interaktiver Produkte" bestehen zu können. Und tatsächlich spielen ja beispielsweise Medieninformatiker eine zentrale Rolle (▶ Abschn. 1.1).

Wir meinen, dass das Beherrschen der Technik eine immer unwichtigere Rolle bei der Gestaltung interaktiver Produkte spielt. Typischerweise werden im Rahmen einer benutzerzentrierten Gestaltung (▶ Abschn. 1.3) funktionale Prototypen angefertigt, um Entwürfe mit zukünftigen Benutzern bewerten zu können. Hier gibt es allerdings bereits eine große Anzahl von Prototypingsystemen, die es dem interessierten Laien erlauben, recht einfach Interaktion technisch zu realisieren (z. B. *LittleBits*, *Arduino*). Auch lässt sich in einem solchen Prozess viel simulieren (Wizard-of-Oz, Dahlbäck et al. 1993). In einem unsere Projekte simulieren wir beispielsweise einen Roboter im häuslichen Umfeld und können so Funktionen und Interaktionen erproben, ohne viel Technik zu nutzen. Insgesamt müssen (teil-)funktionale Prototypen weit geringere Anforderungen erfüllen als fertige Produkte. Sie müssen beispielsweise nicht genauso fehlerfrei sein oder bestimmte Themen der Gewährleistung noch nicht abdecken. Andersherum gesagt: Ein Produkt so zu realisieren, dass es verkauft werden kann, erfordert tatsächlich technische Kompetenzen, die man nur schwer nebenbei erwerben kann. Das Simulieren von interaktiven Produkten, um sie beispielsweise zu bewerten, wird dagegen immer einfacher und erfordert eher ein grundlegendes Interesse an Technik und etwas Fantasie bei der Umsetzung. Praktiker im Berufsfeld „Gestaltung interaktiver Produkte" sind also Personen, die sich unabhängig von ihrer ursprünglichen Ausbildung für das Verbinden von sozialwissenschaftlichen Themen mit technischen Möglichkeiten interessieren, um so Neues zu schaffen.

1.5   Gestaltung interaktiver Produkte als ein Teilbereich der Wirtschaftspsychologie

Wir möchten Wissen aus der Psychologie für die Gestaltung interaktiver Produkte greifbar machen und die Zusammenarbeit verschiedener Disziplinen wie Informatik, Design und Sozialwissenschaften unterstützen. Innerhalb der Psychologie scheint uns insbesondere die Wirtschaftspsychologie sowohl aus inhaltlicher als auch aus methodischer Sicht als ein guter Ausgangspunkt für eine stärkere Integration psychologischer Kompetenzen in die Gestaltung interaktiver Produkte.

Zunächst bringt die Wirtschaftspsychologie die Nähe zur Wirtschaft mit – und damit ein Interesse an (wirtschaftlich) relevanten Erfolgsfaktoren in der Produktgestaltung. Nutzungserlebnisse und erlebnisorientierte Produktqualitäten sind solche Faktoren. Eine kleine Anekdote macht dies klar: Die Gestaltung von Anzeige- und Bedienkonzepten im Auto ist ein klassisches Bestätigungsfeld für Psychologen mit einem Hintergrund in kognitiv-orientierter Ergonomie (▶ Abschn. 1.2.1). Nicht von ungefähr kommt also die durchaus übliche Bezeichnung Fahrerarbeitsplatz. Dieser Arbeitsplatz wurde von BMW vor einiger Zeit umbenannt, und zwar in Fahrererlebnisplatz. Dabei ging es den Verantwortlichen sicher nicht um eine Anpassung ihrer Terminologie an aktuelle Forschungstrends. Vielmehr geht es um das Betonen des Autos als Lifestyle- und Konsumprodukt. Die Freude, das Vergnügen wird ein primäres Kaufargument und damit zum wichtigen wirtschaftlichen Faktor. Dies gilt übrigens auch für den Investitionsgüterbereich. Erfahrungen, die Nutzer und Entscheider im Umgang mit Technik aus dem Konsumgüterbereich gemacht haben, verändern die Ansprüche an die Interaktion mit beispielsweise Medizintechnik, Schweißgeräten oder Abkantpressen. Funktionale Kriterien bieten für Konsumenten kaum noch erkennbare Differenzierungen, eine Waschmaschine bleibt eine Waschmaschine. Damit werden erlebnisbasierte Produktbewertungen immer wichtiger (z. B. Brakus et al. 2014). Auch im Marketing wird das Erlebnis selbst zum alles entscheidenden Faktor („competitive battleground for marketing", Klaus und Maklan 2013).

Ein wichtiger Pfeiler der Bedeutsamkeit wirtschaftspsychologischer Forschung für die Gestaltung interaktiver Produkte ist damit das gemeinsame Interesse am Nutzungserlebnis und die Erforschung ganz neuer „Produktgenres", die im Kontext interaktiver Technologien entstehen, wie beispielsweise die oben aufgeführten persuasiven Produkte im Konsumentenbereich oder auch Produkt-Service-Systeme, z. B. *DriveNow*. Dazu kommt, dass Interaktivität auch im Marketing eine immer stärkere Rolle spielt und ganz neue Möglichkeiten der Kundenkommunikation eröffnet. Über soziale Netzwerke rekrutieren Unternehmen Produkttester, die dann in Blogs über

■ **Abb. 1.9** Präsentation eines Strandhandtuchs im Onlineshop von *Vertty*. (Quelle: ▶ http://www.tryvertty.com)

ihre Erfahrungen berichten. Bekannt ist auch die Crowdsourcingkampagne von *McDonalds*, bei der mittels interaktivem Burgerkonfigurator nun jede Person zum Burgerdesigner werden konnte. Die Burgerkreationen wurden in einer Galerie auf der *McDonalds*-Website veröffentlicht, die besten Kreationen wurden prämiert und kamen als Promotion-Produkt in den Verkauf.

Jedes physische Produkt, egal ob explizit interaktiv oder nicht, bekommt durch seine Präsenz im Digitalen (z. B. auf einer Website) eine digitale Seite. Es verschmilzt gewissermaßen mit der Darbietung im Netz. Damit gewinnt die Aufgabe, Konsumentenanforderungen zu verstehen und im Marketing zu adressieren, nochmals an Relevanz. Eine Analyse erfolgreicher Onlineshops von Jack Simpson (2015), Mitarbeiter bei der Agentur *Econsultancy*, zeigt einige solcher Beispiele: Der Onlineshop des Handtuchherstellers *Vertty* (▶ tryvertty.com) zeigt dem Nutzer, wie es sein wird, sich auf dem Handtuch am Strand zu präsentieren. Hierbei lässt sich mit der Wahl verschiedener Farbvarianten experimentieren (■ Abb. 1.9). Der Hersteller *Bellroy* (▶ bellroy.com) verbindet die Wahl der Geldbörse mit der Definition des persönlichen Lebensgefühls. Die Seite lädt den potenziellen Käufer ein, sich erst einmal selbst zu befragen (Was ist mein Lifestyle? Was soll die Geldbörse mir ermöglichen?) und dann das passende Produkt angeboten zu bekommen, ohne sich lange mit den einzelnen funktionalen Eigenschaften auseinandersetzen zu müssen: „Wenn du immer die passenden Sachen zur Hand hast, ist es viel leichter, die Abenteuer des Lebens zu bestehen" (▶ bellory.com).

Mit den Möglichkeiten interaktiver Gestaltung werden Konsumenten selbstverständlich auch zunehmend anspruchsvoller. Das Konkurrenzprodukt ist immer nur einen Mausklick entfernt. In der schnelllebigen Onlinewelt kann nur bestehen, wer auf psychologischer Ebene überzeugt. Jack Simpson (2015) fasst dies in einem Blogeintrag folgendermaßen zusammen:

》 It's a great time to be a consumer. With so many buying options, retailers have to work harder than ever to give people good value and even better service. For retailers, however, the challenge lies in giving potential buyers the best possible user experience (UX) to ensure they make it all the way to the checkout.

Neben den inhaltlichen Überschneidungen ist die Wirtschaftspsychologie auch hinsichtlich ihrer anwendungsorientierten Ausrichtung und ihres methodischen Vorgehens prädestiniert für eine führende Rolle im Feld der Gestaltung interaktiver Produkte. Die Wirtschaftspsychologie ist traditionell anwendungsorientiert, interessiert an der Forschung für die Praxis. Dies deckt sich mit dem Kerngedanken des hier vertretenen Verständnisses: das Nutzungserlebnis erforschen, Konsequenzen von Gestaltungsentscheidungen greifbar machen und aus psychologischer Sicht beurteilen, und diese auf Basis psychologischer Kompetenzen gewonnenen Einsichten in die Gestaltung interaktiver Produkt einfließen lassen.

Schlussendlich ist die Gestaltung interaktiver Produkte innerhalb der Wirtschaftspsychologie auch längst Berufsrealität. Im Bericht der Deutschen Gesellschaft für Psychologie (DGPs) in der *Psychologischen Rundschau* (Ausgabe 3/15) zu Tätigkeitsfeldern der Arbeits-, Organisations- und Wirtschaftspsychologie tauchte erstmalig die Kategorie „Produktmanager/Datenanalyse (IT/online)" auf, worunter sich sicherlich auch einige UX-Experten befinden. Mit der Entstehung von neuen Berufsbildern für Psychologen im Feld interaktiver Produkte sehen wir auch die Notwendigkeit, diese Entwicklung aktiv zu begleiten, den Beitrag der Psychologie in dieser Domäne zu definieren und zu schärfen und die erfolgreiche Zusammenarbeit verschiedener Disziplinen zu unterstützen.

Interdisziplinäres Arbeiten kann weit mehr sein, als das Wissen der einen Disziplin (… die Psychologen haben die Marktforschung gemacht) an die nächste Disziplin zur Verwertung weiterzureichen (… jetzt überlegen die Designer, wie man die Erkenntnisse in ein Produkt übersetzen kann). In erfolgreichen UX-Teams diskutieren Psychologen, Designer, Informatiker und andere Disziplinen gemeinsam. Ein Psychologe kann und soll eine Meinung zu Gestaltungsentscheidungen haben – was vielen Berufseinsteigern allerdings erst einmal fremd ist, wie auch die eingangs aufgeführten Erfahrungsberichte aus der Branche zeigen (▶ Kasten „Praktiker im Berufsfeld ‚Gestaltung interaktiver Produkte'").

Literatur

Bloch, P. H. (1995). Seeking the ideal form: product design and consumer response. *The Journal of Marketing, 59*(3), 16–29.
Bogner, C., Brau, H., Geis, T., Huber, P., Lutsch, C., Petrovic, K., & Polkehn, K. (2010). The Usability/UX Profession. Berufsfeld Usability. German UPA. http://www.germanupa.de/data/mediapool/140807_fachschrift_berufsfeld_001.pdf
Brakus, J. J., Schmitt, B., & Zhang, S. (2014). Experiential product attributes and preferences for new products: The role of processing fluency. *Journal of Business Research, 67*(11), 2291–2298.
Buber, R., & Holzmüller, H. H. (2007). *Qualitative Marktforschung. Konzepte – Methoden – Analysen.* Wiesbaden: Gabler.

Carver, C. S., & Scheier, M. F. (1989). *On the self-regulation of behavior*. New York: Cambridge University Press.

Chien, W.-C., Diefenbach, S., & Hassenzahl, M. (2013). *The whisper pillow: a study of technology-mediated emotional expression in close relationships*. Proceedings of the DPPI International Conference on Designing Pleasurable Products and Interfaces. (S. 51–59). New York: ACM.

Dahlbäck, N., Jönsson, A., & Ahrenberg, L. (1993). Wizard of Oz studies – why and how. *Knowledge-Based Systems, 6*(4), 258–266.

Desmet, P. M., & Pohlmeyer, A. E. (2013). Positive design: An introduction to design for subjective well-being. *International Journal of Design, 7*(3), 5–19.

Diefenbach, S., Kolb, N., & Hassenzahl, M. (2014). *The 'hedonic' in human-computer interaction: history, contributions, and future research directions*. Proceedings of the DIS Conference on Designing Interactive Systems. (S. 305–314). New York: ACM.

Eckoldt, K., Laschke, M., Hassenzahl, M., Schneider, T., Schumann, J., & Könsgen, S. (2015). Soziale Assistenzsysteme – respektvoll handeln im Straßenverkehr. In S. Diefenbach, M. Pielot & N. Henze (Hrsg.), *Mensch und Computer 2015* (S. 203–212). Stuttgart: Oldenbourg.

Fogg, B. J. (2003). *Persuasive Technology: Using Computers to Change What We Think and Do*. San Francisco, CA: Morgan Kaufmann.

Goodman, E., Kuniavsky, M., & Moed, A. (2012). *Observing the User Experience. A practitioner's guide* (2nd ed.). San Francisco, CA: Morgan Kaufmann.

Hacker, W. (1987). Software-Gestaltung als Arbeitsgestaltung. In K. Fähnrich (Hrsg.), *Software-Ergonomie* (S. 29–42). München: Oldenbourg.

Hassenzahl, M. (2010). *Experience design: Technology for all the right reasons*. San Rafael, CA: Morgan Claypool.

Hassenzahl, M., & Klapperich, H. (2014). *Convenient, clean, and efficient? The experiential costs of everyday automation*. Proceedings of the NordiCHI Nordic Conference on Human-Computer Interaction. (S. 21–30). New York: ACM.

Hassenzahl, M., & Wessler, R. (2000). Capturing design space from a user perspective: The repertory grid technique revisited. *International Journal of Human-Computer Interaction, 12*(3-4), 441–459.

Hassenzahl, M., Eckoldt, K., Diefenbach, S., Laschke, M., Lenz, E., & Kim, J. (2013). Designing Moments of Meaning and Pleasure. Experience Design and Happiness. *International Journal of Design, 7*(3), 21–31.

Hirschman, E. C., & Holbrook, M. B. (1982). Hedonic consumption: emerging concepts, methods and propositions. *The Journal of Marketing, 9*(2), 92–101.

Kelly, G. A. (1955). *The psychology of personal constructs*. Bd. 1. New York: Norton and Company. & 2

Klaus, P., & Maklan, S. (2013). Towards a better measure of customer experience. *International Journal of Market Research, 55*(2), 227–246.

Koskinen, I., Zimmerman, J., Binder, T., Redstrom, J., & Wensveen, S. (2011). *Design Research through Practice: From the Lab, Field, and Showroom*. San Francisco, CA: Morgan Kaufmann.

Lenz, E., Diefenbach, S., Hassenzahl, M., & Lienhard, S. (2012). *Mo. shared music, shared moment*. Proceedings of the NordiCHI Nordic Conference on Human-Computer Interaction. (S. 736–741). New York: ACM.

Lyubomirsky, S., & Layous, K. (2013). How do simple positive activities increase well-being? *Current Directions in Psychological Science, 22*(1), 57–62.

Mick, D. G. (2006). Meaning and mattering through transformative consumer research. *Advances in Consumer Research, 33*(1), 1–4.

Nielsen, J. (2012). Usability 101: Introduction to Usability. http://www.nngroup.com/articles/usability-101-introduction-to-usability/. Zugegriffen: 17. August 2016.

Redström, J. (2006). *Persuasive design: Fringes and foundations*. Proceedings of the International Conference on Persuasive Technology. (S. 112–122). Berlin Heidelberg: Springer.

Seligman, M. E. P., & Csikszentmihalyi, M. (2000). Positive psychology: An introduction. *American Psychologist, 55*(1), 5–14.

Simon, H. A. (1996). *The sciences of the artificial*. Cambridge, MA: MIT Press.

Simpson, J. (2015). 25 excellent UX examples from ecommerce sites. https://econsultancy.com/blog/66731-25-excellent-ux-examples-from-ecommerce-sites. Zugegriffen: 17. August 2016.

Tractinsky, N., & Hassenzahl, M. (2005). Arguing for aesthetics in human-computer interaction. *i-com, 4*(3), 66–68.

Ulich, E. (1990). *Arbeitspsychologie*. Zürich: vdf Hochschulverlag.

UX/Usability (2016). http://germanupa.de/berufsverband/branchenreport/. Zugegriffen: 26. Januar 2017.

Wandmacher, J. (1993). *Software-Ergonomie*. Berlin: de Gruyter.

Wood, L. E. (1997). *User interface design: Bridging the gap from user requirements to design*. Boca Raton, FL: CRC Press.

Yom, M., Wilhelm, T. H., & Gauert, S. (2007). Protokolle lauten Denkens und Site Covering. In R. Buber & H. Holzmüller (Hrsg.), *Qualitative Marktforschung. Konzepte – Methoden – Analysen* (S. 635–652). Wiesbaden: Gabler.

Vom interaktiven Produkt zum positiven Erlebnis

Marc Hassenzahl, Sarah Diefenbach

© Springer-Verlag GmbH Deutschland 2017
S. Diefenbach, M. Hassenzahl, *Psychologie in der nutzerzentrierten Produktgestaltung,*
Die Wirtschaftspsychologie, DOI 10.1007/978-3-662-53026-9_2

2.1   Nützlichkeit und Benutzbarkeit

Noch in den 1990er-Jahren ging es bei der Gestaltung interaktiver Produkte hauptsächlich um das Sicherstellen der effektiven und effizienten Aufgabenerledigung. Interaktive Produkte wurden primär als Werkzeuge verstanden. Eine kognitionspsychologische Perspektive dominierte die Gestaltung interaktiver Produkte (▶ Kap. 1). Dies führte für Praktiker mit psychologischem Hintergrund zu einem Arbeitsalltag, der sich weitestgehend im Aufspüren und Beheben von Nutzungsproblemen (Usability Problems, Usability Defects) erschöpfte, wie beispielsweise das im ▶ Kasten „Finde das Problem!" beschriebene Nutzungsproblem beim Kauf einer Fahrkarte für die Bahn.

Finde das Problem!

Beim Kauf einer Fahrkarte auf ▶ bahn.de bietet der Dialogschritt „Ticket und Optionen" drei Möglichkeiten: sich mit Benutzernamen und Passwort einloggen, ein Benutzerkonto anlegen oder aber die Fahrkarte ohne Anmeldung buchen (◘ Abb. 2.1). Unser Nutzungsproblem betrifft die erste Option „Jetzt einloggen und buchen".

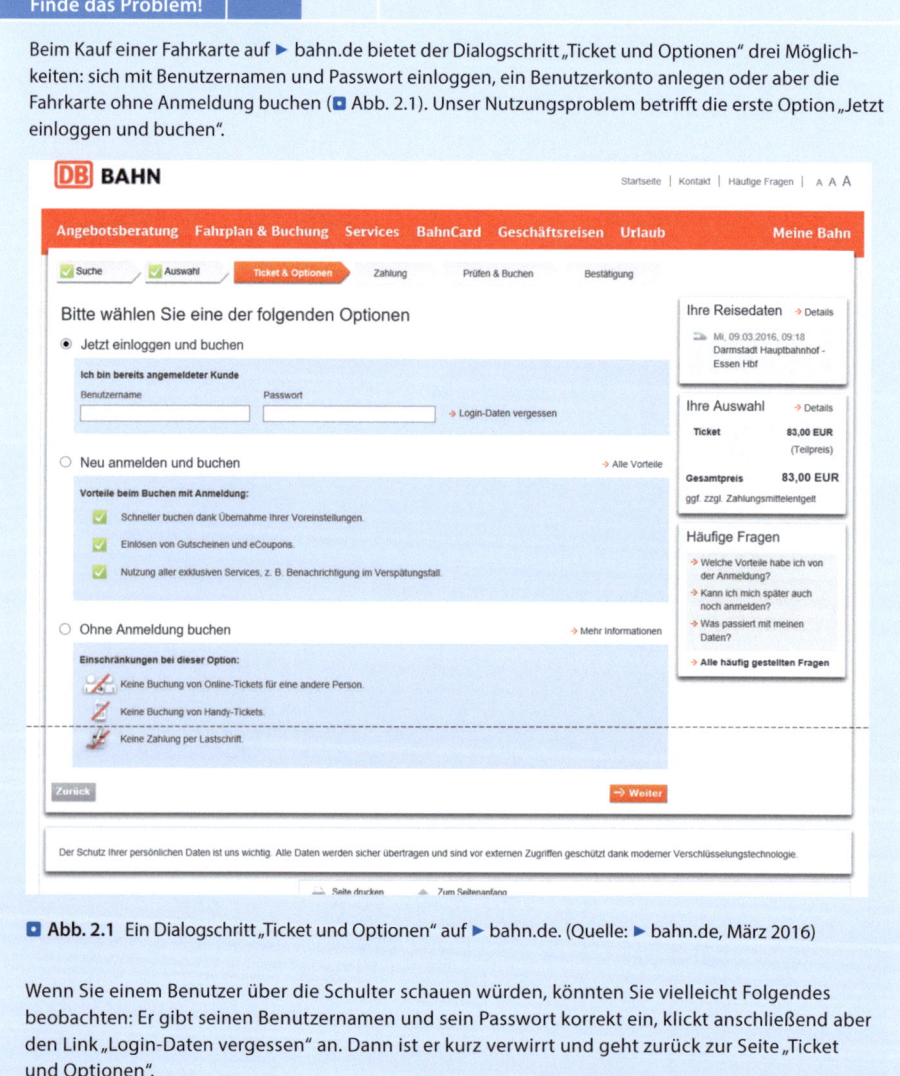

◘ **Abb. 2.1** Ein Dialogschritt „Ticket und Optionen" auf ▶ bahn.de. (Quelle: ▶ bahn.de, März 2016)

Wenn Sie einem Benutzer über die Schulter schauen würden, könnten Sie vielleicht Folgendes beobachten: Er gibt seinen Benutzernamen und sein Passwort korrekt ein, klickt anschließend aber den Link „Login-Daten vergessen" an. Dann ist er kurz verwirrt und geht zurück zur Seite „Ticket und Optionen".

Bei diesem Nutzungsproblem spielen mehrere Faktoren zusammen. Der Link „Login-Daten vergessen" steht an einer Stelle, an der sich normalerweise eine Schaltfläche „Anmelden" oder „Los geht's" befindet. Diese Gestaltung ist also nicht konform mit den Erwartungen der Benutzer, die ausreichend Erfahrungen mit einem bestimmten Gestaltungsmuster haben. Der Dialogschritt „Tickets und Optionen" an sich hat eine klare Struktur, die er mit all den Schritten davor und danach teilt: Oben auf der Seite findet sich eine Angabe darüber, welcher Schritt gerade aktuell ist. Mit der Schaltfläche „Weiter" am Ende der Seite schließt man den aktuellen Schritt ab und ruft den nächsten Schritt auf. Allerdings ist bei Computern mit einem kleineren Bildschirm oder einer niedrigeren Auflösung das Ende der Seite nicht sichtbar. Dann endet die Darstellung ungefähr bei der in ◘ Abb. 2.1 eingezeichneten gestrichelten Linie. Die Struktur der Seite kann so gar nicht wahrgenommen werden. Das bestätigende „Weiter" ist nicht sichtbar. Und selbst, wenn man die Seite ganz sehen würde, ist die Schaltfläche „Weiter" doch sehr weit von der Eingabe oben entfernt.

Ein solches Nutzungsproblem lässt sich durch das Beobachten von Nutzern und mit etwas detektivischem Geschick aufspüren. Beispielsweise könnte sich bei einer Auswertung von Nutzungsdaten zeigen, dass die Seite „Passwort/Benutzername vergessen" häufig aus dem Dialogschritt „Tickets und Optionen" heraus aufgerufen, aber dann mit der Schaltfläche „Zurück" gleich wieder verlassen wird. Dies kann als Hinweis auf ein Problem verstanden werden.

Nutzungsprobleme dieser Art erscheinen uns als fast unvermeidbar. Tatsächlich wurde ► bahn.de von der Münchner Agentur *Ray Sono* (► www.raysono.de) gestaltet, die explizit auf ihre Praktiker im Bereich Gebrauchstauglichkeit (User Research, User-Experience-Beratung) verweist. Das sind Profis, die sicherlich alles tun, um solche Nutzungsprobleme zu vermeiden. Man kann erahnen, wie viele Aspekte die Gestalter gleichzeitig berücksichtigen müssen. Einfache Lösungen, die im Folgenden keine neuen Probleme erzeugen, sind eher selten. Auch kann man sich die Frage stellen, welche Konsequenzen das beschriebene Problem beim Login tatsächlich haben wird. Außer einem Moment der Irritation und einem zusätzlichen Klick ist vielleicht nicht viel passiert. Sicher sollte man Nutzungsprobleme vermeiden oder beheben. Dies aber als die vorrangige praktische, psychologische Aufgabe im Rahmen der Gestaltung interaktiver Produkte zu verstehen, scheint nicht mehr zeitgemäß.

Probleme im Umgang mit interaktiven Produkten können entweder Nutzungsprobleme oder Funktionsprobleme sein. Während es bei Nutzungsproblemen um die mangelhafte Passung von Fähigkeiten, Fertigkeiten und Erwartungen zwischen Benutzer und interaktivem Produkt geht, bilden Funktionsprobleme die mangelhafte Passung von Aufgaben und interaktivem Produkt ab. Bei Funktionsproblemen fehlen dem Produkt wichtige Funktionalitäten für das Erledigen einer Arbeitsaufgabe, bzw. das interaktive Produkt ist so strukturiert, dass es nicht zur Arbeitsaufgabe passt. Eine Supermarktkasse, die den Kassierer nicht beim Zusammenrechnen der Einzelposten unterstützt, erzeugt Funktionsprobleme. Nutzungsprobleme hingegen entstehen, wenn Benutzer vorhandene nützliche Funktionalitäten nicht nutzen können, weil sie die Interaktion nicht verstehen. Eine Supermarktkasse, die zwar addieren kann, dies aber mit der Taste „?" tut, erzeugt ein Nutzungsproblem.

Nielsen (1993, S. 25) macht eine ähnliche Unterscheidung, wenn er zum einen von Benutzbarkeit (Usability, Vermeiden von Nutzungsproblemen) und zum anderen von Nützlichkeit (Utility, Vermeiden von Funktionsproblemen) spricht. Zusammen ergibt das die Gebrauchstauglichkeit eines interaktiven Produkts (Usefulness). Nützlichkeit und Benutzbarkeit auseinanderzuhalten ist zwar nicht immer leicht, aber doch hilfreich. Die Unterscheidung verdeutlicht, dass man zwar interaktive Produkte mit hohem funktionalem Nutzen gestalten kann, mangelnde Benutzbarkeit die Gebrauchstauglichkeit im Alltag aber deutlich schmälert. Genauso kann man auch ein nach allen Regeln der Kunst benutzbares Produkt gestalten, das keine Gebrauchstauglichkeit entfaltet, weil die richtigen Funktionalitäten fehlen.

Nützlichkeit und Benutzbarkeit waren und sind wichtige Attribute interaktiver Produkte, das Aufspüren möglicher Probleme ist eine notwendige Aktivität. Sich aber allein darauf zu konzentrieren, wurde im Laufe der letzten 15 Jahre als zu eingeschränkt empfunden. In den folgenden Abschnitten beschreiben wir den Wandel der Gestaltung interaktiver Produkte von einer traditionell kognitiven zu einer eher humanistischen Disziplin. Dabei spielten zwei Argumente eine herausragende Rolle: Zum einen kümmerte sich die traditionelle Praxis der Gestaltung interaktiver Produkte zu wenig um das subjektive Erleben der Benutzer. Zum anderen konzentrierte sie sich zu stark auf das Vermeiden von Negativem, statt sich dem Positiven zuzuwenden (vgl. Hassenzahl 2010; Desmet und Hassenzahl 2012).

2.2   Zentrale Attribute von Erlebnissen: subjektiv und positiv

2.2.1   Erleben betont das Subjektive

Vertreter eines kognitionspsychologisch-orientierten Zugangs zur Gestaltung interaktiver Produkte waren immer stolz darauf, einen objektiven Ansatz zu verfolgen. Zum Aufspüren von Nutzungsproblemen beispielsweise werden Teilnehmern Aufgaben vorgegeben, die dann mithilfe eines interaktiven Produkts gelöst werden müssen (Usability Testing). Dabei werden die Teilnehmer beobachtet. Jede Abweichung vom optimalen Lösungsweg wird als Hinweis auf ein Nutzungsproblem verstanden (s. auch ▶ Kasten „Finde das Problem!"). Geben Sie doch einfach einmal Ihr Smartphone einer Bekannten und bitten Sie sie, möglichst schnell einen bestimmten Eintrag im Kalender vorzunehmen. Beobachten Sie! Sie sehen sicher das eine oder andere Problem. Eine Zeit lang war es auch *en vogue* Zeitmessungen vorzunehmen, um so die Effizienz im Umgang mit unterschiedlichen interaktiven Produkten zu quantifizieren.

Allerdings erfährt man anhand dieses Vorgehens nur wenig über die Art und Weise, wie die Benutzer den Umgang mit dem interaktiven Produkt erleben. Natürlich kennen wir alle Gefühle von Frustration und Ärger, wenn ein interaktives Produkt einfach nicht das tut, was es tun soll. Je mehr Zeit man mit Problembewältigung verbringt, desto mehr ärgert man sich (Brodbeck et al. 1993). In der Feldstudie von Brodbeck et al. (1993) erzeugten unter den unmittelbar behebbaren Nutzungsproblemen nur knapp 8 % Ärger. Bei Problemen, deren Bewältigung mehr als 10 min dauerte, führten schon 57 % aller Probleme zu deutlichem Ärger. Also ist eigentlich nicht das Problem an sich das Problem, sondern die Zeit, die man für seine Bewältigung benötigt. Allerdings muss man hier auch bedenken, dass von 1104 beobachteten Problemen nur lediglich 28 eine solch lange Bewältigungszeit benötigten; 608 der 1104 Probleme hingegen konnten unmittelbar bewältigt werden.

Nun waren die Funktionalität und die Benutzungsoberfläche einer interaktiven Büroanwendung 1993 sicher etwas deutlich anderes als das, was moderne interaktive Produkte bieten. Auch das Thema Gebrauchstauglichkeit fand gerade erst Beachtung. Heutzutage ist die Qualität generell höher und ernsthafte Nutzungsprobleme bei kommerziellen, interaktiven Produkten sind eher eine Ausnahme. Damit verändern sich aber auch die Qualitätsansprüche der Benutzer. So kann man sich fragen, ob auch 2016 noch 43 % der Benutzer *keine* deutlich negativen Emotionen zeigen würden, wenn sie bereits seit 10 min an der Bewältigung eines Nutzungsproblems arbeiteten (wie in der Studie von Brodbeck et al. 1993). Der Punkt ist: Wie man die Arbeit mit einem interaktiven Produkt erlebt, hat nur bedingt damit zu tun, was objektive Kennwerte vermuten lassen.

Tatsächlich zeigten sich in einer Metaanalyse (Hornbæk und Law 2007) von 73 Studien, die alle Effektivität, Effizienz und Zufriedenheit im Umgang mit unterschiedlichsten interaktiven Produkten erhoben hatten, nur niedrige Zusammenhänge zwischen objektiv gemessener Effizienz (z. B. quantifiziert durch Aufgabenbearbeitungszeit) und subjektiv erlebter Effizienz (z. B. quantifiziert durch die Frage: „Wie schnell hat Sie das System Ihre Aufgaben erledigen lassen?"). Auch der Zusammenhang von objektiven Maßen, wie der vom Testleiter erhoben Anzahl der Probleme und der Aufgabenbearbeitungszeit, mit subjektiven Maßen der Zufriedenheit war eher gering (Probleme –Zufriedenheit: r = .20, 95 %, Konfidenzintervall: .02 bis .38; Aufgaben-bearbeitungszeit – Zufriedenheit: r = .15, 95 %, Konfidenzintervall: .02 bis .28). Die Gründe dafür sind vielfältig. Um nur ein Beispiel zu geben: Ob ein Produkt effizient ist, also eine schnelle Aufgabenbearbeitung ermöglicht, kann von Menschen im Vergleich zweier Produkte besser erlebt werden. Macht man dieselbe Aufgabe einmal mit Produkt A und einmal mit Produkt B, fällt es leicht, den Unterschied zwischen 7 min Bearbeitungszeit und acht Bedienschritten oder 12 min und vierzehn Bedienschritten zu bemerken und zu bewerten. Verwendet man nur ein Produkt, wird das schwer. Was ist schnell, was ist langsam? Was sind viele, was sind wenige Schritte? An welchem Standard kann man das Produkt eigentlich messen?

Auf der Basis ihrer Metaanalyse empfehlen Hornbæk und Law (2007), die objektive und subjektive Sicht zu trennen und nach Regeln zu suchen, wie diese zusammenhängen. Damit betonen sie das Erleben als eigenständigen Aspekt. Aus einer psychologischen Sicht ist das nicht überraschend. Eine Unterscheidung von objektiv Gegebenem und subjektiv Erlebtem findet sich schon im klassischen arbeitswissenschaftlichen Konzept der Belastung und Beanspruchung (s. Ulich 2011, S. 471). Belastungen sind dabei objektive, von außen auf den Menschen einwirkenden Faktoren, und Beanspruchungen die erlebten Auswirkung im und auf den Menschen. Der Zusammenhang von Belastung und Beanspruchung ist kein einfacher. Ob eine Belastung als Beanspruchung erlebt wird, hat mit vielen vermittelnden Prozessen zu tun, wie beispielsweise der Bewertung der Belastung und der Wahrnehmung eigener Bewältigungsressourcen (Lazarus 1966).

Was so offensichtlich klingt, ist für einen wissenschaftlich-orientierten Psychologen problematisch. Lazarus (2006) beschreibt 30 Jahre nach seinem berühmten Buch über die Zusammenhänge von objektiv gegebenem und erlebtem Stress (Lazarus 1966) seine eigene Position zu Konzepten der kognitiven Vermittlung (*cognitive mediation*) so:

» For some cognitive mediation refers primarily to subjective meaning, an implication that still makes many psychologists uneasy. Actually, my own outlook […] is not a true phenomenology. I take the position that […] people perceive and respond to the realities of life more or less accurately – otherwise they could not survive and flourish. However, they also consider personal goals and beliefs in their perceptions […], and to some extent we all live by illusion (Lazarus 2006, S. 5).

Lazarus (2006) ist also der Meinung, dass schon das Betonen erlebter Bedeutung vielen Forschern in der Psychologie Sorgen bereitet. Eine reine Phänomenologie, im Sinne einer bloßen Beschreibung von Erlebtem, scheint ihnen zu wenig. Lazarus (2006, S. 6) bescheinigt der Psychologie weiterhin einen Konservatismus, der sich seiner Meinung nach aus einem Minderwertigkeitskomplex speist, nämlich dem verzweifelten Versuch, als Laborwissenschaft zu gelten. Dies drücke sich beispielweise in einer tiefverwurzelten Abneigung gegenüber Selbstberichtsmaßen und einer Betonung vermeintlich harter, objektiver Daten aus (z. B. Beobachtungen, physiologischen Messungen). Es gibt natürlich auch in der Psychologie etablierte Strömungen, die sich, phänomenologisch geprägt, eher auf das Erleben von Menschen konzentrieren und versuchen, den Menschen qualitativ und ganzheitlich zu erfassen. Eine solche „humanistische Sicht" ist aber stark mit der klinischen Psychologie assoziiert und hatte bislang nur wenig Einfluss auf traditionelle Mensch-Technik-Interaktion, die sich eben immer eher kognitiv und ingenieursmäßig orientiert hat.

In der Praxis hat die moderne, erlebnisorientierte Gestaltung interaktiver Produkte bereits einen humanistisch geprägten Weg eingeschlagen. Sie orientiert sie sich an den Ideen der Phänomenologie, an Philosophen wie Husserl, Heidegger, Merleau-Ponty, Latour oder Ihde, wobei allerdings auch je nach Autor ganz unterschiedliche Aspekte betont werden. Eines ist allerdings

all den unterschiedlichen Positionen gemein: Eine Abneigung gegen jede Form des Reduktionismus. Reduktion meint hier den in der Psychologie üblichen Versuch, ein Phänomen auf
eine kleine Auswahl von Faktoren zu reduzieren und den Einfluss, den sie aufeinander haben,
zu beschreiben und zu prüfen, um so universelle Modelle und Antworten abzuleiten. Aber
auch ein Psychologe wie Lazarus (2006, S. 8) kritisiert dies als eine Wissenschaftspraktik, die
zu einer „verarmten", irrelevanten, dekontextualisierten, übervereinheitlichenden, statischen
und zu objektivistischen Beschreibung menschlichen Handelns (und Erlebens) führt (▶ Exkurs
„Reduktionismus als Kritik an der Mainstreampsychologie").

Reduktionismus als Kritik an der Mainstreampsychologie

Lazarus (2006, S. 8) formuliert in Anlehnung an Jessor (1996) die folgende Kritik an einer reduktionisti-
schen Psychologie:

- ▬ Es gibt eine große Kluft zwischen der Reichhaltigkeit literarischer Beschreibungen menschlichen
  Denkens und Handelns und den verarmten Beschreibungen einer experimentellen Psychologie.
  Gerade das Beschreiben von Erleben und Erlebtem spielt in der Psychologie keine große Rolle. Sie
  überlässt intrapsychische Phänomene lieber den Geisteswissenschaften.
- ▬ Ein Großteil der psychologischen Forschung ist „dekontextualisiert". Durch den Fokus auf das Finden
  universeller Mechanismen wird die Einbettung dieser Mechanismen in Situationen oft übersehen. Allerdings bestimmt der Kontext, ob ein Mechanismus ausgelöst wird oder nicht und wie ein Prozess abläuft.
- ▬ Der universalistische Ansatz verstellt den Blick auf systematische Unterschiede zwischen Menschen
  (bzw. Gruppen) und der Veränderung von Menschen über die Zeit. Längsschnittliche, biografische
  und narrative Methoden werden noch zu selten genutzt.

Tatsächlich erfordert die erlebnisorientierte Gestaltung interaktiver Produkte genaue die von
Lazarus geforderten Veränderungen. Um interaktive Produkte zu gestalten, muss der Kontext
verstanden werden. Analysen und auch Evaluationen müssen reichhaltig und detailliert sein,
sodass Gestalter interaktive Produkte optimal in Situationen einpassen können. Gestalter und
Hersteller interessieren sich dafür, wie ihr Produkt erlebt wird, da die erlebte Qualität das ist,
was eine Weiterempfehlung garantiert – eine der wichtigsten Währungen in einer hochvernetz-
ten Konsumgesellschaft. Interaktive Produkte müssen mit Diversität umgehen. Zwar sind sie
Massenprodukte, aber sie lassen sich relativ leicht an Benutzergruppen und individuelle Benutzer anpassen. Methoden, wie die weitverbreiteten Personas, versuchen genau das: Gestalter
daran zu erinnern, wie unterschiedlich Benutzer sein können, um dann diese Unterschiedlichkeit angemessen zu berücksichtigen. Und auch eine längsschnittliche Perspektive wird immer
häufiger gefordert und auch eingenommen (Karapanos et al. 2010).

Das Feld der Gestaltung interaktiver Produkte hat also schon viele Elemente eines phänomenologisch orientierten, nichtreduktionistischen Ansatzes. Rogers (2011) fasst dies folgendermaßen zusammen:

» Once again, we are witnessing the beginning of a new movement: This time it is „in the wild."
Researchers are decamping from their usability labs and moving into the wild – carrying out
in situ user studies, sampling experiences, and probing people in their homes and on the
streets (Rogers 2011, S. 58).

Es geht heutzutage darum, den Alltag der Menschen, ihre Lebenswelt, zu verstehen und interaktive Produkte zu gestalten, die den Alltag verändern. Man verlässt die Labore und gestaltet
interaktive Produkte im Kontext statt universelle Gestaltungsprinzipien aufzustellen. Einzelfall-

studien (▶ Kasten „*ReMind*") und autobiografische Ansätze (▶ Kasten „*Furfur*") sind typische Beispiele für eine solche Art der wohlbefindens- und erlebnisorientierten Gestaltung interaktiver Produkte.

ReMind: Eine phänomenologische Fallstudie

ReMind ist eine Kreuzung zwischen einem Wandkalender und einer To-do-Liste. Ziel des Objektes ist es, seinen Benutzern dabei zu helfen, das unnötige Aufschieben von notwendigen Tätigkeiten (Prokrastination) zu überwinden (Laschke et al. 2013; ◻ Abb. 2.2).

◻ **Abb. 2.2** *ReMind*. (Quelle: Autoren)

Wir möchten hier nicht auf die genaue Funktionsweise von *ReMind* eingehen, sondern kurz skizzieren, wie eine eher phänomenologisch orientierte, empirische Untersuchung aufgebaut sein kann.
Die Studie ist ein Einzelfall, d. h., wir haben *ReMind* nur einer einzelnen Person gegeben, um so Erlebnisse und Veränderungen mit und durch das Objekt zu explorieren. Nach einem ersten Interview wurde *ReMind* in der Wohnung der Teilnehmerin installiert und von ihr im Alltag genutzt. Nach einer und nach zwei Wochen wurden erneut Interviews durchgeführt. Dann wurde *ReMind* entfernt und nach weiteren fünf Tagen ein Abschlussinterview geführt. Jedes Interview war offen, lediglich geleitet von groben Fragen, und dauerte ca. 90 min.
Die so erhobenen Daten wurden mithilfe einer Interpretativen Phänomenologischen Analyse (IPA, Smith et al. 2009) strukturiert und interpretiert. IPA besteht aus zwei Teilen: einem phänomenologischen Teil, der Wert auf eine exakte, detaillierte Beschreibung der erlebten Phänomene legt, und einem interpretativen Teil, in dem sich der Forscher versucht zu erklären, wie Phänomene entstehen und durch was sie bedingt sind.
Aus forschungslogischer Sicht beschäftigt sich eine solche Arbeit mit der Existenz von Phänomenen und nicht mit der Häufigkeit ihres Auftretens. In der vorliegenden Studie hat die Teilnehmerin ihre Einstellung und ihr Prokrastinationsverhalten durch *ReMind* geändert. Dies bedeutet, dass *ReMind* zumindest in einem Fall erfolgreich war. Es geht in Einzelfallstudien eher darum, Phänomene zu demonstrieren und zu beschreiben, als sie abzusichern. Die Detailliertheit der Beschreibungen ist eine reiche Quelle für weitere Gestaltungsarbeit. Evidenz für ein Funktionieren des Konzepts, beispielsweise im Sinne der Evaluation einer medizinischen Intervention, kann und will eine solche Untersuchung nicht sein.

Furfur: Autobiografisches Gestalten

Furfur ist ein kleines Wesen, das Paaren in Fernbeziehungen dabei helfen soll, sich einander näher zu fühlen. *Furfur* wohnt in einer Kiste (◘ Abb. 2.3). Eine (imaginäre) Verbindung zwischen den Kisten erlaubt es *Furfur*, ohne Zeitverzögerung zwischen den Wohnorten der beiden Partner zu wechseln. Natürlich existiert je ein *Furfur* pro Kiste, aber immer nur eines darf herauskommen. *Furfur* reagiert auf Bewegungen und Geräusche (z. B. Stimmen), indem es sie imitiert. Dies wird gespeichert und auch beim Partner reproduziert. Je mehr man mit *Furfur* interagiert, desto größer wird sein Repertoire. Das Verhalten *Furfurs* ist also ein überraschendes Produkt der jeweiligen Interaktion beider Partner mit ihm. Ähnlich wie bei einem gemeinsamen Haustier oder gar einem gemeinsamen Kind spiegeln sich Eigenarten des anderen Partners, z. B. sein Musikgeschmack, wider und vermischen sich auf interessante Weise mit eigenen Manierismen.

◘ **Abb. 2.3** *Furfur*. (Quelle: Wei-Chi Chien)

Ob ein Konzept wie *Furfur* wirklich eine neue Art der Nähe zwischen zwei Personen erzeugen kann, muss natürlich ausprobiert werden. Vieles kann man dabei in Workshops oder anderen Formen von Benutzerbeteiligung erkunden und mit Paaren in Fernbeziehungen besprechen. Die Frage allerdings, ob und unter welchen Umständen durch *Furfur* Nähe entsteht, kann ohne Erprobung im Alltag kaum beantwortet werden. Nun ist gerade dies sowohl aus technischen als auch ethischen Gründen problematisch. Technisch gesehen sind frühe Prototypen unausgereift und fehlerbehaftet. Sie stürzen ab, machen nicht das, was sie eigentlich sollen, können nerven und sind unnötig kompliziert. Sie sollen ja auch verbessert werden. Allerdings ist dies nicht jedem zumutbar. Personen, die an Produkttests teilnehmen, erwarten meist schon etwas Ausgereifteres. Schwerer wiegen allerdings in diesem Fall die ethischen Bedenken. Wenn *Furfur* eine Beziehung über die Ferne besser machen kann, dann kann es sie vielleicht auch verschlechtern?! Ein wohlbefindens- und erlebnisorientiertes Gestalten hat hier eine Verantwortung gegenüber einem Testpaar. Sicher wäre es besser schon etwas mehr über die Effekte des kleinen *Furfurs* zu wissen, bevor man es auf Paare loslässt. So entsteht ein Dilemma: Entweder man riskiert es, Tester zu verärgern oder sogar Schlimmeres, oder man verzichtet auf eine zentrale Quelle gestaltungsrelevanter Information.

Ein interessanter Mittelweg ist das autobiografische Gestalten (Neustaedter et al. 2014). Das ist nach Neustaedter und Kollegen:

» design research drawn from extensive, genuine use by those creating or building the system […]. With autobiographical design, researchers engage in many rapid design-evaluation cycles, drawing on their own experiences to understand, develop, and fine-tune systems (Neustaedter et al. 2014, S. 135).

Diese Methode ist auch bei *Furfur* zur Anwendung gekommen (Chien et al. 2016). Der Designer *Furfurs*, Wei-Chi Chien, und seine Freundin Claire leben in einer Fernbeziehung. Wei-Chi in Deutschland, Claire in Taiwan. Das ist nicht nur eine lange Strecke von 9000 Kilometern, sondern bedeutet auch eine Zeitverschiebung von 6 bis 7 Stunden. Wei-Chi hat *Furfur* über einen Zeitraum von 200 Tagen im Selbstversuch gemeinsam mit Claire erprobt, dies dokumentiert und *Furfur* immer weiter verbessert. In diesem autobiografischen Gestaltungsprozess konnte Wei-Chi viele Dinge ausprobieren, ohne jemanden anderen als sich und seine Beziehung einem Risiko auszusetzen. Das ist natürlich immer noch ein Risiko, aber wir halten es nur für fair. Gerade wenn es um Wohlbefinden geht, sollten Gestalter sich zunächst selbst ihren eigenen Kreationen aussetzen, bevor sie andere damit behelligen.

Lassen Sie uns noch betonen: Während wir das nichtreduktionistische Programm erlebnisorientierter Mensch-Technik-Interaktion prinzipiell unterstützen, darf dieses ebenso nicht zur Ideologie werden. Es kann heutzutage durchaus vorkommen, dass in bestimmten Kreisen der Einsatz eines Fragebogens schon als reduktionistisch abgetan wird. Dies sehen wir nicht so. Wir fordern einen Methodenpluralismus, bei dem Praktiker bewusst entscheiden, wie reduktionistisch sie vorgehen sollen und können. Detaillierte phänomenologische Fallstudien können genauso bereichernd sein wie größere Evaluationsstudien und breiter angelegte, aber dadurch auch reduziertere Umfragen. Die Herausforderung für den Praktiker ist es, Methoden nicht ideologisch oder reflexartig einzusetzen, sondern sich ihrer Vor- und Nachteile bewusst zu werden. Eines bleibt dabei aber zentral: Um erlebnisorientiert zu gestalten, muss dem Erlebten eine angemessene Rolle eingeräumt werden.

2.2.2 Mit Blick auf das Positive: freudvoll und bedeutungsvoll

In diesem Kapitel war bisher viel von Problemen, Ärger und Frustration die Rede. Dies ist eigentlich typisch für eine traditionelle Mensch-Technik-Interaktion, die sich weitestgehend mit dem Vermeiden von Nutzungs- und Funktionsproblemen beschäftigt. Es geht dabei um das Sicherstellen der Instrumentalität eines Produkts. Jordan (2000) konstatiert selbst für den Begriff der Zufriedenheit, der ja eigentlich ein positiver ist:

» The human factors profession has traditionally operationalized „satisfaction" in a manner that is limited to the avoidance of physical and cognitive discomfort (Jordan 2000, S. 7).

Traditionelle Ansätze der Mensch-Technik-Interaktion sind also defizitorientiert. Die erlebnisorientierte und besonders die wohlbefindensorientierte Gestaltung interaktiver Produkte versucht dies aufzubrechen, indem sie die Möglichkeiten, die interaktive Produkte (und Dinge generell) bieten, ebenso wie die positiven Ergebnisse einer Interaktion mit Produkten betont (vgl. Hassenzahl 2010; Desmet und Hassenzahl 2012) (▶ Exkurs „Persönlichkeitsförderlichkeit").

Exkurs: Persönlichkeitsförderlichkeit – oder das Problem mit den Hierarchien

In der klassischen Arbeitspsychologie existiert eine Reihe hierarchischer Systeme zur Bewertung von Arbeit (s. Ulich 2011, S. 141 ff.). Hacker und Richter (1980 in Ulich 2011, S. 149) bieten beispielsweise vier aufeinander aufbauende Ebenen an: Ausführbarkeit, Schädigungslosigkeit, Beeinträchtigungsfreiheit und letztendlich Persönlichkeitsförderlichkeit. Während es bei den ersten drei Aspekten um das *Vermeiden von Defiziten* geht, ist die Persönlichkeitsförderlichkeit tatsächlich eine positive Forderung, die der Idee einer erlebnis- und wohlbefindensorientierten Gestaltung nahekommt.

In der Praxis der Gestaltung interaktiver Produkte spielt und spielte der Begriff der Persönlichkeitsförderlichkeit allerdings bislang keine große, programmatische Rolle. Wenn er genutzt wird, dann zumeist im Zusammenhang mit der Bewertung von Arbeit und vorrangig im deutschsprachigen Raum. Bei Hacker und Richter (1980 in Ulich 2011, S. 149) ging es bei Persönlichkeitsförderlichkeit um das Lernen und das damit verbundene Weiterentwickeln von Fertigkeiten und Einstellungen. Hier gibt es wieder Anklänge an eine humanistische Perspektive, die persönliches Wachstum und Entwicklung eigener Potenziale als die Hauptaufgabe des Menschen sieht.

In der Praxis blieb die Forderung nach Persönlichkeitsförderlichkeit aber eher vage. Dies lag sicher auch an der hierarchischen Anordnung der Aspekte, die ja impliziert, dass zunächst alle anderen Kriterien erfüllt sein müssen, bevor man sich der Persönlichkeitsförderlichkeit widmen kann. Da sich aber, wie schon oben argumentiert, Defizite wohl nie ganz vermeiden lassen, kann das hierarchische Modell eine Hürde darstellen: Denn immer gibt es noch Konkretes zu tun, beispielsweise im Hinblick auf die Beeinträchtigungsfreiheit, bevor man sich dann letztendlich der Persönlichkeitsförderlichkeit zuwenden könnte.

Ähnliche Vorstellung gab es auch in der Gestaltung interaktiver Produkte. In dem vielbeachteten Buch *Designing Pleasurable Products. An Introduction to the New Human Factors* (Jordan 2000, S. 6) postulierte Jordan ein Hierarchie der Benutzerbedürfnisse. Zunächst musste die Funktionalität eines Produktes gegeben sein (Nützlichkeit), dann seine Benutzbarkeit und dann erst kommt die Freude. Sein Argument war, dass man sich zwar benutzbare und nützliche interaktive Produkte vorstellen kann, die keine Freude machen, dass aber für ein freudvolles Produkt Nützlichkeit und Benutzbarkeit immer eine Voraussetzung darstellen.

Jordan (2000) hat sich von Maslows (1954) Bedürfnispyramide inspirieren lassen. Während allerdings moderne Bedürfnistheorien die von Maslow postulierten Bedürfnisse inhaltlich weiter bestätigen, ist es um die Idee der hierarchischen Organisation eher still geworden. Sheldon et al. (2001, S. 336) schlagen vor, eher im Sinne einer Priorisierung zu denken; das bedeutet, dass bestimmte Kriterien in bestimmten Situationen wichtiger scheinen als andere. Jedoch gibt es zwischen den Kriterien nicht unbedingt eine inhaltliche Abhängigkeit, sodass ein Aspekt keine zwingende Voraussetzung für einen anderen ist. Aus unserer Sicht sollten also freudvolle und bedeutungsvolle Erlebnisse die Rolle spielen, die der Persönlichkeitsförderlichkeit verweigert wurde. Ziel ist es, interaktive Produkte mit hinreichender und benutzbarer Funktionalität auszustatten, sodass sich die erhofften Erlebnisse in der Nutzung tatsächlich einstellen. Es ist natürlich Unsinn zu erwarten, dass ein interaktives Produkt ein positives Erlebnis erzeugen kann, wenn man nicht einmal den Knopf zum Einschalten findet. Allerdings sollte man als Praktiker auch nicht der Annahme erliegen, dass Benutzbarkeit alles wäre. Für ein schönes Erlebnis nimmt man auch ein paar Schwierigkeiten in Kauf.

Erlebnisorientierte Gestaltung hat sich von der Positiven Psychologie inspirieren lassen. In einer Einführung in das Feld der Positiven Psychologie schreiben Seligman und Csikszentmihalyi (2000):

 » [P]sychologists have scant knowledge of what makes life worth living. They have come to understand quite a bit about how people survive and endure under conditions of adversity. […] Psychology has, since World War II, become a science largely about healing. It concentrates on repairing damage within a disease model of human functioning. This almost exclusive attention to pathology neglects the fulfilled individual and the thriving community (Seligman und Csikszentmihalyi 2000, S. 5).

Traditionelle Mensch-Technik-Interaktion folgt aus der Sicht der erlebnisorientierten Gestaltung ebenso einem Krankheitsmodell. Es geht darum, Probleme zu vermeiden, um so die

Nützlichkeit eines interaktiven Produkts zu sichern. Aber der ausschließliche Fokus auf das Abwenden des Negativen verstellt den Blick auf die Frage, wie Alltag durch interaktive Produkte weiter bereichert werden könnte.

Den Fokus auf das Lösen von Problemen und das Entfernen von Defiziten zu legen ist vielen gestaltungsorientierten Disziplinen gemein und tief verwurzelt. Desmet und Hassenzahl (2012) unterscheiden hier das übliche problemgetriebene Gestalten von einem an Möglichkeiten orientierten Gestalten. Interessanterweise erscheinen problemgetrieben Produkte immer als besonders nützlich. Allerdings führen sie auch häufig wieder zu neuen Problemen. Jeder, der ein Smartphone sein eigen nennt, kann dies leicht nachvollziehen. In Familien gibt es sogar schon die Rolle des CTOs („Chief Technical Officer"): ein Familienmitglied, das sicherstellt, dass alle Smartphones auf dem aktuellsten Stand sind, die richtigen Apps installiert haben und mit verschiedensten Konten verknüpft oder eben besser nicht verknüpft sind.

Abgesehen von der Beobachtung, dass das Lösen eines Problems häufig zu neuen Problemen führt, ist ein problemzentrierter, das Negative vermeidender Ansatz auch immer ein Umweg. Er versucht positive und bedeutungsvolle Erlebnisse indirekt zu erzeugen, indem Gestalter durch interaktive Produkte lediglich Voraussetzungen dafür schaffen, etwas Positives zu erleben. Ein auf Möglichkeiten fokussiertes Gestalten hingegen versucht, den Umweg über das Problem zu vermeiden, und direkt nach Möglichkeiten zu suchen, freudvolle und bedeutungsvolle Erlebnisse zu schaffen.

Der Unterschied ist ein kleiner, aber feiner. Stellen Sie sich eine Fernbeziehung vor (s. auch Fallstudie „*Furfur*"). Ein problemzentrierter Ansatz versteht die räumliche Trennung der Partner als ein zu lösendes Problem. Eine Möglichkeit ist ein Telefonanruf. Verfügen beide Partner über ein Telefon, ist das Problem also potenziell gelöst, da man ja nun zumindest fernmündlich die Distanz überbrücken kann. Das alles garantiert aber noch keinen erfüllenden Austausch zwischen Liebenden. Ein an den Möglichkeiten orientierter Ansatz hingegen fragt sich, wie man Liebenden das Gefühl geben kann, sich über die Ferne hinweg nahe zu sein. Was ist wichtig für dieses Gefühl, was nicht? Oder sogar einen Schritt weiter: Ist es möglich, die Distanz nicht als Mangel zu verstehen, sondern als eine Ressource, also eine Möglichkeit, andere freudvolle und bedeutungsvolle Formen der Nähe zu erleben, die einem Paar, das nicht in einer Fernbeziehung lebt, verwehrt bleiben?

> **Exkurs: Probleme versus Möglichkeiten: zwei Beispiele**
>
> Ein von Desmet und Hassenzahl (2012) diskutiertes Beispiel für ein problemzentriertes Produkt ist Marti Guixes *Football Tape* (◘ Abb. 2.4; Pilloton 2009). Mit diesem Klebeband lässt sich schnell eine Art „Ball" formen, der dann zum Fußballspielen verwendet werden kann, sollte kein richtiger Ball vorhanden sein. Aber die eigentliche Freude und Bedeutung liegt ja im Fußballspielen und nicht im Kleben eines Balls. Vielleicht macht das Kleben ja sogar für ein paar Momente Freude, aber sicher hätte jedes Kind und jeder Erwachsene in einem Entwicklungsland (und nicht nur da) lieber einen Lederball als eine Rolle Klebeband. Was gut gemeint ist, wirkt auf den zweiten Blick zumindest fraglich.
>
> Ein an Möglichkeiten orientiertes Gestalten versucht den Umweg über das Problem zu vermeiden. Es sucht direkt nach Möglichkeiten, positives und bedeutungsvolles Erleben zu erzeugen. Ein Beispiel ist Bandais *Tamagotchi*, ein Spielzeug, das in den 1990er-Jahren besonders beliebt war (◘ Abb. 2.5).
>
> Das eiförmige Gerät repräsentiert einen *Tamagotchi*, eine kleine Kreatur, die aus einem Ei schlüpft, wenn man das Gerät zum ersten Mal einschaltet. Von da an muss man es aufziehen, es füttern, mit ihm spielen, es gesund halten, sauber machen, bestrafen und belohnen. Kümmert man sich nicht, stirbt das *Tamagotchi* schnell. Heutzutage sind zwar *Tamagotchis* kein Trend mehr, aber viele andere Produkte haben das Prinzip aufgenommen, wie z. B. die sehr erfolgreiche Spieleserie *Die Sims* von Will Wright.

▣ **Abb. 2.4** Marti Guixes
Football Tape. (Quelle:
Project H Design)

▣ **Abb. 2.5** Bandais *Tamagotchi*. (Quelle:
Tomasz Sienicki)

Während *Football Tape* ganz klar ein Problem löst (kein Ball da!), ist ein *Tamagotchi* kein Problemlöser. Es wird dadurch aber nicht bedeutungslos. Vielmehr spricht es menschliche Bedürfnisse nach Verbundenheit (Ryan und Deci 2000) und damit einhergehende Praktiken der Fürsorge direkt an. Das ist vergleichbar mit dem Gärtnern in der Freizeit oder dem Halten und Umsorgen von Haustieren. In diesem Sinne verkörpert ein *Tamagotchi* einen alternativen Weg, Verbundenheit durch Fürsorge zu erleben.

Zwar könnte man nun argumentieren, dass ein *Tamagotchi* sehr wohl ein Problem lösen will, nämlich das der Einsamkeit. Während aber jeder Benutzer eines Balls aus *Football Tape* klar formulieren würde, dass das Tape das Problem fehlender Verfügbarkeit löst, würden sicherlich weit weniger Personen zustimmen, dass eine Pflanze, ein Haustier, ein Partner oder zwei niedliche Kinder das Problem der Einsamkeit lösen. In seiner Ethnographie *Der Trost der Dinge* schreibt Miller (2008) beispielsweise über Haustiere:

» The relationship between a person and their pet is hard to characterize with the respect it actually demands. It can be embarrassing enough to talk about the love between people, let alone about what we mean exactly when we talk about the love for an animal (Miller 2008, S. 107).

Beziehungen und sich um etwas oder jemanden kümmern sind positiv und bedeutungsvoll an sich. Das *Tamagotchi* bietet eine neue Möglichkeit, sich dem Kümmern hinzugeben. Ein Ball bleibt ein Ball – es ist irgendwie ein Problem, wenn man keinen hat, aber ein Ball allein macht noch kein erfüllendes, ballvermitteltes Erlebnis – sprich ein Fußballspiel. Auch der kurze Moment des Selbermachens wiegt das unserer Meinung nach nicht auf.

Das Schwierige ist, dass problemzentrierte Produkte immer irgendwie vernünftig wirken, während man ein *Tamagotchi* oder *Furfur* (Fallstudie „*Furfur*") auf den ersten Blick als überflüssig empfindet. Dabei haben wir doch gerade das Gegenteil behauptet, nämlich, dass das *Tamagotchi* eigentlich das viel bedeutungsvollere Produkt mit mehr Potenzial für das Erleben von Freude und Wohlbefinden ist. Sicher denken viele: Wenn man alle brennenden Problem der Welt gelöst hat, dann kann man sich ja auch an den Möglichkeiten versuchen. Seligman (2008) sieht sich im Bereich Gesundheit mit der gleichen Kritik konfrontiert. Er stellt die rhetorische Frage:

» Why, however, in a world of suffering should one bother to work on mental health, well-being, and happiness in the first place? Perhaps in a few hundred years when AIDS and Alzheimer's disease and suicide are all conquered, we should then turn science to enabling well-being. Surely suffering trumps happiness […] (Seligman 2008, S. 4).

Seligman gibt selbst die Antwort: Sind nicht positive Emotionen, Teilhabe, Lebenssinn, gute Beziehungen und Erfolge – also alles das, was einen glücklichen Menschen ausmacht – die beste Prävention? Oder auf die Gestaltung interaktiver Produkte bezogen: Ist nicht das Lösen von Problemen zur Obsession geworden, ein sich auf alle Lebensbereiche ausdehnender Optimierungszwang? Aus unsere Sicht kann man beides tun: Man kann an der Pünktlichkeit der Bahn arbeiten (als ein problemzentrierter Ansatz) und sich gleichzeitig damit beschäftigen, wie man das Reisen mit dem Zug bedeutungsvoller machen kann. Wir wollen Probleme nicht wegreden, aber doch den Blick für neue Möglichkeiten öffnen.

Man mag den Unterschied zwischen dem Lösen von Problemen und dem Schaffen neuer Möglichkeiten spitzfindig finden. Natürlich ist beispielsweise ein modernes Smartphone ein Alltagsding, das problemlos funktionieren muss. Unser Argument ist, dass durch die Abwesenheit von Funktions- und Nutzungsproblemen noch lange nicht sichergestellt ist, dass das Smartphone eine zentrale Rolle in positiven und bedeutungsvollen Erlebnissen einnimmt (s. auch ► Exkurs „Probleme versus Möglichkeiten: zwei Beispiele").

Dieses Argument beruht auf zwei unterschiedlichen Annahmen. Zunächst geht es in Anlehnung an die *Zwei-Faktoren-Theorie der Arbeitszufriedenheit* (Herzberg et al. 1959) davon aus, dass Unzufriedenheit und Zufriedenheit nicht einfach einem Kontinuum zugeordnet werden können. Vielmehr gibt es Hygienefaktoren, die der Unzufriedenheit entgegenwirken, aber keine Zufriedenheit erzeugen (z. B. eine angemessene Entlohnung) und Motivatoren, die Zufriedenheit erzeugen (z. B. Aufstiegsmöglichkeiten). Oder anders gesagt: Die Abwesenheit von Krankheit entspricht noch lange nicht Gesundheit (Seligman 2008). In diesem Sinne ist die Abwesenheit von Nutzungsproblemen bei einem Smartphone ein Hygienefaktor, sozusagen die Abwesenheit von Krankheit. Der eigentliche Motivator ist ein erfüllendes Telefongespräch mit einer Freundin oder einem Freund.

Hier zeigt sich auch eine zweite Annahme, nämlich die, dass der Grund der Nutzung ein Teil des eigentlichen Produktes ist. Aus einer erlebnisorientierten Sicht ist also das Erlebnis eines erfüllenden Telefongesprächs ein Teil des zu gestaltenden Smartphones. Dies ist kein ganz einfaches Argument. Tuch und Hornbæk (2015) haben beispielsweise Personen nach positiven und negativen Erlebnissen mit ihren Smartphones befragt. Hier offenbart sich, dass sowohl Nützlichkeit (Abwesenheit von Funktionsproblemen) als auch Bequemlichkeit (Abwesenheit von Nutzungsproblemen) eher in positiven als in negativen Erlebnissen erwähnt werden. Sie wären also Motivatoren statt Hygienefaktoren oder zumindest doch beides.

Allerdings zeigte die Studie auch, dass die Teilnehmer auf zwei unterschiedlichen Ebenen denken. Auf einer Ebene, die die Autoren „first-level" nannten, ging es um das Smartphone, also das physische Produkt. Auf der anderen Ebene, dem „second-level", ging es um das Erlebnis, in dem das Smartphone eine Rolle spielte.

Ein Beispiel für ein Erlebnis aus der Studie von Tuch und Hornbæk (2015) lautet:

» My daughter had a piano recital. I went all prepared with a camera to take a ton of pictures to remember the event. It seemed that I had forgotten to replace the rechargeable battery. Thankfully I had my phone, an iPhone, and was able to both record the recital and snap some pics. I had it posted to *YouTube* for family to view before even leaving the parking lot. I felt good because I realized that memories that could have been lost due to my forgetfulness would now be saved for ever. I felt in control being able to save extremely important memories.

Das Smartphone stellt eine Funktionalität bereit, die in der beschriebenen Situation besonders hilfreich war. Die Abwesenheit von Funktions- und Nutzungsproblemen ermöglicht dem Benutzer das Dokumentieren der Klavieraufführung seiner Tochter. Allerdings bekommt das Smartphone seine Bedeutung nur durch die Tatsache, dass es eine Rolle in der Geschichte der Klavieraufführung spielte. Konzentriert man sich nun nur auf das Smartphone allein, kann es gar nichts außer nützlich und benutzbar sein, denn der eigentliche Motivator liegt außerhalb des physischen Produkts und sollte auch dort liegen. Versteht man aber nicht das Smartphone allein als Ziel der Gestaltung, sondern das Festhalten wertvoller Erinnerungen durch ein Smartphone, ergibt sich ein ganzheitlicheres Bild, in dem das Smartphone zwar eine Rolle spielt, aber nur in Bezug auf die eigentlichen Erlebnisse, die es ermöglicht und vermittelt. Die Auffassung, dass das Denken, Fühlen und Tun, die physische Umwelt und ganz besonders Werkzeuge eher als eine Einheit und nicht als zwei getrennte Sachverhalte verstanden werden müssen, ist mittlerweile in den Sozialwissenschaften weitestgehend akzeptiert (z. B. Theorien sozialer Praktiken, Reckwitz 2003). Dennoch ist die von Benutzern und auch Gestaltern häufig so deutlich wahrgenommene Trennung ihrer selbst und des genutzten interaktiven Produkts nicht leicht zu überwinden. An dieser Stelle soll dies nicht weiter diskutiert werden. In ▶ Kap. 4 stellen wir ein entsprechendes Arbeitsmodell für die Praxis vor.

Eine erlebnisorientierte Gestaltung interaktiver Produkte hat also ein positives Erlebnis zum Gestaltungsziel, das durch das interaktive Produkt ermöglicht und geformt wird (s. ▶ Exkurs „Produkterlebnis"). Ein Smartphonebenutzer soll sich durch die Möglichkeiten und die Interaktion mit seinem Telefon seinen Liebsten nahe fühlen. Das Erzeugen dieses positiven Erlebnisses durch das Produkt steht im Mittelpunkt der Gestaltung, nicht das Lösen von Nutzungsproblemen oder das Verschönern durch Produktgestaltung. Beides ist zwar auch wichtig, aber eben aus Sicht der erlebnisorientierten Gestaltung nicht so sehr wie das Ermöglichen positiver Erlebnisse.

Exkurs: Produkterlebnis

Begriffe wie Produkterlebnis, Nutzererfahrung oder Nutzungserfahrung sind gefährlich. Sie legen nahe, das interaktive Produkt selbst sei das Erlebnis. In dem Buch *Product Experience* (Schifferstein und Hekkert 2008) beispielsweise finden sich Kapitel über die visuelle Anmutung von Produkten und taktile oder auditorische Erlebnissen mit Produkten. Jeder halbwegs Designinteressierte hat schon von Sounddesignern gehört, die sich um das appetitliche Knuspern eines Kekses oder das emotionalisierende Röhren eines Motors kümmern. Aber auch Produktemotionen werden beschrieben, also emotionale Reaktionen auf Produkte selbst. In diesem Sinne ist der Ärger über ein Produkt ein Produkterlebnis, genauso wie Begeisterung.

Es ist natürlich nicht schlecht und in vielen Fällen auch nötig, sich über die Ästhetik eines Produkts im visuellen, auditorischen oder taktilen Bereich Gedanken zu machen. Auch im wirtschaftlichen Sinne ist die entstehende Produktbegeisterung sicher wichtig. So gesehen ist die Arbeit am Produkterlebnis immer ein guter Anfang. Allerdings sollte eine erlebnisorientierte Gestaltung eben einen Schritt weitergehen und nicht vorrangig das Produkt selbst zum Erlebnis machen, sondern sicherstellen, dass sich durch die Interaktion mit dem Produkt freudvolle und bedeutungsvolle Erlebnisse ergeben.

Dem aufmerksamen Leser ist aufgefallen, dass wir neben dem Begriff „positiv" auch häufiger „bedeutungsvoll" verwenden. Hier gibt es einen wichtigen Unterschied, denn tatsächlich wird nicht alles, was guttut, auch rundheraus als freudvoll erlebt. Oder anders gesagt: Nicht alles, was dem Leben Sinn gibt, macht auch vordergründig Spaß. In der Philosophie des Glücks wird dies oft durch den Gegensatz Hedonismus und Eudämonismus umschrieben. In Anbetracht der reichhaltigen Geistesgeschichte beider Begriffe vielleicht etwas verkürzt kann man sagen, dass Wohlbefinden im hedonischen Sinne sich eher im Erleben positiver Gefühle realisiert, während das Wohlbefinden im eudämonischen Sinne ein erfülltes und sinnhaftes Leben fordert (einen Überblick geben Ryan und Deci 2000). Eine erlebnis- und wohlbefindensorientierte Gestaltung, wie wir sie aktuell verstehen, hat beides im Blick, mit einer Tendenz zum eudämonischen (mehr in ▶ Kap. 4). Wichtig dabei ist, dass „positive" Erlebnisse durchaus auch negative Momente beinhalten dürfen, was auch unserem Alltag entspricht – dies gilt für positive Erlebnisse im Allgemeinen wie auch für Erlebnisse mit interaktiven Produkten (▶ Exkurs „Das Negative im Positiven").

Exkurs: Das Negative im Positiven

In einer Studie ausschließlich positiver Erlebnisse mit interaktiven Produkten (Hassenzahl et al. 2010) berichteten Teilnehmer neben anderem davon, Kompetenz oder Bedeutsamkeit, d. h. einen „tieferen Sinn", erlebt zu haben. Korrelationen zeigten: Je kompetenter sich Teilnehmer fühlten (gemessen mit dem Bedürfnisinventar, Sheldon et al. 2001; ▶ Kap. 7), desto aktiver, stärker, entschlossener, aufmerksamer und stolzer waren sie (gemessen mit dem *Positive and Negative Affect Schedule*, PANAS, Watson et al. 1988). Die Korrelation zwischen Bedürfnisbefriedigung und positiven Gefühlen (Affekt) betrug .45. Allerdings fand sich auch ein kleiner, aber statistisch bedeutsamer Zusammenhang von .12 zwischen Bedürfnisbefriedigung und negativem Affekt. Das Erleben von Bedeutung – was sicher einer eudämonischen Sicht von Wohlbefinden am nächsten kommt – war sogar stärker mit negativem ($r = .32$) als mit positivem Affekt ($r = .24$) korreliert. Es sei nochmals betont, dass alle berichteten Erlebnisse von den Teilnehmern als positiv klassifiziert wurden, obwohl zumindest ein Teil davon auch negative Emotionen beinhaltete.

2.2.3 Ein erstes Fazit

Traditionell war die Gestaltung interaktiver Produkte mit einer kognitionspsychologisch orientierten, ingenieurmäßigen Herangehensweise verbunden. Man suchte Funktions- und Nutzungsprobleme (Defizite) und versuchte, diese durch Gestaltung zu beheben. Der Ansatz war dabei ein objektiver, also fokussiert auf Beobachtungen, Zeitmessungen und dergleichen. Dies wurde Mitte der 1990er-Jahre als zu eingeschränkt wahrgenommen. Während man auf dem traditionellen Wissen aufbaute, betonte man nun mehr das subjektive Erleben der Benutzer, ihre Gefühle und Gedanken beim Umgang mit dem interaktiven Produkt. Man interessiert sich für Phänomenologie und den Alltag, was sich besonders in der verwendeten Methodik zeigt: weg von der reduzierten, objektiven Messung, hin zu reichhaltigen Erzählungen über Nutzungserlebnisse; weg von der Suche nach allgemeinen Prinzipien und „Gestaltungsgesetzen", hin zu Einzelfällen und autobiografischen Erprobungen. Der zweite Trend ist es, nicht nur Probleme im Umgang mit interaktiven Produkten zu suchen und diese zu beheben, sondern das Positive, Freudvolle und Bedeutungsvolle und das Schaffen neuer Möglichkeiten zu betonen. Der Übergang zwischen Problemen und Möglichkeiten ist dabei fließend und die schlicht anmutende Forderung nach mehr positiven Erlebnissen vielleicht nicht ganz so einfach, wie man sich das auf den ersten Blick vorstellt. Alles in allem wird so aus der ursprünglich effektivitäts- und effizienzorientierten Gestaltung interaktiver Produkte eine „humanistische" Gestaltung, die das Wohlbefinden der Nutzer als Gestaltungsziel ernst nimmt.

2.3   Dinge, Erlebnisse und Konsum

Soweit haben wir aufgezeigt, wie sich die Sicht auf die Gestaltung interaktiver Produkte in den letzten 20 Jahren von einer eher universellen (d. h. auf allgemeine, validierte Gestaltungsprinzipien), objektiven, auf das Vermeiden von Negativem, das Lösen von Problemen ausgerichteten Disziplin zu einer ganzheitlichen, spezifischen, am Einzelfall orientierten, subjektiven, auf das Erzeugen von Positivem und das Schaffen von Möglichkeiten ausgerichteten Disziplin verändert hat. Man könnte sagen, dass aus einer kognitiven Mensch-Technik-Interaktion eine humanistische geworden ist.

Eine solche Entwicklung vollzieht sich natürlich nicht unabhängig von gesellschaftlichen Entwicklungen. Ganz im Gegenteil: Der Fokus der Gestaltung interaktiver Produkte auf freudvolle, bedeutungsvolle Erlebnisse und Wohlbefinden kann als Reaktion auf solche Entwicklungen verstanden werden. In diesem Abschnitt wollen wir einige dieser Trends aufzeigen und Argumente diskutieren, warum eine erlebnis- und wohlbefindensorientierte Gestaltung auch in Zukunft wichtig sein wird und damit auch innerhalb der Wirtschaftspsychologie weiterhin an Bedeutung gewinnt.

2.3.1   Haben oder Tun, das ist hier die Frage

Was soll es sein? Ein Wochenendtrip nach Paris oder das neue Laptop? Eine Uhr oder doch lieber ein Konzertbesuch? Paris und das Konzert sind Erlebnisse. Sie sind zwar flüchtig, aber bleiben oft lange im Gedächtnis. Das Laptop und die Uhr dagegen sind materieller Besitz, Dinge, die Menschen aus bestimmten Gründen brauchen – zumindest glauben das manche.

Eine schwere Entscheidung, aber van Boven und Gilovich (2003) wissen Rat: Wähle das Erlebnis, denn es macht glücklicher (▶ Exkurs „Erlebnisse machen glücklicher").

> **Exkurs: Erlebnisse machen glücklicher**
>
> In van Boven und Gilovich (2003) erster Studie sollten 97 Studierende eine Ausgabe von mehr als 100 US-Dollar benennen, die sie mit dem Ziel getätigt hatten, sich eine Freude zu bereiten. Die eine Hälfte der Befragten wurde allerdings um das Nennen eines Erlebnisses gebeten, die andere um das Nennen eines Gegenstands. Typische Erlebnisse waren Essengehen, Kurzreisen oder Konzertbesuche, typische Gegenstände waren Kleidung, Schmuck oder Unterhaltungselektronik. In Erlebnisse wurde im Schnitt genauso viel Geld investiert wie in Gegenstände. Allerdings fanden die Erlebniskäufer ihr Geld besser investiert, und sie machten sich weniger Gedanken, ob es nicht lieber anders hätten ausgeben sollen. Das Denken an das Erlebnis machte sie glücklicher und sie fanden, dass die Erlebnisse mehr zu ihrem Wohlbefinden beigetragen hatten als Kleidung, Schmuck oder ein neuer Fernseher. Auch Dritte, die einschätzen sollten, wie glücklich die einzelnen Käufe machen, schrieben den Erlebnissen mehr Potenzial zu.
>
> In einer zweiten Studie wurden 1279 Amerikaner im Alter zwischen 21 und 69 gebeten, einen er-lebnisorientierten und einen materiellen Kauf zu benennen. Dann wurden sie gefragt, welcher Kauf glücklicher gemacht hatte: 57 % fanden das Erlebnis freudvoller als den Gegenstand, und nur 34 % fanden den Gegenstand freudvoller als das Erlebnis (9 % waren sich nicht sicher). Interessanterweise hing dieses Urteil vom sozioökonomischen Status ab. Während bei Haushalten bis zu 25.000 US-Dollar jährlichem Einkommen und niedrigem Bildungsstand Erlebnisse genauso freudvoll empfunden wurden wie Dinge, waren es bei Haushalten mit mehr als 75.000 US-Dollar und höherer Bildung schon über 60 % oder sogar 70 %, die Erlebnisse freudvoller fanden. Van Boven und Gilovich bemerken, dass dieser Effekt von Einkommen und Bildung nur schwer zu erklären ist. Eine Möglichkeit ist, dass der Erwerb überzeugender, freudvoller Erlebnisse ein frei verfügbares Einkommen benötigt, das eben ärmere Menschen nicht haben.

Warum machen Erlebnisse glücklicher? Zunächst erlauben sie positives Uminterpretieren. Ein Erlebnis existiert hauptsächlich in der Erinnerung. Und in dieser kann man es verändern und schärfen, es sogar rosiger erscheinen lassen. Die negativen Aspekte wirken dann gar nicht mehr so negativ und die positiven umso besser. Schnell kann der Urlauber das nur mittelmäßige Essen und den mäßigen Service vergessen. Mit jeder vergangenen Woche (und mit jedem gezeigten Foto) erscheint der Urlaub etwas besser. Dinge stehen in Regalen und hängen in Schränken. Sie bleiben wie sie sind. Menschen gewöhnen sich an sie und sie verlieren ihren Reiz. Ein Teilnehmer der Studie von van Boven und Gilovich (2003) drückte es so aus: „Mit der Zeit verschwinden Dinge im Hintergrund, Erlebnisse aber werden immer besser."

In einer anderen Studie konnten Carter und Gilovich (2010) zeigen, dass Menschen, wenn es um Erlebnisse geht, weniger über mögliche Alternativen nachgrübeln. Bei Erlebnissen geht es eher um das Zufriedenstellen (*satisficing*) als das Maximieren (*maximizing*). Bei Dingen wird genau verglichen, und Menschen versuchen meist, das Beste herauszuholen. Das Streben nach dem Maximum macht aber auch unglücklicher, da man über viele Alternativen nachdenkt, man aber am Ende nur eine wählen kann. Jede nicht gewählte Alternative hat auch immer ein paar Vorteile, die sich dann eben nicht realisieren. Das führt zu Bedauern und schmälert die Freude am Gewählten. Dazu kommt, dass Erlebnisse weniger unter dem Vergleich leiden. In anderen Worten: Es ist recht wahrscheinlich, dass Sie, wenn es um Dinge geht, Gedanken haben wie: „Das *Galaxy* S6 ist eine interessante Alternative zu einem *iPhone* 6", „Ich hätte lieber das *Galaxy* als das *iPhone* kaufen sollen", „Mein Smartphone muss das Beste sein, das es gerade am Markt gibt" und „So ein Mist, Kais neues *iPhone* ist einfach sooooo toll". Wenn es um Erlebnisse geht denken Sie eher: „Ich wusste gar nicht, dass da auch noch eine andere Party war", „Es war doch nett auf Marcs Party", „Jede Party macht

Spaß. Hauptsache, es gibt etwas zu trinken, ein bisschen Musik und ein oder zwei nette Leute zum Kennenlernen" oder „Ja, ja, vielleicht war ja Kais Party noch besser, aber ehrlich: Bei Marc hat es mir auch gefallen". Nach Carter und Gilovich (2010; s. auch Gilovich et al. 2015) gehen wir mit Dingen psychologisch ganz anders um als mit Erlebnissen, was sich im erlebten Wohlbefinden niederschlägt (sowie auch in besonderen Möglichkeiten für Erlebnisse als Verkaufsobjekt ▶ Abschn. 2.3.5).

Die Suche nach Erfüllung, Bedeutung, und Glück jenseits materiellen Besitzes lässt sich auch an der zunehmenden Stigmatisierung materialistisch orientierter Menschen ablesen (Van Boven et al. 2010). Materialisten werden als ichbezogen, selbstsüchtig und überwiegend extrinsisch motiviert wahrgenommen – und daher weniger gemocht. Anstatt vorwiegend an der eigenen Weiterentwicklung zu arbeiten (intrinsisch), tun sie alles für die Anerkennung von außen (extrinsisch; s. ▶ Exkurs „Bloß kein Materialist sein"). Kinder und Teenagern versuchen ihre Unsicherheit und ihren fehlenden Selbstwert oft durch materiellen Besitz auszugleichen (Chaplin und John 2007). Aber schon ein paar nette Worte von Freunden lässt sie ihr Streben nach Dingen – zumindest für kurze Zeit – vergessen. Bei Erwachsenen zeigt sich besonders bei einsamen Menschen mit sozialen Defiziten eine ausgeprägte Liebe zu Dingen, wie Autos oder Fahrrädern (Lastovicka und Sirianni 2011).

Exkurs: Bloß kein Materialist sein

Van Boven und Gilovich (2003) haben das Stigmatisieren von Materialisten ausführlich untersucht. In einer Studie lernten die Teilnehmer die fiktiven Charaktere Mark und Craig kennen. Mark entscheidet sich für einen Job, der ihm zwar Prestige, Gehalt und billige Wohnmöglichkeiten bietet, dafür aber weniger Erholungsmöglichkeiten am Ort und eine eher angespannte Situation unter Kollegen. Craig verzichtet auf etwas Prestige und Gehalt, um schön zu wohnen und nette Kollegen zu haben. Fast alle Teilnehmer (24 von 26) mochten Craig lieber.

In einer weiteren Studie sollten 30 Studierende sich jeweils eine eher materialistische Person (die Besitz erwirbt, um sich etwas Gutes zu tun) und eine eher erlebnisorientierte (die Erlebnisse erwirbt, um sich etwas Gutes zu tun) aus ihrem Bekanntenkreis vorstellen und diesen beiden dann jeweils Persönlichkeitseigenschaften zuschreiben. Materialisten wurden als trendy, kauffreudig, ichbezogen, unsicher und luxusorientiert beschrieben – alles Eigenschaften, die eher negativ bewertet wurden. Erlebnisorientierte Postmaterialisten hingegen wurden als humorvoll, freundlich, offen, intelligent und fürsorglich beschrieben – wer möchte das nicht auch sein?

Die berichtete Stigmatisierung ist stark. In ihrer letzten Studie baten die Psychologen zwei nicht miteinander bekannte Personen zu einem Gespräch. Sie sollten sich entweder über ein kürzlich erworbenes Ding (z. B. einer Winterjacke) oder ein erworbenes Erlebnis (z. B. einen Skipass und die damit verbundene Abfahrt) unterhalten. Danach wurden beide vertraulich um ihren Eindruck der anderen Person gebeten. Der jeweilige Gesprächspartner wurde als negativer wahrgenommen, wenn das Thema Besitz war. Auch machte es weniger Freude über Besitz zu reden als über Erlebnisse. Die Stigmatisierung von Materialisten ist so stark, dass alleine das Reden über den Kauf einer neuen Winterjacke schon negative Konsequenzen hat.

Die Stigmatisierung von Materialismus ist zumindest in der westlichen Gesellschaft bereits im Alltag angekommen. *Dacia*, Hersteller preisgünstiger PKWs, hat in einer Werbekampagne „Statussymptome" darauf angespielt. Ein Werbespot zeigt eine gutaussehende Frau und einen gepflegten jungen Mann im Café beim angeregten Gespräch. Sie bewundernd: „Das klingt total spannend." Er: „Ja, da verdient man jetzt nicht schlecht. Das ist klar." Er nimmt den Autoschlüssel zur Hand und zeigt auf seinen *Porsche Cayenne*: „120.000!" Sie lächelt ihn betreten an: „Oh, das tut mir wirklich leid, möchtest du darüber reden?" (◖ Abb. 2.6). In einem anderen Spot fragt ein Polizist einen geschniegelten Besserverdienenden in einem

Abb. 2.6 *Dacia*: Mitleid mit dem Materialisten. (Quelle: Video Dacia)

großen SUV, ob das denn sein Auto sei. „Yupp, das ist mein Baby", antwortet der Fahrer stolz. „Oh, das tut mir leid. Ich habe auch so einen Fall in der Familie", antwortet der Polizist betreten. Sinnhaftigkeit und Normalität von ausschweifendem, materiellem Besitz werden also durchaus infrage gestellt.

2.3.2 Erlebnisse sind Geschichten, Erlebnisse erzeugen Identität

Erlebnisse machen auch glücklicher, weil sie als unmittelbar wichtig für die eigene Identität empfunden werden. Menschen sind wortwörtlich die Summe ihrer Erlebnisse. Sie besitzen sogar ein eigenes Gedächtnis, das episodische oder auch autobiografische Gedächtnis. Es speichert vorrangig Selbsterlebtes. Ist dieses Gedächtnis gestört, scheinen Menschen ihr Selbst zu verlieren (s. ▶ Exkurs „Ein Gedächtnis für Erlebnisse").

> **Exkurs: Ein Gedächtnis für Erlebnisse**
>
> Das episodische Gedächtnis wurde bereits vor fast 40 Jahren von dem Psychologen Tulving (2002) beschrieben. Es speichert persönliche Ereignisse, das Was, Wann und Wo, und erlaubt mentale Zeitreisen. Menschen scheinen die einzigen Lebewesen zu sein, die die Fähigkeit haben, vergangene Ereignisse immer wieder zu erleben (und sich dabei auch der Tatsache bewusst zu sein, dass man nur wiedererlebt; das sogenannte autonoetische Bewusstsein). Störungen des episodischen Gedächtnisses werden mit Autismus und Schizophrenie in Verbindung gebracht. In seinem lesenswerten Buch *Wir sind Erinnerung* beschreibt Schacter (1999) das Schicksal des Patienten GR, einem italienischen Maler, Poeten und Kunstkritiker. GR erlitt einen Schlaganfall und verlor so sein episodisches Gedächtnis. Ohne seine Erlebnisse konnte er allerdings nicht mehr malen, denn er hatte „kein Selbst mehr, das sich zum Ausdruck bringen könnte".

Wie zentral Erlebnisse für das Selbst sind, haben auch Carter und Gilovich (2012) gezeigt. In einer Studie (Studie 2) haben sie Teilnehmer gebeten, fünf bedeutsame Dinge und fünf bedeutsame Erlebnisse zu benennen, die sie sich in ihrem Leben geleistet haben. Danach sollten sie ihre Lebensgeschichte anhand von Fragen wie „Wer bist du?", „Wie bist du zu dem geworden, was du bist?", „Was ist das Thema deines Lebens?" zusammenfassen, und dabei sollte mindestens eines der Dinge oder Erlebnisse eine Rolle spielen. Unabhängig vom Preis wurden Erlebnisse häufiger genannt als Dinge. Die Teilnehmer glaubten auch, dass jemand, der die genannten Erlebnisse kennt, aber nicht die Dinge, mehr über das wahre Selbst der Teilnehmer wüsste als eine Person, die nur die Dinge, aber nicht die Erlebnisse kennt. Erlebnisse sind näher am Selbst und offenbaren damit auch mehr über den Menschen an sich.

Das episodische Gedächtnis zwingt Erlebnisse in eine bestimmte Form, nämlich in die Form von Narrativen, d. h. Geschichten. Baumeister und Newman (1994) verstehen das Denken in Geschichten als einen wichtigen Modus des Speicherns von Wissen und des Reflektierens. Menschen konstruieren Geschichten, um dem Erlebten Form und Bedeutung zu geben. Geschichten sind zeitlich strukturiert. Sie haben einen Anfang, einen Höhepunkt und ein Ende. Geschichten sind konkret und kontextualisiert. Dadurch sind sie perfekt geeignet, die erlebnisorientierten Feinheiten absichtsvollen Handelns festzuhalten und diesem eine kohärente Form zu geben (Baumeister und Newman 1994).

Die Gründe dafür sind mannigfaltig: Zum einen bleibt eine Geschichte konkret und benötigt damit weniger Transformationen als eine abstrakte Schlussfolgerung. In diesem Sinne wäre es für Menschen leichter, Geschichten über Erlebtes mit einem interaktiven Produkt zu erzählen als abstrakte Urteile über seine Qualität, Nützlichkeit und Benutzbarkeit zu fällen. Das würde auch bedeuten, dass wann immer man Personen bittet, über ein Produkt zu urteilen (z. B. bei einer Befragung zur Kundenzufriedenheit), diese sich eigentlich zunächst an Geschichten erinnern, auf deren Basis sie dann das abstrakte Urteil fällen. Zum anderen hat die Geschichte den Vorteil, die Reichhaltigkeit von Erlebtem zu bewahren. Mit einer Abstraktion legt man sich fest. Eine Geschichte kann man je nach Bedarf verändern, Aspekte betonen oder herunterspielen.

Geschichten spielen bereits eine wichtige Rolle in der Praxis der erlebnisorientierten Gestaltung interaktiver Produkte (z. B. Quesenbery und Brooks 2010). Methoden wie das „Storyboarding" oder Rollenspiele werden immer häufiger für die Kommunikation und Exploration von Produktkonzepten eingesetzt (▶ Kap. 8). Auch in der modernen Forschung zur Mensch-Technik-Interaktion setzen sich Geschichten über Nutzung als Gegentand der Forschung durch (Hassenzahl et al. 2010; Tuch und Hornbæk 2015). Man könnte sagen, dass erlebnisorientiertes Gestalten eine Form des Geschichtenerzählens ist, bei dem die Geschichte aber letztendlich durch die Nutzung eines interaktiven Produkts erzählt wird.

2.3.3   Wie wir mit Erlebnissen umgehen

Keinan und Kivetz (2011) haben untersucht, wie Menschen Erlebnisse konsumieren und sammeln. Dabei zeigte sich ein prototypischer Ablauf. Während man ein Erlebnis durchlebt, gibt es den Wunsch, dieses zu dokumentieren und begreifbar zu machen. Erlebende machen Fotos, Notizen, kaufen Souvenirs oder heben andere dokumentierende Dinge auf, wie z. B. Fahrkarten der Pariser Métro, Speisekarten oder Hotelhandtücher. Ist das Erlebnis vorbei, wird es bearbeitet. Erlebende fassen ein Erlebnis zusammen, z. B. in Form von Fotobüchern, Alben oder Websites. Dabei werden bestimmte Aspekte betont, andere eher heruntergespielt. Das Erlebnis wird bearbeitet, sozusagen kuratiert und in eine Form gebracht – für sich selbst und für andere. Danach werden Erlebnisse geteilt. Manchmal erzählt man nur davon, manchmal quält man aber auch andere durch lange Diashows oder schreibt gar ein Buch. Wie beispielsweise Goethe, der seine Reiseerlebnisse in Italien in seinem Buch *Italienische Reise* niedergeschrieben hat (▶ http://gutenberg.spiegel.de/buch/italienische-reise-3682/1, s. ◼ Abb. 2.7).

Die *Italienische Reise* ist ein ganz besonders illustratives Beispiel, denn das Buch erschien erst 1816, rund 30 Jahre nach der eigentlichen Reise. Es beruht zwar auf den Tagebüchern,

◘ Abb. 2.7 Goethe in der Campagna, 1787, gemalt von Johann Heinrich Wilhelm Tischbein. (Quelle: akg-images/Picture alliance)

aber der Stil hat sich geändert. Der Erlebnisbericht erscheint weniger spontan, angereichert mit weiteren Ideen und Erinnerungen. Goethe tat, was alle Menschen tun: Er verschaffte sich ein Erlebnis (indem er ein Reise tat), dokumentierte es (in Reisetagebüchern), bearbeitete, kuratierte und teilte es dann (als autobiografisches Buch).

Das Wissen um den Umgang mit Erlebnissen, also das Dokumentieren, Begreifbarmachen, Bearbeiten, Kuratieren und Teilen bietet auch eine hilfreiche Struktur für das Gestalten interaktiver Produkte. Diesen Prozess ernst zu nehmen, ist die einfachste Möglichkeit, erlebnisorientiert zu gestalten. So erklärt sich zumindest zu einem Teil der Erfolg von Kameras in Smartphones, *Facebook* und den allgegenwärtigen Fotobüchern.

2.3.4 Erlebnisse in Gesellschaft und Wirtschaft

Erich Fromm hat schon 1979 in seinem Plädoyer *Haben oder Sein* leidenschaftlich auf die Nachteile des Materialismus hingewiesen. Er verband ihn mit einem radikalen egoistischen Hedonismus, überbordendem Machtwunsch und reduziertem gesellschaftlichem Verantwortungsbewusstsein. Vor allem aber verband er mit dem Haben passiven Konsum und Verbrauch. Fromms Sein zeichnete sich durch persönliche Entwicklung, Aktivität und Konsumverzicht aus. Einiges an dieser Kritik hat sich in den letzten Jahrzehnten in einem Wertewandel niedergeschlagen. In seinem Buch *Die Erlebnisgesellschaft* hat Schulze (1992, 2005) den Wandel der Gesellschaft weg von einer materialistischen Orientierung hin zu einer Erlebnisorientierung detailliert beschrieben. Eine Gesellschaft in der Haben und Sein gleichgesetzt war – im Sinne von „Hast du was, bist du was" – entwickelt sich also zu einer Gesellschaft, die Erlebnisse und die damit verbundene persönliche Weiterentwicklung dem materiellen Besitz vorzieht.

Es ist somit auch kein Wunder, dass die Glücksforschung boomt; übrigens eine Disziplin, die in ihrer heutigen Form kaum fünfzehn Jahre alt ist. Der Ökonom Sir Richard Layard empfiehlt beispielsweise auf ▶ actionforhappiness.org eine Reihe von Aktivitäten, die glücklicher machen: sich Zeit nehmen für Familie und Freunde, eine Straßenparty organisieren, sich einer Tätigkeit ganz hingeben, sich der eigenen Gesundheit widmen, einem Freund helfen, oder Rausgehen und die Natur genießen. All dies ist zunächst mit Erlebnissen und nur am Rande mit Besitz verbunden. Da überrascht es nicht, dass das Wandern in Deutschland heute wieder Trend ist. Vierzig Millionen Deutsche über 16 Jahren können als aktive Wanderer bezeichnet werden. Gewandert wird, um sich auf sich selbst zu besinnen, den Alltag zu vergessen, Natur zu erleben, etwas Neues zu entdecken, etwas für die Gesundheit zu tun, den Horizont zu erweitern oder um Gemeinschaft zu erleben. Wanderer sind Postmaterialisten und Puristen. Der deutsche Wanderverband stellt fest: Es wird auch zukünftig gelingen,

» die bereits hohe Nachfrage […] mindestens zu halten und sie qualitativ noch zu verbessern. Das Wandern – bzw. die beim Wandern entstehenden Erlebnisse und Gefühle – sind zu einem Sinnbild für die zentralen Bedürfnisse und Sehnsüchte unserer Gesellschaft geworden: Gesundheit, Natur, Authentizität, Reduktion sowie Abstand vom Alltag lassen sich beim Wandern […] beispielhaft erleben (Neumeyer und Dicks 2010, S. 139).

Der Wandel zu einer erlebnisorientierten, postmaterialistischen Gesellschaft vollzieht sich langsam und nicht ganz ohne Verwerfungen. In seinem Kommentar zur zweiten Auflage seines Buchs *Die Erlebnisgesellschaft* stellt Gerhard Schulze 2005 fest, dass das Projekt des guten Lebens trotz gefühlt prekärer Lage und Wirtschaftskrisen nicht begraben ist. Unsere Gesellschaft wird sogar noch erlebnisorientierter. Während die Fernreisen, Freizeitparks, Designermöbel und Wellnessoasen der unreifen Form der Erlebnisgesellschaft der 1990er-Jahre hauptsächlich Geld kosteten, zeigt sich nun die ernsthafte Seite der Erlebnisgesellschaft (Schulze 1992, 2005). Bedeutung vor Geld, persönliches Wachstum siegt über Protz und Angeberei. Hier nur ein paar dieser bereits gut sichtbaren Megatrends in den Worten Schulzes: „Warten statt Beschleunigung; weniger statt mehr; Einzigartigkeit statt Standardisierung; […] Konzentration statt Zerstreuung; Projekt statt Kick; Machen statt Konsum; Ankunft statt Steigerung." Also eben Wandern im Schwarzwald statt dem Bad im indischen Ozean.

Ein beispielhafter, noch eher unreifer Erlebnismarkt ist der für außergewöhnliche Erlebnisse, wie sie Keinan und Kivetz (2011) untersuchten. Das Angebot reicht von Pilgerreisen, über River Rafting bis zur Besteigung des Mount Everest (▸ Exkurs „Ein Markt für außergewöhnliche Erlebnisse").

Exkurs: Ein Markt für außergewöhnliche Erlebnisse

Ein geführte Mount-Everest-Besteigung kostet 50.000 bis 70.000 US-Dollar – weniger als mancher *BMW*. *Alpine Ascents International* bietet den Everest für 65.000 US-Dollar. Aufstiege finden immer zwischen Ende März und Anfang Juni statt. Wenn der werte Leser also Lust verspürt … (◘ Abb. 2.8).
Tumbat und Belk (2011) haben über sechs Jahre lang Bergführer und ihre Kunden interviewt und beobachtet. Beide verbrachten auch eine längere Zeit in den Basislagern in Nepal und Tibet. Die Kunden interessieren sich hauptsächlich für das Erreichen des Gipfels. Sie möchten der jüngste Amerikaner sein, der jemals die sieben höchsten Berge der sieben Kontinente erstiegen hat; sie möchten der jüngste Japaner auf dem Gipfel sein, der Erste mit Diabetes, der Schnellste oder der Erste, der 10 Stunden auf dem Gipfel verbracht hat. Das sind Versuche, die eigene Besteigung des Mount Everest einzigartiger, authentischer und erhabener erscheinen zu lassen. Für das eigentliche Erlebnis und seine Authentizität interessieren sich diese Bergsteiger interessanterweise nur wenig. Bergführer machen sich lustig über die Annehmlichkeiten – vom Internet bis zu vollständigen Menüs –, die ihre Kunden fordern. Das hat nur wenig mit Naturerlebnis und Wildnis zu tun. Tatsächlich liegt wenig Freude auf dem Weg zum Gipfel und alle im Erreichen des Gipfels. Wie auch schon die Arbeit von Keinan und Kivetz (2011) andeutet, geht es bei außergewöhnlichen Erlebnissen oft gar nicht mehr um das Erlebnis selbst, sondern um die Erinnerung an das Erlebnis, ein Stück in der Sammlung, das man dann nach Belieben bearbeiten und teilen kann. Die Führer frustriert das sehr. Einer sagt: „Diese Leute (seine Kunden) – sie schlafen in deinem Zelt, sie schlafen in deinem Schlafsack. Sie essen deine Verpflegung

und atmen deinen Sauerstoff. Aber sie kommen vom Gipfel zurück, sind stolz auf sich und gehen auf Vortragsreise. Nur erzählen sie keinem, dass sie nur dort waren, weil sie den Sauerstoff eines anderen gestohlen haben." Ein Anderer erzählt: „2003 mussten wir sie alle retten. Und da ist doch wirklich einer, der jetzt Vorträge hält und so tut, als ob er alles alleine gemacht hätte. Dabei lag er schneeblind im Zelt neben mir. Ich habe seine Sauerstoffflasche gewechselt, und er hat sich nicht mal bedankt." Menschen sind also bereit, 60.000 US-Dollar für etwas nicht Anfassbares und eine Menge Schmerz zu bezahlen, nur um sich eine Erinnerung und Geschichte einzuverleiben, an der sie sich den Rest ihres Lebens erfreuen können.

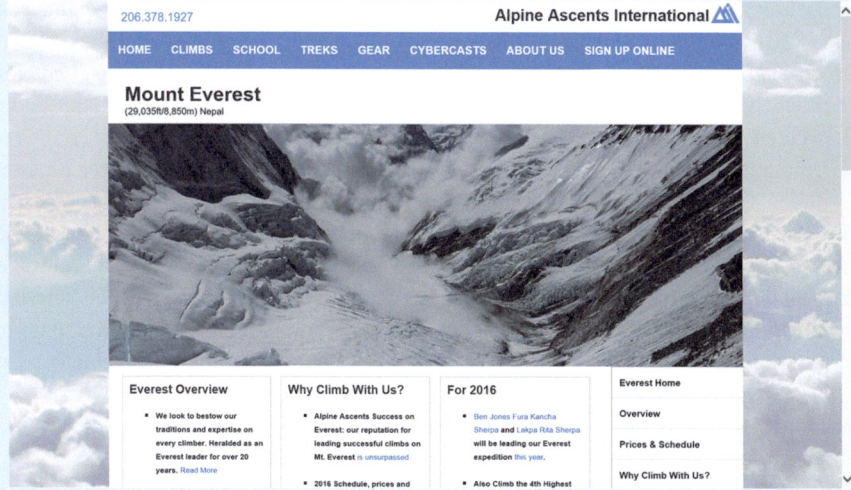

◾ **Abb. 2.8** Der Mount Everest als gekauftes Erlebnis. (Quelle: ▶ http://www.alpineascents.com/everest-main.asp)

Das Besteigen des Mount Everest, als das Konsumieren eines Erlebnisses, illustriert deutlich einige der schon besprochenen Prinzipien. Erstens gibt es offensichtlich einen Markt, eine Nachfrage nach Erlebnissen. Zweitens bestehen bedeutungsvolle Erlebnisse nicht nur aus ungebrochenem Vergnügen, sondern können auch Anstrengung und Schmerz miteinschließen. Drittens: Während die Führer nur Verachtung für ihre Kunden haben, wissen Sie als Leser, dass die Kunden auf ihrer Lesereise lediglich ihre bearbeitete und kuratierte Version des Erlebnisses erzählen. Eine Version, von der sie wahrscheinlich überzeugt sind, sie auch so erlebt zu haben. Viertens: Wir wissen mittlerweile auch schon, dass die Führer wahrscheinlich immer glücklicher am Berg sind als ihre Kunden. Zumindest als diejenigen Kunden, die den Everest lediglich für die spätere Lesereise besteigen. Denn diese Kunden sind extrinsisch motiviert und hätten für das Geld doch lieber einen neuen SUV kaufen sollen.

Gerhard Schulze hat den Erlebnismarkt detaillierter beschrieben. Wo es dem Käufer früher um Zweckrationalität ging, geht es ihm heute um Erlebnisrationalität. Er möchte Bestimmtes erleben und arbeitet daran, dies auch zu bekommen. Allerdings sind Erlebnisse innengerichtet und persönlich. Positive Emotionen und Erinnerungen kann der Käufer nur selbst erzeugen. Der Anbieter steht so vor einer ganz neuen Herausforderung. Denn es ist viel leichter, eine Küche so einzurichten, dass sie ihren Zweck erfüllt, als sicherzustellen, dass sie freudvolle und erinnerungswürdige Erlebnisse ermöglicht. Zweckrationalität ist greifbarer, Anforderungen und Ziele sind leichter benennbar. Der Hobbykoch braucht einen sicheren Platz für seine Messer und seine Gewürze. Er muss Gemüse waschen und schneiden. Und dann sanft und gesund garen. Die Aufbewahrung von Lebensmitteln, ihre Vorbereitung und Zubereitung, all das kann leicht optimiert werden. Aber wann macht Kochen eigentlich Freude? Das weiß oft selbst der Nutzer kaum. Auch bereitet manchmal etwas heute Freude, aber morgen schon nicht mehr, dafür dann übermorgen wieder. Die Käufer sind sich ihrer selbst also nicht sicher: Welches Erlebnisangebot bringt überhaupt das erhoffte Gefühl, Bedeutung und wertvolle Erinnerungen? Wird dieser Film gefallen? Ist *Disney World* einen Besuch wert? Soll man Filzen, Stricken oder Programmieren lernen? Wird mir das Toben in den eiskalten Wellen an der Küste der Bretagne Freude machen? Der Erlebnismarkt ist ein unsicherer Markt.

Dazu kommt noch ein anderes Merkmal von Erlebnissen, das den Konsum verändert. Erlebnisse sind eng mit Zeit, Zeit haben oder Zeitreichtum verbunden (Kasser und Sheldon 2009). Während man prinzipiell so viele CDs oder Videospiele kaufen kann, wie es Geldbeutel und Platz erlauben, kann man an einem Tag nur ungefähr 14 CDs hören. In einem Jahr sind das 5110, in einem Leben ca. 400.000 CDs. *Spotify* bietet sicher mehr Musik an. Zeit ist endlich und auch demokratischer als Geld. Alle Menschen verfügen an einem Tag über die gleiche Anzahl von Stunden. Geld kann daran nur insofern etwas ändern, als man freier über seine Zeit verfügen kann. Für den Erlebnismarkt bedeutet das einen starken Wettbewerb zwischen Erlebnissen. Anbieter konkurrieren um die Zeit der Konsumenten, welche noch limitierter ist als ihr Geld.

Erlebnisse sind offensichtlich etwas anderes als Dinge, die Logik der entsprechenden Märkte unterscheidet sich. Trotzdem sind auch Wirtschaftswissenschaftler der Meinung, dass eine Ausrichtung auf Erlebnisse die Wertschöpfung steigert. Pine und Gilmore empfehlen:

» Manufacturers must explicitly design their goods to enhance the user's experience […] –
essentially experientializing the goods (Pine und Gilmore 1999, S. 16).

Die Frage, die sich stellt, ist, ob das denn geht. Die bislang besprochen Forschung zeigt ja eher, dass Dinge (*goods*) per se weniger Freude bereiten.

2.3.5 Dinge und Erlebnisse – eine komplizierte Verbindung

Ein Großteil der frühen Forschung über die Unterschiede zwischen Erlebnissen und Dingen behandeln sie als zwei getrennte Kategorien bzw. Gegensätze (▶ Abschn. 2.3.1). Allerdings ist diese Trennung nicht ganz so klar, wie es auf den ersten Blick scheint (Carter und Gilovich 2012).

Zhang et al. (2013) haben gezeigt, dass es letztendlich mehr darauf ankommt, *warum* man etwas konsumiert, als darauf, ob es ein Erlebnis oder ein Ding ist. Wohlbefinden durch ein Erlebnis wird nur dann realisiert, wenn durch das Erlebnis auch psychische Bedürfnisse befriedigt werden, wie z. B. ein Bedürfnis nach Autonomie, Kompetenz oder Verbundenheit (Ryan und Deci 2000). Auch wenn es um technologievermittelte Erlebnisse und erlebnis- bzw. wohlbefindensorientierte Gestaltung geht, spielen Bedürfnisse eine zentrale Rolle (▶ Kap. 4). Wenn man ein Erlebnis konsumiert, ohne zu wissen warum (d. h. amotivational), oder um Anerkennung von anderen zu bekommen (d. h. extrinsisch) entsteht kein Wohlbefinden. Man kann also auch Materialist sein, wenn man Erlebnisse konsumiert (▶ Abschn. 2.3.1).

Bei vielen Dingen ist aber auch gar nicht klar, ob es ein Ding oder ein Erlebnis ist. Hassenzahl et al. (2013, S. 23) stellten fest: „A hike through the Himalaya is experiential, but what is a flat-screen TV, an automobile, or a smartphone?" und zitieren Van Boven and Gilovich (2003, S. 1194), die sich fragen: „Are they possessions or vehicles for experiences?" Guevarra und Howell (2015) betonen:

>> [P]urchases such as electronic devices, musical instruments, and sports equipment are often difficult to categorize as material items (i. e., purchases made in order „to have") or life experiences (i. e., purchases made in order „to do") because they share defining features of both [...]. These „material possessions that afford new life experiences," or *experiential products*, may be a distinct category as they are neither terminal material items nor ephemeral life experiences (Guevarra und Howell 2015, S. 29).

Die kursive Hervorhebung ist unsere. Ohne die schon länger bestehenden Arbeiten in der erlebnisorientierten Gestaltung zu zitieren, haben diese Autoren mit dem Begriff *experiential product* genau das benannt, um was es der erlebnis- und wohlbefindensorientierten Gestaltung geht: physische Dinge, die Aktivitäten und Erlebnisse so formen (das Tun), dass menschliche Bedürfnisse befriedigt werden (das Sein).

Exkurs: Haben, um zu tun

Guevarra und Howell (2015) haben die Studie von Van Boven und Gilovich (2003, ▶ Kasten „Erlebnisse machen glücklicher" in ▶ Abschn. 2.3.1) um erlebnisorientierte Produkte erweitert. Sie baten die Teilnehmer, eine Anschaffung zu benennen, die sie ausdrücklich getätigt hatten, um ihr Wohlbefinden zu steigern (Studie 1). Dies konnte dann als materielle Anschaffung (z. B. Kleidung), materielle Anschaffung, die ein Erlebnis verschafft (z. B. eine Gitarre), oder als Erlebnis (z. B. ein Abendessen) klassifiziert werden. Dann wurden die Menge an Glück, die diese Anschaffung erzeugt hat und der subjektiv eingeschätzte Nutzen der getätigten Investition gemessen. Es zeigte sich, dass rein materielle Anschaffungen weniger glücklich machen und als schlechtere Investition gesehen werden als die anderen beiden Arten von Anschaffungen. Das erlebnisorientierte Produkt unterschied sich aber nicht vom Erlebnis. Die Autoren konnten weiterhin zeigen (Studie 3), dass der Zuwachs an Wohlbefinden mit der intensiveren Befriedigung von Bedürfnissen zu tun hat. Erlebnisorientierten erscheinen Produkte damit als empfehlenswerte Investition – eine Möglichkeit, für wiederholte Freude und Bedürfniserfüllung.

Das Materielle ist also nicht prinzipiell problematisch. Dies ist auch nicht überraschend, bedenkt man, dass viele Erlebnisse erst durch Dinge ermöglicht werden. Wohlbefinden ist mit dem Handeln verbunden und Erlebnisse stellen sich dann ein, wenn man mit und durch das Produkt etwas Erfüllendes tut.

Die Studien von Guevarra und Howell (2015) zeigen, das Dinge nicht nur Besitz sind, sondern auch Aktivitäten anregen können, die, wenn sie psychische Bedürfnisse befriedigen, als Erlebnisse das Wohlbefinden mehren. Es gibt also eigentlich keinen Gegensatz zwischen dem Ding und dem Erlebnis, sondern Dinge sind konstituierender Bestandteile von Erlebnissen. Die enge Verbindung von interaktiven Produkten mit Aufgaben und dem Handeln (▶ Abschn. 2.1) machen sie besonders geeignet, um sie erlebnisorientiert zu gestalten. Die Interaktion mit dem Produkt birgt ein großes Potenzial, das Handeln, Denken und Fühlen der Benutzer zu formen.

Wir haben schon oben erwähnt (▶ Abschn. 2.2.2), dass das Denken, Fühlen, Tun sowie die physische Umwelt und Werkzeuge eher als eine Einheit, denn als getrennte Sachverhalte verstanden werden müssen. Reckwitz (2003), beispielsweise, betont:

>> Gegen eine Reduktion von Dingen und Artefakten auf bloße „erleichternde" Hilfsmittel und gegen eine Totalisierung von Technik als gesellschaftsdeterminierender, akultureller Kraft wird in der praxeologischen Technikforschung das „Reich der Dinge", [...] unter dem Aspekt ihres mit „know how" ausgestatteten und veränderbaren Gebrauchs betrachtet. Die alltäglichen Artefakte der neueren Techniksoziologie werden damit in ihrer Abhängigkeit von den Wissensbeständen der Benutzer „kulturalisiert", andererseits erscheint die Handlungspraxis

„materialisiert", abhängig von den Interaktionen mit nicht beliebig manipulierbaren Objekten (Reckwitz 2003, S. 285).

Dinge stellen also eine eigene Kraft dar, die sowohl durch Handeln geformt werden als auch das Handeln formen.

» [Dinge] erscheinen […] als Gegenstände, deren sinnhafter Gebrauch, deren praktische Verwendung Bestandteil einer sozialen Praktik oder die soziale Praktik selbst darstellt. In diesem sinnhaften Gebrauch behandeln die Akteure die Gegenstände mit einem entsprechenden Verstehen und einem know how, das nicht selbst durch die Artefakte determiniert ist. Andererseits und gleichzeitig erlaubt die Faktizität eines Artefakts nicht beliebigen Gebrauch und beliebiges Verstehen (Reckwitz 2003, S. 291).

Diese Sicht steht in der Tradition von Latour. Dinge werden als nichtmenschliche Handelnde verstanden, die zwischen uns und der Welt in der Nutzung vermitteln (eine Einführung gibt Verbeek 2005). Wir wollen auf diesen Aspekt an dieser Stelle nicht weiter eingehen. Mehr zu sozialen Praktiken findet sich in ► Kap. 4. Wichtig ist aber zu verstehen, dass Dinge eine enge Verbindung mit Menschen eingehen und nicht nur von ihnen benutzt werden, sondern dass auch umgekehrt Dinge Menschen nutzen.

Egal, ob eine frivole Everest-Besteigung, eine Weltumseglung oder auch kleinere, im Sinne Schulz' ernsthafte Erlebnisse, wie das Wandern: Alle diese Erlebnisse benötigen ein materielle Infrastruktur – Wege, Verpflegungsmöglichkeiten, Unterkünfte, Landkarten, Regenjacken, Schuhe. Erlebnisanbieter stellen dies zur Verfügung. Erlebnisnachfrager nehmen es in Anspruch und sind bereit, dafür zu bezahlen. Nur sind die Wanderer eben nicht mehr hauptsächlich stolz auf ihren neuen Wanderschuh, sondern schätzen ihn für sein Verbessern des Wandererlebnisses. Mit einem guten Schuh wandert es sich eben gesünder, und man kann sich auf die wunderbare Natur konzentrieren, statt auf die schmerzenden Füße. In der Konsumentenpsychologie werden erlebnisorientierte Produkte mittlerweile als eine der relevantesten Produktkategorien für Forschung und Marketing verstanden (Schmitt et al. 2015). Solche Produkte zu gestalten ist unsere – Ihre – Aufgabe, und das Feld der interaktiven Produkte kann hier bereits auf eine ganze Reihe von Einsichten, Modelle, Methoden und Beispiele zurückgreifen.

Fazit

Die Unterhaltungs- und Tourismusindustrie betreibt das Gestalten von Erlebnissen seit Jahren. Hier herrscht die Sicht vor, dass Kunde und Anbieter das Erlebnis in der Interaktion miteinander schaffen, also ko-konstruieren. Eine Kneipe lebt von ihren Gästen. In der Produktgestaltung ist das Erlebnis noch nicht so zentral. Natürlich sind die meisten vermeintlichen Gebrauchsgegenstände heutzutage nicht alleine funktional, aber Emotion und Erlebnis wird hauptsächlich durch Produktstyling und Werbung adressiert. Wenn beispielsweise die *Küsschen* von *Ferrero* als Symbol für Freundschaft gelten – „Guten Freunden gibt man ein Küsschen" –, mag das gut klingen. Trotzdem bleiben *Küsschen* eine Süßigkeit. Sie können keine Gefühle von Freundschaft erzeugen, sie können höchstens gut schmecken. Ich bekomme keinen einzigen neuen Freund alleine durch das Essen von *Küsschen*. Es macht auf Dauer eher unattraktiver. Bei *BMW*s „Freude am Fahren" ist das etwas anderes. Menschen, die das Gefühl lieben, Kontrolle über eine Maschine zu haben, sie auch in extremeren Situationen zu beherrschen, kompetent zu sein, können dies beim Fahren eines *BMW*s *tatsächlich* erleben. Das ist das Ziel des Erlebnisdesigns: Dinge sollen durch ihre Nutzung ein Erlebnis tatsächlich erzeugen, nicht nur symbolisch mit Erlebnissen aufgeladen werden. Es ist wichtig, was ich mit einem Ding erleben kann, das Ding per se ist uninteressant. Die Möglichkeit, Menschen Erlebnisse zu verschaffen, findet sich überall. Freude beim Bahnfahren, soziale Erlebnisse beim Baden oder beim Musikhören, im Auto, beim Backen mit Kindern. Alle diese Aktivitäten erfordern Produkte – Züge, Badewannen, Musikplayer, Autos oder Rührschüsseln –, die gezielt so gestaltet werden können, dass sie ein Erlebnis entstehen lassen.

Obwohl die Erlebnisgesellschaft in vollem Gange ist, ist die Idee eines erlebnisorientierten Designs von Produkten erst am Anfang. Ein Grund dafür ist, dass es beim Kauf eines Dings – anders als beim Besuch eines Konzertes – den (auch sozial normierten) Anspruch gibt, rational und nüchtern zu sein (▶ Kap. 3). Erlebnisorientierte Produkte erscheinen auf den ersten Blick oft wenig praktisch, was zu einem Dilemma führt. Konsumenten erkennen zwar das potenziell freudvolle Erlebnis, das ihnen das Produkt vermitteln könnte, finden einen Kauf aber schwer zu rechtfertigen, da Dinge ja normalerweise nicht Erlebnisse, sondern Funktionen bereitstellen. Sie benötigen ein funktionales Alibi oder anders gesagt: eine Ausrede. Die Folge sind Produkte mit oft zweifelhaften funktionalen Verbesserungen, wie grifflose Küchenschubladen, die sich auf sanften Druck motorbetrieben öffnen. Das ist kein Erlebnis, sondern als praktisch dargestellter Unsinn. Betrachtet man mit offenen Augen die Welt der Produkte, kann man eine Menge dieser Pseudofunktionalität als Alibi sehen.

Für den Erfolg erlebnisorientierten Designs ist es wichtig, welches Erlebnis durch ein Produkt vermittelt wird. Schulze spricht von der ernsthaften Erlebnisgesellschaft. Das sind Menschen, die lieber wandern als den Kick beim Bungee-Jumping suchen oder lieber auf den Flohmarkt gehen als in ein Luxuskaufhaus. Freude am Fahren ist also sicher ein Erlebnis, das man mit einem sportlichen Wagen auf einer kurvenreichen Küstenstrecke haben kann. Modernen, erlebnisorientierten Menschen mag es aber wichtiger sein, die wundervolle Landschaft zu genießen. Erlebnisorientiertes Design weiß, dass nicht alles, was Freude bereitet, auch glücklich macht. Erlebnisorientierte Produkte sind also immer auch ein Angebot an den Konsumenten: Vorlieben zu überdenken, und Dinge einfach einmal anders zu sehen und vielleicht auch zu machen.

In diesem Kapitel haben wir im ersten Teil diskutiert, wie sich die Gestaltung interaktiver Produkte von einer problemzentrierten zu einer an Möglichkeiten orientierten Gestaltung entwickelt hat. Im Zentrum steht dabei ein Fokussieren auf die subjektive Seite der Produktnutzung – Gefühle, Emotionen, Gedanken und auf Freude und Bedeutung – statt bloß auf Nützlichkeit und Benutzbarkeit. Das zieht weitreichende Veränderungen in der generellen Gestaltungsphilosophie nach sich. Verkürzt gesagt entwickelt sich die Gestaltung interaktiver Produkte von einer traditionell kognitiven zu einer eher humanistischen. Erlebnisse selbst sind auch in der Konsumentenpsychologie ein immer zentraleres Thema. Sie werden stark mit Wohlbefinden verbunden und einer eher postmaterialistischen, antikonsumistischen Sicht. Diese neueren Ansätze entsprechen deutlicher unserer eigenen Vorstellung, nämlich der, dass Produkte unverzichtbare Vermittler freudvoller und bedeutungsvoller Erlebnisse sind und dass durch ihre Gestaltung Erlebnisse besser und schlechter gemacht werden können.

Literatur

Baumeister, R. F., & Newman, L. S. (1994). How Stories Make Sense of Personal Experiences: Motives that Shape Autobiographical Narratives. *Personality and Social Psychology Bulletin, 20*(6), 676–690.
Brodbeck, F. C., Zapf, D., Prümper, J., & Frese, M. (1993). Error handling in office work with computers: A field study. *Journal of occupational and organizational psychology, 66*(4), 303–317.
Carter, T. J., & Gilovich, T. (2010). The relative relativity of material and experiential purchases. *Journal of Personality and Social Psychology, 98*(1), 146–159.

Carter, T. J., & Gilovich, T. (2012). I am what I do, not what I have: The differential centrality of experiential and material purchases to the self. *Journal of Personality and Social Psychology, 102*(6), 1304–1317.

Chaplin, L. N., & John, D. R. (2007). Growing up in a Material World: Age Differences in Materialism in Children and Adolescents. *Journal of Consumer Research, 34*(4), 480–493.

Chien, W. C., Hassenzahl, M., & Welge, J. (2016). *Sharing a Robotic Pet as a Maintenance Strategy for Romantic Couples in Long-Distance Relationships: An Autobiographical Design Exploration*. Proceedings of the SIGCHI Conference on Human factors in Computing Systems – Extended Abstracts. (S. 1375–1382). New York: ACM.

Desmet, P. M. A., & Hassenzahl, M. (2012). Towards happiness: Possibility-driven design. In M. Zacarias & J. V. de Oliveira (Hrsg.), *Human-Computer Interaction: The Agency Perspective* (S. 3–27). Berlin, Heidelberg: Springer.

Dicks, U., & Neumeyer, E. (2010). *Grundlagenuntersuchung Freizeit und Urlaubsmarkt Wandern (Forschungsbericht)*. Bd. 591. Berlin: Bundesministerium für Wirtschaft und Technologie (BMWi).

Fromm, E. (1979). *Haben oder Sein*. München: dtv.

Gilovich, T., Kumar, A., & Jampol, L. (2015). A wonderful life: Experiential consumption and the pursuit of happiness. *Journal of Consumer Psychology, 25*(1), 152–165.

Guevarra, D. A., & Howell, R. T. (2015). To have in order to do: Exploring the effects of consuming experiential products on well-being. *Journal of Consumer Psychology, 25*(1), 28–41.

Hassenzahl, M. (2010). *Experience design: Technology for all the right reasons*. San Rafael, CA: Morgan Claypool.

Hassenzahl, M., Diefenbach, S., & Göritz, A. (2010). Needs, affect, and interactive products – Facets of user experience. *Interacting with Computers, 22*(5), 353–362.

Hassenzahl, M., Eckoldt, K., Diefenbach, S., Laschke, M., Lenz, E., & Kim, J. (2013). Designing Moments of Meaning and Pleasure. Experience Design and Happiness. *International Journal of Design, 7*(3), 21–31.

Herzberg, F., Mausner, B., & Bloch-Snyderman, B. (1959). *The Motivation to Work*. New York: Wiley.

Hornbæk, K., & Law, E. L. C. (2007). *Meta-analysis of correlations among usability measures*. Proceedings of the SIGCHI Conference on Human factors in Computing Systems. (S. 617–626). New York: ACM. April

Jessor, R. (1996). *Ethnographic methods in contemporary perspective*. Ethnography and human development: Context and meaning in social inquiry. (S. 3–14).

Jordan, P. (2000). *Designing Pleasurable Products. An Introduction to the New Human Factors*. London, New York: Taylor & Francis.

Karapanos, E., Zimmerman, J., Forlizzi, J., & Martens, J.-B. (2010). Measuring the dynamics of remembered experience over time. *Interacting with Computers, 22*(5), 328–335.

Kasser, T., & Sheldon, K. M. (2009). Time affluence as a path toward personal happiness and ethical business practice: Empirical evidence from four studies. *Journal of Business Ethics, 84*(2), 243–255.

Keinan, A., & Kivetz, R. (2011). Productivity Orientation and the Consumption of Collectable Experiences. *Journal of Consumer Research, 37*(6), 935–950.

Laschke, M., Hassenzahl, M., Brechmann, J., Lenz, E., & Digel, M. (2013). *Overcoming procrastination with ReMind*. Proceedings of the DPPI International Conference on Designing Pleasurable Products and Interfaces. (S. 77–85). New York: ACM.

Lastovicka, J. L., & Sirianni, N. J. (2011). Truly, Madly, Deeply: Consumers in the Throes of Material Possession Love. *Journal of Consumer Research, 38*(2), 323–342.

Lazarus, R. S. (1966). *Psychological stress and the coping process*. New York: McGraw-Hill.

Lazarus, R. S. (2006). *Stress and emotion: A new synthesis*. New York: Springer.

Maslow, A. H. (1954). *Motivation and Personality*. New York: Harper & Row.

Miller, D. (2008). *The Comfort of Things*. Cambridge: Polity Press.

Neustaedter, C., Judge, T. K., & Senger, P. (2014). Autobiographical Design in the Home. In T. K. Judge & C. Neustaedter (Hrsg.), *Studying and Designing Technology for Domestic Life: Lessons from Home* (S. 135–158). San Francisco, CA: Morgan Kaufmann.

Nielsen, J. (1993). *Usability engineering*. Boston: Academic Press.

Pilloton, E. (2009). *Design Revolution: 100 Products That Empower People*. New York: Metropolis Books.

Pine, B. J., & Gilmore, J. H. (1999). *The experience economy: work is theatre & every business a stage*. Boston, MA: Harvard Business School Press.

Quesenbery, W., & Brooks, K. (2010). *Storytelling for user experience: Crafting stories for better design*. Brooklyn: Rosenfeld Media.

Reckwitz, A. (2003). Grundelemente einer Theorie sozialer Praktiken. *Zeitschrift für Soziologie, 32*(4), 282–301.

Rogers, Y. (2011). Interaction design gone wild: striving for wild theory. *Interactions, 18*(4), 58–62.

Ryan, R. M., & Deci, E. L. (2000). Self-determination theory and the facilitation of intrinsic motivation, social development, and well-being. *American Psychologist, 55*(1), 68–78.

Schacter, D. L. (1999). *Wir sind Erinnerung. Gedächtnis und Persönlichkeit*. Reinbeck: Rowohlt.

Schifferstein, H. N. J., & Hekkert, P. (2008). *Product Experience*. San Diego, CA: Elsevier.

Schmitt, B., Brakus, J. J., & Zarantonello, L. (2015). From experiential psychology to consumer experience. *Journal of Consumer Psychology, 25*(1), 166–171.

Schulze, G. (1992, 2005). *Die Erlebnisgesellschaft: Kultursoziologie der Gegenwart*. Frankfurt a. M: Campus.

Seligman, M. E. P. (2008). Positve health. *Applied psychology: An international review, 57*(1), 3–18.

Seligman, M. E. P., & Csikszentmihalyi, M. (2000). Positive psychology: An introduction. *American Psychologist, 55*(1), 5–14.

Sheldon, K. M., Elliot, A. J., Kim, Y., & Kasser, T. (2001). What Is Satisfying About Satisfying Events ? Testing 10 Candidate Psychological Needs. *Journal of Personality and Social Psychology, 80*(2), 325–339.

Smith, J., Flowers, P., & Larkin, M. (2009). *Interpretative phenomenological analysis: Theory, Method and Research*. Los Angeles, CA: Sage.

Tuch, A., & Hornbæk, K. (2015). Does Herzberg's Notion of Hygienes and Motivators Apply to User Experience? *Transactions of Computer-Human Interaction, 22*(4), Artikel 16.

Tulving, E. (2002). Episodic memory: from mind to brain. *Annual Review of Psychology, 53*(1), 1–25.

Tumbat, G., & Belk, R. W. (2011). Marketplace Tensions in Extraordinary Experiences. *Journal of Consumer Research, 38*(1), 42–61.

Ulich, E. (2011). *Arbeitspsychologie*. Zürich: vdf Hochschulverlag.

van Boven, L., Campbell, M. C., & Gilovich, T. (2010). Stigmatizing materialism: on stereotypes and impressions of materialistic and experiential pursuits. *Personality and Social Psychology Bulletin, 36*(4), 551–563.

van Boven, L., & Gilovich, T. (2003). To Do or to Have ? That Is the Question. *Journal of Personality and Social Psychology, 85*(6), 1193–1202.

Verbeek, P.-P. (2005). *What things do. Philosophical reflections on technology, agency, and design*. University Park, PA: Pennsylvania State University Press.

Watson, D., Clark, L., & Tellegen, A. (1988). Development and validation of brief measures of positive and negative affect: the PANAS scales. *Journal of Personality and Social Psychology, 54*(6), 1063–1070.

Zhang, J. W., Howell, R. T., & Caprariello, P. A. (2013). Buying Life Experiences for the "Right" Reasons: A Validation of the Motivations for Experiential Buying Scale. *Journal of Happiness Studies, 13*(3), 817–842.

Ein erstes Modell erlebnis-bezogener Produkt-qualitäten: hedonisch versus pragmatisch

Sarah Diefenbach, Marc Hassenzahl

© Springer-Verlag GmbH Deutschland 2017
S. Diefenbach, M. Hassenzahl, *Psychologie in der nutzerzentrierten Produktgestaltung,*
Die Wirtschaftspsychologie, DOI 10.1007/978-3-662-53026-9_3

3.1   „Erlebnispotenzial" als Produktqualität

Bericht über eine Produktbeziehung: Pascal und sein Laptop

„Ich hatte erst ein anderes Gerät im Auge und wollte es eigentlich auch schon kaufen. War dieselbe Marke, aber von der Optik habe ich irgendwie schon immer gedacht, dass mir der andere nicht ganz so gefällt. Dann ist mir meiner ins Auge gefallen. War auch von den Leistungsdaten her gut und natürlich minimal teurer, aber nicht viel. Da konnte ich mich dann noch mal mehr freuen, weil es noch mehr ist, was ich gesucht hatte. Allgemein sind mir ja schöne Dinge schon wichtig und wachsen mir eher ans Herz. Wenn das eine gute Mischung aus Design und Funktionalität ist, finde ich das schon sehr wichtig und gut. […] Ich glaube, umso alltäglicher die Dinge werden, umso mehr man die im Alltag hat, umso wichtiger wird es dann auch, dass das Design mitspielt. Und es ist ein Gerät, das man dann ja auch in der Uni hat und dort aufmacht. Es würde mich nicht stören, wenn die Leute was sagen – aber das ist ja auch selber so ein Gefühl. Das hat auch so einen Identitätscharakter. Das ist schon echt ein Arbeitsgerät, auch im handwerklichen Sinne […], aber auch ein treuer Begleiter mit all den Funktionen, die ich nutzen kann, ohne dass er mir Probleme macht. Ein guter Kollege, das könnte man schon sagen. Wobei das auch manchmal eine Hassliebe ist."
(Pascal, Architekt, über seinen Laptop)

Der Bericht von Pascal über seinen Laptop (Fallstudie „Bericht über eine Produktbeziehung") zeigt die vielschichtigen Wahrnehmungen und Bewertungen von Menschen bei der Interaktion mit Technik. Für Pascal ist der Laptop primär ein Arbeitsgerät, Leistungsdaten und Funktionalität müssen stimmen. Es geht aber um noch viel mehr: Auch Emotionen, die Produktbeziehung und der Ausdruck von Identität spielen für Pascal eine wichtige Rolle. Wie wirke ich auf andere, wie fühle ich mich mit dem Produkt, passt es vom Charakter zu mir? Hierfür sind vor allem weiche Attribute wie Schönheit und Ästhetik entscheidend. Hätte der Laptop optisch nicht überzeugen können, wäre er ihm wohl nicht so sehr ans Herz gewachsen, so Pascals Vermutung. Gerade für Produkte, die wir ständig um uns haben, scheint es ihm wichtig, „dass das Design mitspielt". Nutzer bzw. Konsumenten interessieren sich also nicht nur für die Gebrauchstauglichkeit, sondern auch für das „Erlebnispotenzial" eines Produkts: Wie ich mich bei der Nutzung fühle, wer ich durch das Produkt sein kann, welche Erlebnisse ich haben kann. Und so umfasst Technikgestaltung heute mehr denn je auch die Berücksichtigung von erlebnisbezogenen Produktqualitäten. Dies war aber nicht immer so.

War man Ende der 1990er als Gestalter im Bereich interaktive Produkte tätig, war das Sicherstellen von Gebrauchstauglichkeit das vorrangige Thema. Das Handwerkszeug waren empirische und analytische Methoden für das Aufspüren von Nutzungs- und Funktionsproblemen sowie eine Reihe von Fragebögen für die Erhebung erlebter Gebrauchstauglichkeit. Systematisches *Usability Engineering* (z. B. Nielsen 1993) erlaubte große Fortschritte bei der Verbesserung der Qualität interaktiver Produkte. Gleichzeitig war da das nagende Gefühl, dass noch etwas fehlt, um wirklich Technik für Menschen zu machen. Der Fokus auf die funktionale Aufgabe schien hierfür nicht ausreichend. 1998 veröffentlichte Jordan in der Zeitschrift *Applied Ergonomics* den Artikel „Human factors for pleasure in product use"(Jordan 1998) und später sein Buch *Designing pleasurable products*. Schlagwörter wie Joy of Use, Hedonomics oder Experience machten die Runde, Ästhetik und Emotionen rückten ins Interesse von Forschung und Praxis. Viele dieser ersten Arbeiten hatten jedoch noch eher den Charakter von Aufrufen oder Interessensbekundungen. Bald darauf folgten Versuche, dieses etwas andere, das Gebrauchstauglichkeit ergänzen müsste, zu definieren und sein Verhältnis zur Gebrauchstauglichkeit auszuloten. Man brauchte Modelle, die erlebnisbezogene Qualitäten beschreiben und damit für Forschung und Praxis greifbar oder sogar messbar machen können. Die ersten Ansätze konzentrierten sich dabei auf das Sammeln relevanter Produktattribute (z. B. verbindend, aufregend, modern). Diese beschreiben sozusagen das Potenzial eines Produkts, positive Erlebnisse zu erzeugen und psychische Bedürfnisse zu erfüllen.

Naturgemäß sind erlebnisbezogene Produktattribute subjektiv, wohingegen aufgabenbezogene Attribute, wie nützlich oder praktisch, objektivierbar sind, beispielsweise durch Usabilitytests oder auch durch die systematische Analyse und Modellierung notwendiger kognitiver Operationen. Gerade deswegen war die Entwicklung von Modellen und Erhebungsmethoden ein wichtiger Schritt für das Etablieren von erlebnisorientierten Konzepten in der Mensch-Technik-Interaktion. Ein Modell ist immer eine Grundlage für die Ableitung von Ansatzpunkten für die Gestaltung sowie die Erforschung von Beziehungen zu anderen interessierenden Variablen, beispielsweise globale Produkturteile von Nutzern oder Konsumenten, Präferenzen, Produktwahl und damit wirtschaftlicher Erfolg.

Das vorliegende Kapitel führt fort mit einer generellen Betrachtung der Chancen erlebnisbezogener Produktqualitäten aus der Sicht von Herstellern, Nutzern und Gesellschaft, welche die Relevanz der Modellierung und Möglichkeiten zur Beforschung dieser Qualitäten begründen (▶ Abschn. 3.2). Es folgt ein Überblick über Arbeiten im Kontext des Hedonisch-Utilitaristisch-Modells, eines der ersten und einflussreichsten Modelle erlebnisbezogener Produktqualitäten im Feld Mensch-Technik-Interaktion (▶ Abschn. 3.3). Anschließend beleuchten wir die „dunkle Seite" und das sogenannte Dilemma des Hedonischen (▶ Abschn. 3.4) sowie die Asymmetrie zwischen Produktwahl und -erleben (▶ Abschn. 3.5). Das Kapitel schließt mit einer Betrachtung des Konzepts im Zuge aktueller technischer Entwicklungen, bestehenden Herausforderungen in Produktgestaltung und Marketing und möglichen Lösungsansätzen (▶ Abschn. 3.6).

3.2 Chancen und Herausforderungen erlebnisbezogener Produktqualitäten

Erlebnisbezogene, emotionale Produktqualitäten (z. B. Ästhetik) werden neben technischen Daten und funktionalen Aspekten (z. B. Speicherplatz, Benutzerfreundlichkeit) zunehmend wichtiger für unternehmerischen Erfolg. Gerade in einem technisch gesättigten Umfeld werden sie zum Alleinstellungsmerkmal für interaktive Produkte (z. B. *Apple*). Der praktische Produktnutzen wird immer mehr als selbstverständlich vorausgesetzt, und funktionale Attribute dienen kaum noch der Differenzierung von Produkten (Brakus et al. 2014). Eine kontinuierliche Erweiterung von Funktionen und technischen Möglichkeiten ist der Standard, doch stehen technische Daten nicht mehr so im Zentrum.

Dieser Trend zeigt sich auch in der aktuellen Werbung für technische Konsumprodukte. Verkauft werden vorrangig positive Geschichten, die ein bestimmtes Lebensgefühl vermitteln. So bettet auch die TV-Werbung Funktionen in Szenarien ein, die nicht nur zeigen, was ein Produkt aus funktionaler Sicht kann, sondern auch, was Nutzer durch diese Funktion erleben können. Beispielsweise zeigt die TV-Werbung SMS-vorlesende Autos, die Paaren das Erleben von Verbundenheit ermöglichen (z. B. *Ford*), Telekommunikationsanbieter werben mit Slogans wie „Wer mehr erlebt, hat mehr zu sagen" (*Vodafone*) oder „Erleben, was verbindet" (*Telekom*). Die Betonung des Erlebniswerts könnte auch zu einer (Rück-)Besinnung auf Qualität insgesamt beitragen, da insbesondere die deutschen Hersteller darüber klagen, Kunden seien nicht mehr bereit, für Qualität angemessene Preise zu zahlen, und ein Bestehen gegenüber Mitbewerbern sei nur noch über Billigpreise möglich. Aus eine stärkeren Bindung an das spezifische Produkt (emotionale statt funktionale Bindung, vgl. Belk 1988) können sich außerdem auch langfristig positive Effekte hinsichtlich Markenbindung und Kundentreue ergeben.

Eine erlebnisorientierten Perspektive auf Konsum und Produktqualitäten ist jedoch weit mehr als ein Marketingtrend. Für den Nutzer liegen die Chancen erlebnisbezogener Produktqualitäten in einer emotionalen und als positiv erlebten Produktbeziehung und der langanhaltenden Freude an der Nutzung (s. auch Mugge et al. 2005). Gleichzeitig stellt ein Fokus auf erlebnisbezogene Produktqualitäten auch aus einer Nachhaltigkeitsperspektive eine Chance dar. Eine emotionale Produktbeziehung ist mit einer längeren Besitzdauer assoziiert (Schifferstein und Zwartkruis-Pelgrim 2008), und eine Stärkung erlebnisbasierter Produktqualität und emotionaler Bindung könnte eine Gegenbewegung zum schnellen Konsum und Billig-Wegwerf-Trend darstellen.

Wie auch ein Bericht des Umweltbundesamts (2016) zur Entwicklung von Strategien gegen „Obsoleszenz" zeigte, wird die Nutzungsdauer von Geräten bis zum Neukauf immer kürzer. Mit den immer kürzeren Innovationszyklen gehen auch fallende Preise einher, sodass weder Hersteller noch Umwelt am Ende wirklich von dieser Art des schnelllebigen Konsums profitieren. Erlebnisbezogene Produktqualitäten spielen auch hier eine Schlüsselrolle: Tatsächlich werden viele Elektro- und Elektronikgeräte ersetzt, obwohl sie noch gut funktionieren. Beispielsweise nannten weniger als die Hälfte der Befragten (43,5 %) den Defekt des Altgeräts als Grund für den Neukauf. Oftmals finden Kunden schlicht keinen Gefallen mehr am Altgerät. „Psychologische Obsoleszenz" ist also ein nicht zu vernachlässigender Faktor und die bewusste Adressierung von Erlebniswert und „psychologischer Langlebigkeit" in der Gestaltung ist eine Möglichkeit, dem entgegenzuwirken (z. B. Sustainable Design, vgl. Blevis 2007).

Neben diesen Chancen bringen erlebnisbezogene Qualitäten insbesondere im Feld technischer Produkte auch spezifische Herausforderungen mit sich, welche wir in den nächsten Abschnitten noch näher beleuchten: Erlebnisbezogene Produktqualitäten sind eher vage und – per Definition – vom subjektiven Erleben des Nutzers abhängig. Dies steht im Gegensatz zu pragmatischen Produktqualitäten, die sich gut vorhersagen und relativ objektiv definieren lassen. Gerade im Feld technischer Produkte, welche traditionell als Werkzeuge und primär über ihre funktionalen Eigenschaften betrachtet werden, stellt dies einen grundsätzlichen Paradigmenwechsel dar. Dieser hat sich in den Vorstellungen von Herstellern und Konsumenten noch nicht vollkommen durchgesetzt. Produktqualitäten auf der Erlebnisebene bilden derzeit noch ein Spannungsfeld: Attraktion, beispielsweise durch Schönheit, steht der Unsicherheit gegenüber, inwieweit Schönheit nun wirklich relevant ist und bei Kaufentscheidungen berücksichtigt werden sollte. Dies stellt für Konsumenten und Hersteller ein Dilemma dar (▶ Abschn. 3.4). Im Extremfall kommt es zu einer Wahl entgegen der eigentlichen, längerfristigen Präferenz des Nutzers. Ein falscher Fokus auf rational überzeugende Attribute hingegen kann zu einem schnellen Abflachen anfänglicher Begeisterung führen, sodass sich schon nach kurzer Zeit das Bedürfnis nach einem Ersatz einstellt. Der nächste neue Kick muss her – das wahre Potenzial erlebnisbezogener Produktqualitäten wurde nicht genutzt.

3.3 Hedonische versus pragmatische Produktqualitäten

Die Betrachtungen im vorherigen Abschnitt verdeutlichen die Relevanz erlebnisbezogener Produktqualitäten aus vielerlei Perspektiven und den Bedarf an entsprechenden Modellen und Methoden. Im Folgenden diskutieren wir die Ergebnisse und Erhebungsmethoden für erlebnisbezogene Produktqualitäten am Beispiel eines der populärsten Ansätze in der Konsumentenpsychologie und Mensch-Technik-Interaktion, das Konzept der hedonischen Produktqualitäten

(z. B. Hirschman und Holbrook 1982; Batra und Ahtola 1991; Hassenzahl 2003). Wir beleuchten hierbei insbesondere die relative Bedeutsamkeit hedonischer, erlebnisbezogener und pragmatischer, aufgabenbezogener Qualitätsdimensionen für Produktwahl und -erleben.

3.3.1 Das Hedonisch-Utilitaristisch-Modell in der Konsumentenpsychologie

Der Ursprung des Hedonisch-Pragmatisch-Modells liegt in der Konsumentenpsychologie, hier betitelt als Hedonisch-Utilitaristisch-Modell (z. B. Batra und Ahtola 1991). Einen wichtigen Grundstein für diese Entwicklung bildete der Beitrag von Hirschman und Holbrook (1982) zur Bedeutung erlebnisbezogener Qualitätsaspekte, unter dem Schlagwort Hedonic Consumption. Hedonic Consumption umfasst

» those facets of consumer behavior that relate to the multisensory, fantasy and emotive aspects of product usage experience (Hirschman und Holbrook 1982, S. 92).

„Fantasy" bezieht sich hierbei auf Wunschvorstellungen und die Konstruktion der Realität in Einklang mit persönlichen Idealen des Konsumenten. Im Unterschied zu den utilitaristischen Produktqualitäten, die sich durch die Erfüllung funktionaler Aufgaben ergeben, beschreibt die hedonische Dimension selbstbezogene Produktqualitäten. Eine Bewertung der hedonischen Qualität stellt die Frage: Lässt das Produkt den Konsumenten so sein/sich so fühlen, wie er es sich wünscht? Hirschman und Holbrook (1982) nennen als Beispiel den *Marlboro*-Raucher, der sich mit dem Ideal des freiheitsliebenden Cowboys assoziiert – heute sind es wahrscheinlich andere Ideale, die für Konsumenten im Vordergrund stehen.

Nachfolgende Forschungsarbeiten betonten die Abgrenzung der hedonischen von der utilitaristischen Qualität eines Produkts und beschäftigten sich mit der Sammlung geeigneter Attribute/Begriffe zur Beschreibung der beiden Dimensionen (z. B. Batra und Ahtola 1991). Typische utilitaristische Attribute sind: praktisch, einfach, übersichtlich, rational. Die hedonische Qualität eines Produkts wird typischerweise durch Attribute wie: schön, interessant, aufregend, faszinierend oder innovativ, beschrieben. Utilitaristische Attribute sind häufig mit objektiven oder Leistungsparametern assoziiert (z. B. Reinigungsleistung eines Geschirrspülers), wohingegen hedonische Attribute sich eher auf weiche Aspekte wie visuelles Design beziehen. Aussagen von Konsumenten zur hedonischen Qualität sind damit stärker abhängig von psychologischen Mechanismen und individueller Reflexion und insgesamt komplexer, schwieriger zu fassen und zu bewerten (Hsee et al. 2009). Viele der in der Konsumentenpsychologie beforschten Produkte weisen per se eine Nähe zu einer der beiden Dimensionen auf, wie beispielsweise Küchenartikel oder eine Zahnbürste (primär utilitaristisch) oder aber Schokolade oder High Heels (primär hedonisch).

Ein wichtiger Aspekt aus modelltheoretischer Sicht ist, dass hedonische und utilitaristische Qualität keine Gegensatzpole darstellen, sondern zwei voneinander unabhängige Dimensionen sind, welche beide zur globalen Bewertung eines Produkts beitragen (Ahtola 1985). Es sind jedoch unterschiedliche emotionale Reaktionen, die mit den beiden Dimensionen verknüpft sind: Während beim Erhalten eines hedonischen Produkts Aufregung und Fröhlichkeit im Vordergrund stehen, ist es bei utilitaristischen Produkten das Gefühl von Sicherheit und Vertrauen (Chitturi et al. 2007). Übertrifft ein Produkt die Erwartungen des Konsumenten in Bezug auf dessen utilitaristische Qualität, führt dies nur zu stiller Zufriedenheit, ein Übertreffen der Erwartungen in Bezug auf hedonische Qualität hingegen zu Freude und Begeisterung (Chitturi et al. 2008).

a **Perspektive des Gestalters**

b **Perspektive des Nutzers**

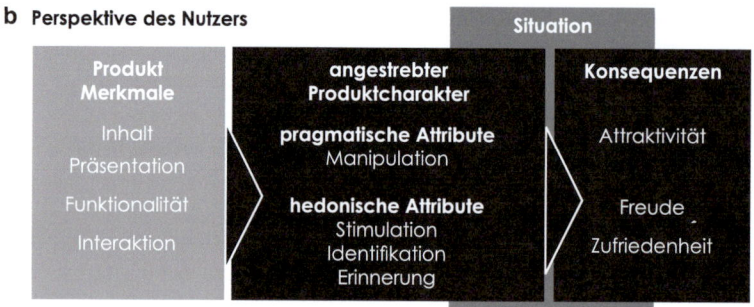

Abb. 3.1 Das Hedonisch-Pragmatisch-Modell des Nutzungserlebens. (Hassenzahl 2003)

3.3.2 Das Hedonisch-Pragmatisch-Modell im Kontext interaktiver Produkte

Im Zuge des allgemeinen Interesses an erlebnisbezogenen Aspekten wie Vergnügen (Jordan 1998) und Schönheit (Tractinsky et al. 2000) in der Mensch-Technik-Interaktion hielt auch hier das Konzept der hedonischen Qualität Einzug (Hassenzahl et al. 2000). Das Hedonisch-Pragmatisch-Modell der User Experience (Hassenzahl 2003) beschreibt den Produktcharakter als Zusammenspiel von hedonischen und pragmatischen Qualitätswahrnehmungen und unterscheidet hierbei die Gestalter- und die Nutzerperspektive. Gestalter nutzen Gestaltungselemente wie Präsentation, Funktionalität und Interaktion für das Erzeugen eines intendierten Produktcharakters. Im Zusammenspiel mit der Situation führt der seitens des Nutzers wahrgenommene Produktcharakter zu emotionalen Konsequenzen wie Vergnügen oder Zufriedenheit (■ Abb. 3.1).

Das Hedonisch-pragmatisch-Konzept fand schnelle Verbreitung in den Arbeiten zahlreicher Forscher im Feld Mensch-Technik-Interaktion. Ein Forschungsreview von 2014 (Diefenbach et al. 2014) umfasste bereits 151 internationale Publikationen zu hedonischer Qualität im Bereich interaktiver Produkte. Die Mehrzahl der Publikationen (65 %) definierte das Konzept der hedonischen Qualität in Orientierung an Hassenzahl (2003, 2004) und nahm Bezug auf die dort vorgeschlagenen Unteraspekte Stimulation und Identität. Stimulation beschreibt das Streben von Menschen nach persönlicher Entwicklung und der Verbesserung von Kenntnissen und Fertigkeiten. Produkte können dieses Bedürfnis beispielsweise durch neuartige, anregende Funktionalitäten, Inhalte und Interaktionsstile unterstützen. Identität bezieht sich auf den Ausdruck des Selbst durch Dinge. Produkte können dieses Bedürfnis beispielsweise durch die Kommunikation eines bestimmten Images unterstützen (z. B. Hassenzahl et al. 2003). ■ Abb. 3.2 gibt

hedonische Qualität

pragmatische Qualität

a   b

□ **Abb. 3.2** Schlagworte und zentrale Komponenten in Definitionen von hedonischer Qualität (a) und pragmatischer Qualität (b)

einen Überblick über Schlagworte und zentrale Komponenten in Definitionen von hedonischer Qualität (□ Abb. 3.2a) und pragmatischer Qualität (□ Abb. 3.2b).

Der Review gibt außerdem Einblick in bisherige inhaltliche Schwerpunkte der Forschung zu hedonischer Qualität in der Mensch-Technik-Interaktion: Typische beforschte Produkte sind Websites, Software sowie mobile Geräte wie Smartphones und Tabletcomputer, wobei 30 % der Arbeiten hedonische Qualitäten unabhängig von einer spezifischen Produktdomäne betrachteten. Anhand des ► Exkurs „Ausgewählte Methoden zur Erforschung hedonischer Produktqualitäten" können Sie sich über typische Erhebungsinstrumente informieren.

Exkurs: Ausgewählte Methoden zur Erforschung hedonischer Produktqualitäten

Die Mehrzahl von Studien zu hedonischen Produktqualitäten im Feld Mensch-Technik-Interaktion arbeitet mit quantitativen Ansätzen (Diefenbach et al. 2014) – für die Konsumentenpsychologie gilt dies allerdings genauso (Alba und Williams 2013). Wahrgenommene hedonische Qualitäten eines Produkts werden üblicherweise in Fragebogenform erfasst (□ Tab. 3.3). Der meistgenutzte Fragebogen im Kontext interaktiver Produkte ist der von Hassenzahl et al. (2003) entwickelte AttrakDiff-Fragebogen. Basierend auf dem Hedonisch-Pragmatisch-Modell der User Experience unterscheidet der AttrakDiff die Skalen „Pragmatische Qualität" (PQ), „Hedonische Qualität Stimulation" (HQS) und „Hedonische Qualität Identität" (HQI). Jeder Qualitätsaspekt wird durch sieben Items, in Form semantischer Differenziale, erfasst. Darüber hinaus liegen Erweiterungen und Anpassungen des AttrakDiff-Fragebogens für spezifische Kontexte oder Nutzergruppen vor. Beispielsweise entwickelten Liu et al. (2012) eine Version speziell für den ostasiatischen Kulturraum, in der die Identitätsskala durch eine Konformitätsskala ersetzt wurde. Vätäjä et al. (2009) entwickelten einen Fragebogen zur Bewertung interaktiver Produkte im Kontext des Berufsfelds Onlinejournalismus. Auch Erhebungsinstrumente mit Ursprung in der Konsumentenpsychologie finden Einsatz in Studien zu erlebnisbezogenen Produktqualitäten im Feld Mensch-Technik-Interaktion (z. B. Helfenstein 2012; Ogertschnig und van der Heijden 2004). Eine weitere Gruppe von Studien erfasst erlebnisbezogene Qualitäten im Kontext des Technology-Acceptance-Models (TAM, Davis 1986), wobei Letzteres häufig eher das emotionale Erleben des Nutzers selbst erfassen (z. B. Cognitive Absorption, Magni et al. 2010) als die dem Produkt zugeschriebenen Qualitäten. □ Tab. 3.1 zeigt Beispielitems der verschiedenen Erhebungsinstrumente.

Qualitative Ansätze zur Erfassung und Kategorisierung von erlebnisbezogenen Produktqualitäten (z. B. UX Curve, Kujala et al. 2011; PLEX Playful Experience Framework, Arrasvuori et al. 2010; CORPUS, Wilamowitz-Moellendorff et al. 2006) sind weniger verbreitet. CORPUS (Wilamowitz-Moellendorff et al. 2006) und UX Curve (Kujala et al. 2011) sind Verfahren zur retrospektiven Analyse von Erlebnissen und beinhalten eine Kategorisierung von Erlebnisberichten in Orientierung an den Komponenten des Hedonisch-Pragmatisch-Modells (Hassenzahl 2003). Beide Ansätze sind insofern vielversprechend, als sie die bislang vernachlässigte Analyse qualitativer Daten sowie die Betrachtung der Produktnutzung über die Zeit aufgreifen. Eine Herausforderung für den Anwender sind allerdings die Kategorisierung und Interpretation der erhobenen Daten bzw. die Zuordnung zu den Dimensionen des Hedonisch-Pragmatisch-Modells. PLEX (Arrasvuori et al. 2010) bezieht sich auf Playfulness (dt. Verspieltheit, Potenzial für spielerisches Erleben) und greift damit eine einzelne spezifische Erlebnisqualität heraus. PLEX ist damit ein wertvolles Werkzeug für Fragestellungen in einem spezifischen Kontext, aber weniger geeignet zur Beforschung breiterer Fragestellungen zur Bedeutsamkeit erlebnisbezogener Produktqualitäten. Insgesamt zeigt sich in der Forschung zu hedonischen Produktqualitäten ein deutliches Überwiegen quantitativer, experimenteller Forschung mit einem hohen Bemühen um interne Validität – weniger Interesse galt hingegen der ökologischen Validität, im Sinne der tatsächlichen Bedeutsamkeit von hedonischen Qualitäten in der Lebenswelt von Nutzern. Eine mögliche Ursache ist die fehlende Unterscheidung von theoretischem Modell (das Hedonisch-Pragmatisch-Modell, das zwei Dimensionen von Produktqualitäten annimmt) und den Methoden zur Erfassung der Konstrukte des Modells (z. B. der AttrakDiff-Fragebogen im Feld Mensch-Technik-Interaktion, die HED-UT-Skala in der Konsumentenpsychologie). Naturgemäß ergibt sich aus der Einengung der Erforschung eines grundlegenden Modells auf ein spezifisches Messinstrument nur eine eingeschränkte Perspektive. Die Beforschung von angenommenen Zusammenhängen und Implikationen eines Modells mittels unterschiedlicher Verfahren ist ein wichtiges Qualitätsmerkmal und erhöht dessen Aussagekraft. Eine wünschenswerte Entwicklung wäre daher eine größere Vielfalt methodischer Untersuchungsansätze, wie es auch dem vielschichtigen und subjektiv geprägten Konzept erlebnisbasierter, hedonischer Produktqualitäten entspricht.

◘ **Tab. 3.1** Erhebungsinstrumente zur Erfassung erlebnisbezogener Produktqualitäten im Feld interakvtiver Produkte

Erhebungsinstrument/Skala	Beispielitems
AttrakDiff + Weiterentwicklungen	
AttrakDiff; HQ (Hassenzahl 2004)	Typical vs. original [S] Conservative vs. innovative [S] Unpresentable vs. presentable [I] Isolating vs. integrating [I]
AttrakWork, HQ (Vätääjä et al. 2009)	Limits vs. enables creativity [S] Constricts vs. enables professional ambition [S] Lowers vs. raises trust [I] Lowers vs. promotes professional image [I]
Skalen mit Ursprung in der Konsumentenpsychologie	
HED/UT (short form) HQ (Ogertschnig und van der Heijden 2004)	Exciting Amusing Thrilling
Hedonic product meaning (Helfenstein 2012)	I prefer a product that reflects my self. The product of my choice should feel pleasant to the senses. I look for products that are fun to use
Skalen im Kontext des TAM-Modells	
Perceived Enjoyment (Venkatesh 2000)	I find using the system to be enjoyable. The actual process of using the system is pleasant. I have fun using the system
Hedonic factors (Magni et al. 2010)	I have fun interacting with the technology. [C] If I heard about a new technology, I would look for ways to experiment with it. [P]

HQ = *hedonic quality; Subskalen,* C = *cognitive absorption,* I = *identification,* S = *stimulation,* P = *personal innovativeness*

Die Mehrzahl empirischer Studien in der Mensch-Technik-Interaktion beforscht erlebnisbezogene Produktqualitäten auf der Ebene von Korrelationen. Eine viel diskutierte Forschungsfrage ist beispielsweise die Frage nach Zusammenhängen zwischen hedonischer und pragmatischer Qualität (z. B. Tuch et al. 2012), inspiriert durch die What-is-beautiful-is-usable-Debatte und den gleichnamigen Artikel (Tractinsky et al. 2000). Tractinsky et al. (2000) untersuchten Urteile zur Schönheit und Usability von Geldautomaten und stellten eine hohe Korrelation zwischen beiden Maßen fest – sowohl bevor Personen tatsächlich mit dem Produkt interagieren konnten als auch danach. Ihr Beitrag bildete damit den Grundstein für die Erforschung von Schönheit im Kontext interaktiver Produkte und die Rolle von Schönheitsurteilen für weitere Qualitätswahrnehmungen.

Die typischerweise mittleren Korrelationen zwischen hedonischer und pragmatischer Qualität sollten jedoch nicht im Sinne einer konzeptuellen Überlappung zwischen den beiden Konstrukten interpretiert werden. Spätere experimentelle Studien und Mediationsanalysen (Hassenzahl und Monk 2010; Tuch et al. 2012) weisen darauf hin, dass keine konzeptuelle Beziehung zwischen den beiden Maßen besteht. Tatsächlich sind gefundene Zusammenhänge zwischen Qualitätswahrnehmungen, beispielsweise Schönheit und Usability, eher im Sinne eines Halo-Effekts (vgl. Nisbett und Wilson 1977) zu interpretieren. Eine positive Qualitätswahrnehmung hinsichtlich einer Dimension (z. B. Schönheit, hedonische Qualität) erzeugt eine globale positive Bewertung, die sich dann auch in einer positiven Beurteilung hinsichtlich anderer Dimensionen (z. B. Usability, pragmatische Qualität) niederschlägt. Es ist also nicht so, dass Personen annehmen, schöne Dinge funktionieren besser, weil sie schön sind. Vielmehr führt ein schönes Äußeres zu einer globalen Aufwertung des Produkts. Dementsprechend argumentieren Hassenzahl und Monk (2010):

» The "beautiful is usable" stereotype is, thus, rather a "beautiful is good and good is usable" stereotype. Through the very same mechanism, beauty could be related to almost any product attribute one chooses to study, for example, trustworthiness (Hassenzahl und Monk 2010, S. 255).

In Übereinstimmung mit Studien aus der Konsumentenpsychologie berichten auch Studien in der Mensch-Technik-Interaktion Zusammenhänge zwischen hedonischen Qualitätswahrnehmungen und erlebnisbezogenen Maßen wie Flow (z. B. Huang 2004) und Involvement (z. B. Helfenstein 2012), wohingegen pragmatische Qualitätswahrnehmungen vorrangig mit objektiven Leistungsparametern, wie Aufgabenbearbeitungszeiten und Erfolgsraten, in Verbindung stehen (z. B. Wechsung und Schleicher 2012). Auch der Nutzungsmodus (explorativ versus aufgabenbezogen), welcher beispielsweise durch die Situation oder entsprechende Instruktion in Nutzerstudien induziert werden kann (z. B. Wechsung et al. 2010), beeinflusst hedonischer und pragmatische Qualitätswahrnehmungen. Während ein aufgabenbezogener Nutzungsmodus den Fokus auf pragmatische Qualitäten lenkt, erhöht sich die Relevanz hedonischer Qualitäten im explorativen Modus, der es dem Nutzer erlaubt, das Produkt frei zu entdecken und dessen Potenzial für positives Erleben zu erfahren.

Neben dem situativen Nutzungsmodus spielt auch der Produkttyp bzw. das inhärente Nutzungsziel (z. B. Xu et al. 2012) eine Rolle. Für Produkte, die per se einen starken Bezug zu hedonischer Nutzung aufweisen (z. B. Spielekonsole) fließen emotionale Reaktionen stärker in das Gesamturteil ein als bei Produkten mit einem per se starken Bezug zu pragmatischer Nutzung (z. B. Geschirrspüler) oder Produkte mit einer Mittelposition (z. B. Mobiltelefon). Je nach Produkttyp unterscheiden sich somit auch die Erwartungen der Nutzer an hedonische und pragmatische Qualität und die Gewichtung der Aspekte für das Gesamturteil.

Studien zu Antezedenzien und Gestaltungsansätzen für erlebnisbezogene Produktqualitäten sind im Feld Mensch-Technik-Interaktion ebenfalls relativ selten. Typische Untersuchungsansätze umfassen die Analyse von qualitativen Erlebnisberichten von Nutzern (z. B. Stelmaszewka et al. 2004; Väänänen-Vainio-Mattila et al. 2010) oder allgemeine Gestaltungsempfehlungen zur Stärkung spezifischer Komponenten von hedonischer Qualität (z. B. Burmester und Dufner 2006; Karapanos et al. 2009). In der Regel zeigen die in Nutzerberichten identifizierten Determinanten positiven Erlebens eine hohe Nähe zu in psychologischen Bedürfnistheorien vorgeschlagenen Grundbedürfnissen wie Kompetenz, Verbundenheit und Stimulation (z. B. Sheldon et al. 2001) und dem in diesem Buch vorgestellten Gestaltungsansatz in Orientierung an psychischen Bedürfnissen (▶ Kap. 4). So umfassen beispielsweise die von Stelmaszewska et al. (2004) vorgeschlagenen Determinanten von Hedonic Experience die Aspekte Challenge/Achievement, Interactivity-Social und Novelty; Väänänen-Vainio-Mattila et al. (2010) nennen hier Self-Expression, Reciprocity und Curiosity. Beide Ansätze können als Basis und Inspiration für die Gestaltung erlebnisbezogener Produktqualitäten dienen. Eine der wenigen Arbeiten mit dem Ziel der Ableitung genereller Gestaltungsstrategien bezieht sich auf den Stimulationsaspekt als Erlebnisqualität: Burmester und Dufner (2006) betonen die Notwendigkeit einer Balance zwischen neuen, unbekannten Gestaltungselementen und einer zu weiten Entfernung von gängigen Interaktions- und Präsentationsstilen und folgen mit diesen Empfehlungen im Wesentlichen dem weitverbreiteten MAYA-Prinzip (Most Advanced, Yet Acceptable).

Ebenfalls nur wenige Studien haben bislang die Bedeutsamkeit von Produktqualitäten über die Zeit beleuchtet (z. B. Helfenstein 2012; Karapanos et al. 2009; Kujala et al. 2011; von Wilamowitz-Moellendorff et al. 2006). Karapanos et al. (2009) begleiteten *iPhone*-Nutzer (N = 6) vom Erhalt des Produkts an über einen Zeitraum von fünf Wochen. Der Hauptbeitrag der Studie liegt in der Identifikation von drei aufeinanderfolgenden Phasen (Orientation, Incorporation, Identification) sowie der Diskussion von jeweils relevanten Produktqualitäten. Es zeigte sich, dass zu Beginn vor allem der Stimulationsaspekt eine wichtige Rolle spielte, das sich hieraus ergebende Potenzial für positives Erleben ging jedoch schnell zurück. In späteren Phasen zeigten sich Möglichkeiten zur sinnvollen Einbindung des Produkts in den Lebensalltag als kritische Faktoren. Die CORPUS(Change Oriented analysis of the Relationship between Product and USer)-Analyse von Wilamowitz-Moellendorff et al. (2006) betrachtet typischerweise größere Zeiträume von mehreren Monaten oder Jahren. Veränderungen der User Experience im Zuge der Nutzungshistorie werden mittels retrospektiver Interviews beleuchtet. In ihrer Studie blieben Urteile zur pragmatischen Qualität über die Zeit recht stabil, wohingegen sich für hedonische Qualitätswahrnehmungen ein Abwärtstrend zeigte. Beispielsweise führten Gewöhnungseffekte zu einem Absinken von Stimulation. Ein ähnliches Bild zeigen die Ergebnisse von Kujala et al. (2011): Untersucht wurden die Nutzung von Mobiltelefonen sowie die Nutzung von *Facebook*. Auch hier war ein Hauptergebnis, dass das Stimulationspotenzial durch die Nutzung des Mobiltelefons begrenzt ist, wohingegen *Facebook* durch immer neue Inhalte ein längerfristiges Potenzial aufweisen konnte. Ein weiterer wichtiger Aspekt der *Facebook*-Nutzung war die Kommunikation von Identität, beispielsweise durch das Beitreten zu entsprechenden *Facebook*-Gruppen. Insgesamt zeigt dies, dass die Einbindung von Stimulation als alleinige Grundlage für erlebnisbezogene Qualitäten kein ausreichendes Fundament für langfristiges positives Erleben und das Entstehen von emotionaler Produktbindung liefern kann. Der Erlebniswert durch Neuartigkeit ist per Definition zeitlich begrenzt. Eine Konzeptualisierung von erlebnisbezogener Qualität sollte daher explizit auch andere Bedürfnisse ansprechen (die Diskussion wird in ▶ Kap. 4 wieder aufgegriffen).

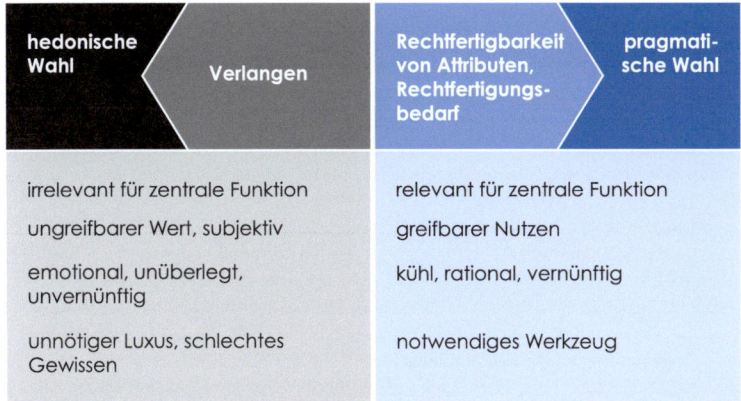

hedonische Wahl	Verlangen	Rechtfertigbarkeit von Attributen, Rechtfertigungs- bedarf	pragmati- sche Wahl
irrelevant für zentrale Funktion		relevant für zentrale Funktion	
ungreifbarer Wert, subjektiv		greifbarer Nutzen	
emotional, unüberlegt, unvernünftig		kühl, rational, vernünftig	
unnötiger Luxus, schlechtes Gewissen		notwendiges Werkzeug	

Abb. 3.3 Das „Dilemma des Hedonischen"

3.4 Die dunkle Seite des Hedonischen: Rechtfertigung und andere Probleme bei der Produktwahl

Hedonische Produktattribute stellen ein Potenzial für ein positives Nutzungserlebnis dar, was aus vieler Hinsicht wünschenswert ist. Gleichzeitig zeigt die Forschung aber auch ein gewisses Misstrauen gegenüber hedonischen Attributen, was sich insbesondere im Moment der Produkt- wahl auswirkt. Die Assoziation von hedonischen Attributen mit Luxus und Dekadenz (O'Curry und Strahilevitz 2001) und irrationalem Entscheiden (Hsee et al. 2003) lässt ihre Berücksich- tigung bei der Produktwahl fragwürdig erscheinen. Das Bedürfnis nach Rechtfertigung einer Wahl kann somit eine Bevorzugung pragmatischer Attribute bewirken: Durch ihren direkten Bezug zur primären Funktion eines Produkts lassen sich diese weitaus einfacher rechtferti- gen als hedonische Attribute (Hsee et al. 2003). Im Extremfall berücksichtigen Personen eher die Rechtfertigbarkeit von Produktattributen als deren Relevanz für die Freude am Produkt und wählen ein stärker pragmatisches/weniger hedonisches Produkt als es ihrer Präferenz ent- spricht. Ein Dilemma – denn sie wählen nicht das, woran sie längerfristig am meisten Freude haben (■ Abb. 3.3).

3.4.1 Urteilsverzerrungen bei der Gewichtung von hedonisch und pragmatisch

Eine wichtige theoretische und empirische Grundlage für das vermeintliche Dilemma des He- donischen (Diefenbach und Hassenzahl 2011) bietet die Forschung zu kontextabhängigen Prä- ferenzverschiebungen und systematischen Verzerrungen bei der Gewichtung von hedonischen und pragmatischen Produktattributen aus der Konsumentenpsychologie. Diese Studien zeigen, dass hedonische Alternativen zwar oftmals attraktiver für Konsumenten sind, sich diese Wert- schätzung aber nur unter speziellen Umständen auch in der Wahl des hedonischeren Produkts ausdrückt. Wir wählen also nicht immer das, was uns auch glücklich macht (▶ Exkurs „Wir wählen nicht immer das, was uns auch glücklich macht").

> **Exkurs: Wir wählen nicht immer das, was uns auch glücklich macht**
>
> Obwohl man grundsätzlich davon ausgehen könnte, dass Konsumenten bei freier Wahl zwischen mehreren zur Auswahl stehenden Produkten dasjenige wählen, über das sie sich am meisten freuen bzw. dessen Nutzung sie am meisten genießen würden, zeigen Hsee et al. (2003) in einer Reihe von Produktwahlstudien doch das Gegenteil. Tatsächlich entspricht die Gewichtung von Produktattributen bei der Wahl oft nicht deren Relevanz für das spätere Erleben. Werden Personen danach gefragt welche von mehreren Alternativen sie wohl am meisten genießen würden, nehmen sie eine ganzheitliche Bewertung vor. Beispielsweise werden für die Beurteilung eines Fernsehers sowohl Bild- als auch Tonqualität einbezogen, da beides für das Fernseherleben eine Rolle spielt. Werden Personen hingegen nach ihrer Wahl zwischen mehreren Alternativen befragt, berücksichtigen sie Attribute stärker, die sich auf die zentrale Funktion des Produkts beziehen. Im Beispiel des Fernsehers wird die Bildqualität dann stärker gewichtet als die Tonqualität (Hsee et al. 2003). In diesem Beispiel sind beides konkrete Qualitätsattribute, die sich aber in ihrer wahrgenommenen Zentralität unterscheiden. Bei der Wahl eines Fernsehers geht es den Leuten primär um das Bild; beim Fernsehen spielen aber eigentlich Bild und Ton eine Rolle. Überträgt man dies auf pragmatische und hedonische Attribute, kann man von einer ähnlichen Asymmetrie ausgehen. Pragmatische Attribute werden, auch weil sie objektiver oder sogar in Zahlen beschreibbar sind als prinzipiell zentraler wahrgenommen. Bei der Auswahl eines Produkts werden dann pragmatische Aspekte betont, während für das spätere Erleben zumindest beide Aspekte eine Rolle spielen. Im günstigen Fall ist das gewählte Produkt hinsichtlich beider Aspekte stark. Im ungünstigen Fall hat man ein pragmatisches Produkt gewählt, das aber weniger hedonisch ist. In der späteren Nutzung wird man die erlebnisorientierten Qualitäten dann schmerzlich vermissen.
>
> Auch die Situation und die spezifische Darstellung (Framing) der Entscheidung spielen eine Rolle. Besteht bei einer als normale Kaufentscheidung beschriebenen Wahl noch eine deutliche Präferenz für die pragmatischere Produktalternative, wird bei der Wahl eines Wunschpreises bei einem Gewinnspiel die hedonische Alternative bevorzugt (O'Curry und Strahilevitz 2001). Die Präferenz für hedonische Produkte wird dabei umso stärker, je unwahrscheinlicher es ist, das gewählte Produkt tatsächlich zu erhalten (O'Curry und Strahilevitz 2001), und wächst ebenfalls mit der Zeitspanne zum möglichen Erhalt des Produkts (Kivetz und Simonson 2002).
>
> Genauso beeinflusst auch die Art, wie Alternativen beschrieben werden, die Präferenzen für hedonische versus pragmatische Alternativen: Bei der direkten Wahl zwischen einem vorrangig pragmatischen und einem vorrangig hedonischen Mobiltelefon wählten die Teilnehmer in einer Studie von Chitturi (2003) eher das pragmatische Modell. Wurde die Attraktivität der beiden Modelle über die Zahlungsbereitschaft (*willingness to pay*) abgefragt, zeigte sich jedoch eine Höherwertung des hedonischen Modells. Die Teilnehmer waren bereit, für das hedonische Modell mehr zu bezahlen als für das pragmatische.

3.4.2   Rechtfertigungsprobleme bei der Wahl

Angesichts der Überlegung, dass sich die Wahl pragmatischer Alternativen allgemein leichter begründen lässt als die Wahl hedonischer Alternativen, wird als Erklärung für die beschriebenen Präferenzverschiebungen von einigen Autoren der Wunsch nach Rechtfertigung angeführt (z. B. Kivetz und Simonson 2002; Okada 2005). In welchem Ausmaß aber Rechtfertigung die Produktwahl letztlich beeinflusst und ob eine spezielle Facette von Rechtfertigung entscheidend ist, wurde bisher kaum untersucht. Studien in der Mensch-Technik-Interaktion zum „Dilemma des Hedonischen" (Diefenbach 2012; Diefenbach und Hassenzahl 2009; 2011) haben die angenommene Rechtfertigungsproblematik bei der Wahl hedonischer Produkte anhand verschiedener Untersuchungsparadigmen näher beleuchtet und stellten eine allgemein kritische Haltung gegenüber hedonischen Attributen fest. Dies war insbesondere dann der Fall, wenn hedonische Qualität im direkten Vergleich zu pragmatischer Qualität betrachtet wurde oder explizit für hedonische Qualität bezahlt werden musste (▶ Kasten „Für hedonische Qualität bezahlen?").

Für hedonische Qualität bezahlen?

Eine Studie zum (hypothetischen) Kauf eines Mobiltelefons (Diefenbach und Hassenzahl 2009; Studie 1) zeigte, dass Studienteilnehmer leichter in pragmatische als in hedonische Qualität investieren. Handelte es sich um ein pragmatisches Attribut (Gebrauchstauglichkeit), entschied sich die große Mehrheit (79 %) für das höherwertige Modell und war bereit, für den Qualitätszuwachs einen Aufpreis zu zahlen. Hingegen konnte sich nur etwa die Hälfte (56 %) dazu entschließen, wenn es sich um ein hedonisches Attribut (Schönheit) handelte. Auch die Angaben zur Entscheidungsschwierigkeit demonstrieren den inneren Konflikt, für hedonische Qualität zu bezahlen (◨ Abb. 3.4). Wenn der Aufpreis für Schönheit bezahlt werden muss, fällt die Wahl des teureren/höherwertigen Modells schwerer als die Wahl des günstigeren/minderwertigeren Modells. Geht es um das pragmatische Attribut Gebrauchstauglichkeit, drehen sich die Verhältnisse um. Dass es angemessen und gerechtfertigt ist, für pragmatische Qualität zu bezahlen, steht außer Frage. Für hedonische Qualität zu bezahlen hingegen scheint fragwürdig.

◨ Abb. 3.4 Entscheidungsschwierigkeit bei der Wahl des teureren/höherwertigen oder günstigeren/minderwertigeren Modells für Usability/pragmatisches Attribut und Schönheit/hedonisches Attribut. (Diefenbach und Hassenzahl 2009)

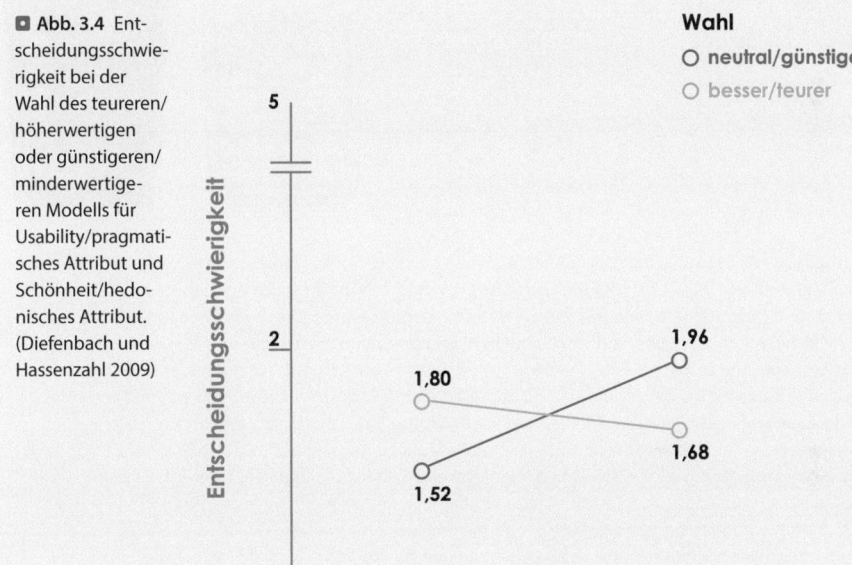

Eine weitere Studie am Beispiel des Mobiltelefons (Diefenbach und Hassenzahl 2009; Studie 2) zeigte jedoch, dass Personen hedonische Produktattribute durchaus schätzen und ihre Wahl insgeheim auch daran orientieren, jedoch oftmals ein pragmatisches Alibi nutzen, um ihre Wahl zu begründen (▶ Kasten „Pragmatisches Alibi").

Pragmatisches Alibi

In der Studie von Diefenbach und Hassenzahl (2009; Studie 2) konnten die Teilnehmer zwischen zwei Mobiltelefonen wählen (◨ Abb. 3.5). Neben den Bildern lagen den Teilnehmern auch die Ergebnisse einer Kundenbefragung mit insgesamt positiven Bewertungen vor, welche jedoch auch jeweils kleine pragmatische Nachteile umfassten (z. B. „Kleine Schrift und schlechte Farbkontraste in einigen Menüs, welche das Lesen mitunter etwas mühsam machen"). Welche pragmatischen Nachteile mit welchem Modell verbunden waren, wurde zwischen den Teilnehmern variiert.

■ **Abb. 3.5** Zwei Mobiltelefone. Telefon A (a) ist laut Vortests das schönere Modell

Insgesamt erwiesen sich die spezifischen pragmatischen Attribute jedoch als irrelevant. Die Wahl fiel bei der Mehrheit der Teilnehmer auf das (laut eines Vortests) schönere Modell A (■ Abb. 3.5a), unabhängig davon, welche pragmatischen Nachteile hiermit verbunden waren. Durch die systematische Variation von hedonischen Attributen (Modell/Schönheit) und pragmatischen Attributen (z. B. schwergängige Tasten, schlechte Farbkontraste) konnte ermittelt werden, dass tatsächlich das hedonische Attribut Schönheit/Aussehen des Modells und nicht pragmatische Aspekte entscheidend waren. Begründet wurde die Wahl des schöneren Modells dennoch vorrangig mit den pragmatischen Vorteilen. Bedenkt man, dass beide Modelle ähnlich schwerwiegende pragmatische Nachteile aufweisen, scheint es sogar absolut sinnvoll, die Wahl in an hedonischer Qualität zu orientieren. Dennoch ist es für viele Teilnehmer problematisch, offen so zu argumentieren. Eine Analyse der genannten Gründe für die Wahl des hedonischen Telefons zeigte: Weniger als die Hälfte der Hedonisch-Wähler nannten tatsächlich Schönheit/hedonische Attribute als ausschlaggebend für ihre Wahl; 62 % der Teilnehmer verstecken sich zumindest teilweise hinter pragmatischen Attributen und begründen die Wahl mit den spezifischen pragmatischen Vorteilen des gewählten Modells. Die Begründungen sind hierbei sehr kreativ (s. ■ Tab. 3.2).

■ **Tab. 3.2** Rechtfertigung der Wahl des hedonischen Mobiltelefons. (Diefenbach und Hassenzahl 2009; Diefenbach 2012)

Rechtfertigung	%	Beispielaussagen
Hedonische Attribute	38	Es sieht schöner aus
		Es hat mir optisch besser gefallen
		Sieht eleganter aus
		Ich mag das Design
		Moderneres Design
		Die angenehme Farbe und gradlinige Form

◻ **Tab. 3.2** *(Fortsetzung)*

Rechtfertigung	%	Beispielaussagen
Ausschließlich pragmatische Attribute	26	Kleine Tasten können extrem zeitraubend sein beim SMS-Schreiben
		Kleine Tasten stören den Informationsaustausch, kleine Schrift ist kein Problem
		Funktionale Tasten
		Kleine Schrift ist störender als Tasten mehrmals drücken zu müssen
		Ich habe kleine Finger und daher kein Problem mit kleinen Tasten – aber kleine Schrift geht gar nicht
		Kleine Tasten sind das geringere Übel
Pragmatisches und anderes	36	Schlechte Tasten sind der größere Nachteil als Displayprobleme. Ich habe gute Augen und will schnell SMS schreiben können. Außerdem sah es besser aus
		Kleine Tasten sind extrem nervig, vor allem im Winter wenn man Handschuhe trägt. Und das Design ist auch schöner
		Ich tippe gern blind und wäre definitive genervt von schlechten Tasten. Aber ich brauche kein gutes Display. Und schöner ist es auch
		Gute Lesbarkeit ist sehr wichtig. Und optisch gefällt es mir auch
		Lesbarkeit ist wichtiger als Tasten. Und außerdem sieht es neuer aus

Weitere Studien zum Dilemma des Hedonischen beforschten direkt die Beziehung von Wahl und erlebter Rechtfertigungsprozesse (Diefenbach und Hassenzahl 2011; Studie 1). Es zeigte sich ein Zusammenhang zwischen der Wahl einer pragmatischen Alternative und dem individuell wahrgenommenen Rechtfertigungsbedarf, gleichzeitig war die Wahl einer hedonischen Alternative mit einem höheren Maß an positivem Affekt assoziiert. Dies untermauert die zentralen Annahmen des Dilemmas: die generelle Attraktivität des Hedonischen sowie Rechtfertigung als zugrundeliegender Faktor, welcher einer entsprechenden Wahl im Wege stehen kann. Im Einklang hierzu zeigten weitere Studien eine Veränderung der Wahlraten in Abhängigkeit der experimentellen Manipulation von Rechtfertigung (► Kasten „Hedonisch oder pragmatisch wählen?").

Hedonisch oder pragmatisch wählen? Auf die Rechtfertigung kommt es an!

Eine Studie (Diefenbach und Hassenzahl 2011; Studie 3) zur Untersuchung des Faktors Rechtfertigung bei der Produktwahl erhöhte die Rechtfertigbarkeit einer hedonischen Wahl durch einen Testbericht. Neben einer Beschreibung von Funktionalitäten und Urteilen zur Benutzerfreundlichkeit nahm der Bericht für die Hälfte der Teilnehmer auch Bezug auf den Faktor Design/Schönheit (Bedingung erhöhte Rechtfertigbarkeit hedonischer Attribute). Die Tatsache, dass der Faktor Design/Schönheit im Testbericht diskutiert wurde und damit als Entscheidungskriterium legitimiert wurde, ermutigte die Teilnehmer, diesen Aspekt auch bei ihrer Wahl zu berücksichtigen. Auch wenn Design und Schönheit der zur Wahl stehenden Modelle für die Teilnehmer natürlich unabhängig von der Erwähnung im Testbericht ersichtlich war, fiel es ihnen leichter, der hedonischen Präferenz zu folgen, wenn diese durch den Bericht offiziell bestätigt wurde (71 % Hedonisch-Wahl), als in der Kontrollbedingung, in der sie nur ihrem eigenen Urteil vertrauen konnten (55 % Hedonisch-Wahl).

Eine andere Studie (Diefenbach und Hassenzahl 2011; Studie 4) manipulierte den situativen Rechtfertigungsdruck durch ein Framing des Produktkaufs als persönliche Belohnung für ein erreichtes Ziel, was den Bedarf nach Rechtfertigung verringern sollte. Den studentischen Teilnehmern in der Belohnungsbedingung wurde gesagt, dass sie sich „nach den anstrengenden Prüfungsvorbereitungen der letzten Wochen nun eigentlich eine Belohnung verdient" hätten. Danach wurde ihnen ein Angebot für eines Laptop präsentiert und die Kaufbereitschaft abgefragt. Für ein hedonisches Produkt zeigte sich ein positiver Effekt des Belohnungsframings auf die Kaufbereitschaft gegenüber einer Kontrollbedingung. Für ein pragmatisches Produkt zeigte sich hingegen kein Effekt der Rechtfertigungsmanipulation.

3.5   Die Asymmetrie zwischen Produktwahl und -erleben

Die oben diskutierten Studien zeigen, dass hedonische Qualität auch im Kontext technischer Produkte wahrgenommen und geschätzt wird, wenngleich Technik oftmals primär als „Werkzeug" betrachtet wird. Genau diese weitverbreitete rein pragmatische Sichtweise auf Technik ist es, die Personen zögern lässt, ihrem Wunsch nach hedonischer Qualität nachzugeben – zumindest solange sie das Gefühl haben, ihre Wahl rechtfertigen zu müssen. So werden bei der Wahl hedonische Attribute nicht mit der gleichen Selbstverständlichkeit berücksichtigt wie pragmatische Attribute. Hedonisch wählen erfordert einen speziellen Anlass oder eine zusätzliche Begründung.

Die folgenden Abschnitte beschäftigen sich mit der Frage, ob und unter welchen Umständen die mangelnde Rechtfertigbarkeit von hedonischen Produktattributen in der Lebenswelt von Nutzern tatsächlich ein Problem und Dilemma darstellt.

Diefenbach und Hassenzahl (2011; Studie 2) konfrontierten Studienteilnehmer mit der Wahl zwischen einem primär hedonischen und einem primär pragmatischen Mobiltelefon, welche anhand eines Testberichts beschrieben waren. Die große Mehrheit (82 %) traf hierbei eine pragmatische Wahl. Dass die pragmatische Wahl wohl jedoch nicht dem wahren Verlangen folgte, zeigten die emotionalen Reaktionen auf einen unfreiwilligen Tausch zum *nicht* gewählten Produkt: Unmittelbar nach ihrer Wahl wurden die Teilnehmer mit der Benachrichtigung konfrontiert, das gewählte Produkt sei nun doch nicht mehr verfügbar. Teilnehmer, die das pragmatische Modell gewählt hatten, erhielten demnach nun doch das hedonische Modell. Teilnehmer, die das hedonische Modell gewählt hatten hingegen das pragmatische Modell. Ein Tausch vom pragmatischen zum hedonischen Modell wurde positiv aufgenommen – obwohl sie nun das laut eigener Aussage nicht präferierte Modell erhielten, übertraf das Ausmaß an positivem Affekt das Maß an negativem Affekt. Die Teilnehmer hingegen, die sich trotz potenzieller Rechtfertigungsprobleme zur Wahl des hedonischen Telefons durchgerungen hatten, reagierten enttäuscht. Hier war der negative Affekt stärker ausgeprägt als der positive Affekt (◘ Abb. 3.6). Nachdem die in den vorherigen Abschnitten diskutierten Studien also bereits zahlreiche Hinweise auf Rechtfertigungsprobleme im Zusammenhang mit der Wahl hedonischer Produkte liefern, ist dieses Muster der emotionalen Reaktion nun ein Hinweis darauf, dass Personen durch ihr starkes Rechtfertigungsbedürfnis quasi ihrem eigenen Glück im Weg stehen können. Sie wählen pragmatisch, obwohl sie sich letztendlich über den Erhalt des hedonischen Produkts mehr freuen.

Hinweise auf eine Asymmetrie zwischen Wahl und Erleben zeigen sich auch in einer Feldstudie von Yogasara (2014) am Beispiel von Digitalkameras. Yogasara (2014) unter-

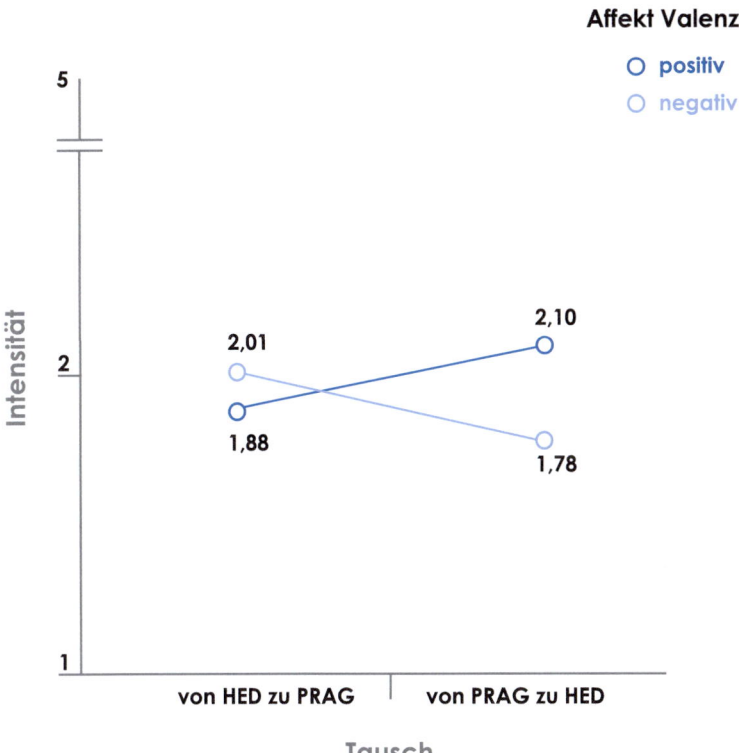

■ **Abb. 3.6** Affektive Reaktion auf den Erhalt des nicht gewählten Mobiltelefons

suchte die Bedeutung hedonischer und pragmatischer Attribute für das antizipierte Erleben (relevant im Moment der Wahl) und das spätere tatsächliche Erleben während der Nutzung des Produkts. Es zeigte sich, dass Nutzer pragmatischen Attributen beim Nachdenken/Antizipieren des späteren Erlebens eine weitaus wichtigere Rolle einräumen als angemessen und hedonische Attribute vernachlässigen. Für das reale Nutzererleben war tatsächlich hedonische Qualität bedeutsamer als zuvor angenommen. Ein ähnliches Phänomen ist *Feature Fatigue* (Thompson et al. 2005). Konsumenten überschätzen den positiven Einfluss zusätzlicher pragmatischer Funktionalitäten auf ihr Nutzungserleben (Wang et al. 2009). Neben Problemen der Rechtfertigung können also auch fehlerhafte Einschätzungen zur Überbewertung pragmatischer und Vernachlässigung hedonischer Produktattributen bei der Wahl führen.

Eine phänomenologische Interviewstudie (Diefenbach und Hassenzahl 2014, Fallstudie „Hedonische und pragmatische Produktqualitäten im Alltag") offenbarte weitere Einblicke in die Konsequenzen von hedonischen und pragmatischen Produktattributen für Wahl und Erleben, bestehende Missverhältnisse und Asymmetrien und relevante psychologische Mechanismen. Die phänomenologische Analyse bestätigt abermals die Asymmetrie in der Berücksichtigung hedonischer und pragmatischer Produktattribute zwischen Produktwahl und -erleben. Hedonische Attribute spielen eine zentrale Rolle beim Zusammenleben mit dem Produkt, pragmatische Attribute bei der Wahl.

Gleichzeitig zeigte sich jedoch auch, dass das angenommene Dilemma nicht so ausgeprägt ist, wie es experimentelle Studien, die Teilnehmer einem harten Kompromiss aussetzen, vorgeben. Zum einen ist die Grenze zwischen hedonischer und pragmatischer Qualität in der realen Produktwelt fließender als bei den typischen experimentellen Manipulationen (s. auch ▶ Abschn. 3.6.1). Dazu kommt, dass die meisten Menschen nicht in trennscharfen Konzepten und Kategorien über ihre Umwelt nachdenken, wie wissenschaftliche Modelle es tun. So vermischen sich in den Berichten der Teilnehmer Aussagen zu praktischen Vorteilen auch mit Qualitätsbeschreibungen auf der hedonischen Ebene – und tatsächlich lässt sich eine Funktion ja auch aus beiden Perspektiven betrachten. Beispielsweise offenbaren Berichte zu von den Teilnehmern als „praktische Funktionen" bezeichnete Funktionalitäten (z. B. Navigationsapp, Nachrichtenapp, Handykamera) auch eine Verknüpfung zu symbolischem, erlebnisorientiertem Nutzen (z. B. mit der Kamera Bedeutsames festhalten, die Umgebung explorieren). Genauso haben ursprünglich pragmatische Attribute in der antizipierten Nutzung auch hedonische Qualität, wenn es dem Besitzer weniger um die Nutzung geht als um das gute Gefühl, ein Premium-Produkt zu besitzen. Wie ein Studienteilnehmer es formulierte: „Da hat man halt das Glück, wenn man was Teures aus der Oberklasse kauft … es hat zwei, drei Zukunftsfeatures, die ich wahrscheinlich nie brauchen werde." Produkte, mit einem hohen Maß an hedonischer Qualität verfügen meist auch über ausreichende pragmatische Qualität – und andersherum. Zudem entwickeln Konsumenten kreative Strategien bei der Produktwahl und finden Wege, auch zunächst schwer zu rechtfertigende hedonisch motivierte Entscheidungen letztendlich pragmatisch und rational zu begründen. Dabei zeigen sie auch selbstironische Züge: „Ich versuch manchmal, mir dann eine Erklärung zu basteln, warum ich dann doch das für 400 € brauche, aber ich durchschaue es auch. Im Endeffekt kaufe ich es, weil ich es haben will, weil ich *das* haben will" (s. auch ▶ Abschn. 3.6.4).

Hedonische und pragmatische Produktqualitäten im Alltag

Neun Studienteilnehmer berichteten über technische Produkte ihres Alltags wie z. B. Smartphone, Laptop, Kaffeemaschine, Fotokamera, Fernseher, Stereoanlage oder Spielekonsolen und reflektierten hierbei sowohl über das Produkterleben als auch den Moment der Produktwahl (Diefenbach und Hassenzahl 2014). In Bezug auf die Produktwahl betonten die Teilnehmer den gut überlegten Entscheidungsprozess und pragmatische Qualitäten, für das spätere Erleben hingegen vorrangig hedonische Qualitäten, wie beispielsweise die Schönheit oder ein Design, das zu einem selbst passt und das gewünschte Image unterstreicht. Viele Aussagen offenbaren auch den Erlebniswert, der sich aus den durch ein Produkt bereitgestellten neuen Möglichkeiten ergibt, und Verbindungen zu Bedürfnissen, wie Kompetenz („Die neue Kamera hilft mir dabei, meine Fähigkeiten zu verbessern"), Popularität („Das Smartphone gibt mir einen Informationsvorsprung vor anderen"), Verbundenheit („Man ist mehr mit Leuten verknüpft und denkt auch mehr daran, sich bei Leuten zu melden") oder auch Sicherheit („Ich hab immer was dabei, mit dem ich spielen kann, wenn man wartet und sich unsicher fühlt"). ◻ Tab. 3.3 verdeutlicht die unterschiedliche Bedeutsamkeit hedonischer und pragmatischer Attribute bei Produktwahl und -erleben anhand von Beispielaussagen der Studienteilnehmer.

Die Aussagen der Studienteilnehmer betonen vor allem hedonische Attribute wie Schönheit als elementar für den Aufbau einer erfüllenden, emotionalen Produktbeziehung, wohingegen kleine pragmatische Nachteile als akzeptabel oder sogar als sympathische Eigenheiten interpretiert werden. Im Moment der Produktwahl ergibt sich jedoch ein anderes Bild. Hier werden vor allem pragmatische Funktionen und Vorteile betont. Diese Orientierung erweist sich jedoch als langfristig nicht tragfähig. Eine rein funktionale Bindung, die allein auf pragmatischen Qualitäten basiert, führt rasch zu einem Abflachen der Produktbeziehung und dem Gefühl, wieder etwas Neues zu brauchen.

■ **Tab. 3.3** Bedeutsamkeit hedonischer und pragmatischer Attribute bei Produktwahl und -erleben (Diefenbach und Hassenzahl 2014)

Fokus hedonisch/ pragmatisch	Einsichten	Beispielaussagen
Aussagen zur Produktwahl		
Hedonisch/prag- matisch	Pragmatische Attribute im Zentrum expliziter Recherche, hedo- nische Attribute impliziter Auslöser für Interesse	„Übers Internet lese ich die Funktionen und Tests nach. Und dann gehe ich ins Geschäft und gucke es mir an und probiere es aus. Also Spontankaufen, wenn es um technische Sachen geht, mache ich das nie." „Ich schließ halt von vornerein aus, was mir gar nicht gefällt. Und dann guck ich da gar nicht mehr wirklich."
Pragmatisch	Pragmatische Absi- cherung bestehen- der Präferenzen	„Ich hab dann auch wirklich noch geschaut. Aber das war die einzige Maschine, die mein Anforderungspro- fil an Funktionen abgedeckt hat. Also ich glaube, es gab wirklich einfach keine andere Option."
Pragmatisch	Pseudobedenkzeit	„Ich gucke schon, was es sonst noch gibt. Aber ich hab mich in der Regel dann halt auch schon auf eins eingeschossen. Im Endeffekt könnte ich es auch gleich kaufen. Aber ich komm mir 'nen Tick besser vor, wenn ich zumindest nochmal drüber nachge- dacht habe."
Pragmatisch	Ausschlaggebende Attribute sind pragmatisch	„Ich würde den Funktionsumfang deutlich höher bewerten als jetzt die Optik. Sagen wir vielleicht 75 % zu 25 %." „Im Zweifel würde ich mehr Wert auf die Leistung als auf die Optik legen, weil es ja schon noch eher ein Arbeitsgerät ist."
Pragmatisch	Pragmatische Rechtfertigung notwendig	„Die neuen Sachen müssen schon einen funktiona- len Mehrwert haben. Nicht nur einfach 'ne Genera- tion neuer oder so."
Aussagen zum Produkterleben		
Hedonisch/prag- matisch	Zwei Arten von Produktbindung: emotional vs. funktional (vgl. Belk 1988)	„Es ist mir schon ans Herz gewachsen, muss ich sagen. Ich mag es. Und ich würde es auch niemals gegen ein anderes Telefon tauschen wollen." (emotional) „Am wichtigsten ist mir das Handy – da wär's die größte Einschränkung drauf zu verzichten. Aber das wär auch austauschbar. Es muss nicht genau das Handy sein ..." (funktional)

◩ **Tab. 3.3** *(Fortsetzung)*

Fokus hedonisch/ pragmatisch	Einsichten	Beispielaussagen
Hedonisch	Hedonische Attribute als Basis für emotionale Beziehung, kleine pragmatische Nachteile hinnehmbar	„Und wenn es mir optisch nicht gefällt, dann kann ich da keine Verbindung aufbauen, das wäre einfach nicht mein Handy. Es wäre halt ein fremder Gegenstand dann." „Wenn es weniger schön wäre, würde es mir nicht so sehr ans Herz wachsen und ich würde auch nicht so pfleglich mit umgehen." „Kleine Macken machen es auch sympathisch, finde ich." „Stört mich nicht, sind vielleicht zwei Tastendrücke mehr. Das ist auch eine Übungs- und Interessenssache, ob man das rausfinden will oder nicht."
Hedonisch	Beginn der Produktbeziehung schon vor Besitz, anhaltende emotionale Bindung	„Der Beginn der Beziehung war Jahre bevor ich mir meine Maschine gekauft habe. Aber mir war damals schon klar, irgendwann werde ich mir diese Maschine anschaffen. Und mit der eigenen Wohnung war dann der passende Zeitpunkt da. Endlich." „Das hab ich mir immer gewünscht und hart zusammengespart, das vergisst man nicht. Und das behütet man auch das Ding. Und obwohl ich das nicht häufig nutze, würde ich das auf keinen Fall hergeben."
Hedonisch	Auspacken und sensorische Empfindungen als essenzieller Punkt in der Produktbeziehung	„Ich fand schon die Verpackung ganz geil. Und dann liegt das hier drin und ist so schön und schwarz und glänzend, und ich fand das irgendwie cool. Und ich hab mich richtig, richtig gefreut, wie es aussieht und wie es sich in der Hand hält." „Also mein letztes Smartphone hatte ich mir an die Adresse von 'nem Freund bestellt, weil ich die Woche über nicht daheim war. Und dieses Arschloch hat es schon ausgepackt. Der hat es auch wieder in die Verpackung reingelegt und so. Aber er hat es halt schon ausgepackt. Und ich muss sagen, da war ich abgefuckt."
Pragmatisch	Bei öffentlicher Präsentation Fokus auf pragmatische Attribute	„Ich hab denen die Funktionen gezeigt, was man alles damit machen kann." „Was es alles kann und wo es besser ist als ihr Smartphone." „… die Qualität, wie die Maschine funktioniert. Was ich immer gerne betone, ist das Preis-Leistungs-Verhältnis. Ökonomisch rational argumentiert."
Hedonisch	Wertschätzung hedonischer Attribute bleibt Privatsache	„… die Optik, das ist so mein Ding. Da habe ich weniger gedacht, dass ich da Leute mit überzeugen kann."

◻ **Tab. 3.3** *(Fortsetzung)*

Fokus hedonisch/ pragmatisch	Einsichten	Beispielaussagen
Hedonisch/prag-matisch	Abflachen der Produktbeziehung: pragmatische Neuerungen nur kurzfristig attraktiv	„Das Ding integriert sich in den Alltag und die Anfangseuphorie verfliegt." „Aber dann irgendwie dachte ich, jetzt muss wieder was Neues her, was Besseres, und dann hab ich mir eben diese Spiegelreflex geholt … und hab mir dann noch 'ne kleinere Kamera spiegellos geholt, aber die eben auch 'ne hohe Auflösung hat. Und so geht das dann immer weiter."
Hedonisch	Auffrischung der Beziehung durch neue Inhalte, Customization, Suche nach neuer Stimulation	„Ich spiele immer noch gern damit. Durch die Apps kann man es immer wieder neu beleben." „Das macht ein bisschen den Zauber aus. Dass man durch den neuen Content, auch immer was Neues zu entdecken hat."

3.6 Trends und Entwicklungen: das Hedonisch-Pragmatisch-Modell im Wandel

Die oben skizzierten Forschungsergebnisse zur Bedeutsamkeit hedonischer Produktqualitäten zeigen eine Reihe interessanter Entwicklungen, welche im Zuge aktueller technischer Neuerungen noch an Relevanz gewinnen; teilweise auch eine Neuinterpretation des Konzepts erfordern. Die folgenden Abschnitte diskutieren Trends und Herausforderungen auf praktischer und konzeptioneller Ebene und mögliche Ansatzpunkte für deren Berücksichtigung im Marketing.

3.6.1 Die fließende Grenze zwischen hedonisch und pragmatisch

Das Potenzial interaktiver Produkte für die Erzeugung von Erlebnisqualität geht weit über sensorische Aspekte und visuelle Ästhetik hinaus – dies verdeutlichen auch die oben beschriebenen Aussagen von Nutzern zur Bedeutsamkeit hedonischer und pragmatischer Attribute interaktiver Produkte im Alltag (▶ Abschn. 3.5) sowie die Konzeptualisierung des Erlebniswerts von Produkten in Anlehnung an psychologische Bedürfnistheorien (vgl. auch ▶ Kap. 4 und 7). So lässt sich hedonische Qualität auch generell als eine dem Produkt zugeschriebene Erfüllung psychischer Bedürfnisse verstehen (Hassenzahl et al. 2010; Partala und Kallinen 2012), und Funktionen wie mobiles Internet schaffen nicht nur praktische Vorteile („Wann fährt die nächste Straßenbahn?"), sondern gleichzeitig auch vielfältige neue Erlebnisse und Interaktionen mit der Umwelt und anderen Menschen, die alle Quelle für Freude sein können. Beispielsweise kann ich auch anderen Auskunft geben, wann die nächste Straßenbahn fährt – und dadurch hilfsbereit sein, für andere wichtig sein, Anerkennung erfahren, ins

Gespräch kommen und mich anderen verbunden fühlen. Der psychologische Effekt ist am Ende vielleicht sogar interessanter als der praktische Vorteil, unnötige Wartezeit an der Haltestelle zu vermeiden.

Diese Betrachtung zeigt gleichzeitig jedoch auch die Grenzen der Dichotomie von hedonischen und pragmatischen Qualitäten interaktiver Produkte. Während man konzeptionell, also auf der Ebenen von Attributen und Modellen, beide Qualitäten noch ganz gut abgrenzen kann, ist das bei realen Produktbeispielen aus dem Alltag nicht mehr so leicht möglich. So unterstützen Funktionalitäten eben nicht ausschließlich aufgabenbezogene Bedürfnisse, sondern auch psychische Bedürfnisse, wie Popularität. Beispielsweise gilt ein hoher Funktionsumfang als ein Indikator für hochklassige Produkte, wobei es dem Nutzer unter Umständen weniger darauf ankommt, diese Funktionalitäten tatsächlich zu nutzen, sondern einfach das Gefühl zu haben, das beste Modell zu besitzen. Ein aufgabenbezogenes Attribut, das niemals zum Einsatz kommt, ist praktisch gesehen nicht mehr aufgabenbezogen. In diesem Falle erfüllt ein pragmatisches Attribut eher hedonische Zwecke. Auch für tatsächlich genutzte Funktionalitäten, ist eine Zuordnung in hedonisch oder pragmatisch nicht immer eindeutig. Viele der auf den ersten Blick rein praktischen Funktionalitäten interaktiver Produkte (z. B. Navigation, Kamera, GPS-Tracking) bieten ihren Nutzern Erlebnisqualitäten, die über rein praktische Zwecke hinausgehen. Die Aufzeichnung der Joggingroutinen per GPS-Tracking kann Sport zu einem neuen Erlebnis machen, ermöglicht neue Einblicke in eigene Fortschritte, hilft dem Nutzer, sich erfolgreich und gesund zu fühlen. Ist das noch pragmatisch?

Wenn auch zahlreiche Studien die generelle Nützlichkeit und durch Skalen abbildbare Trennung von hedonischer und pragmatischer Produktqualität belegen (Batra und Ahtola 1991; Crowley et al. 1992), verdeutlichen reale Nutzeraussagen, dass die Hedonisch-pragmatisch-Differenzierung nicht als strikte Dichotomie verstanden werden darf. Ein Produktattribut ist nicht entweder klar hedonisch oder pragmatisch. Vielmehr bilden die Hedonisch-Perspektive und die Pragmatisch-Perspektive zwei verschiedene Sichtweisen, anhand derer die Qualität eines Produkts beurteilt werden kann. Aus konzeptueller, modelltheoretischer und gestalterischer Sicht ist die Hedonisch-pragmatisch-Unterscheidung sinnvoll und hilfreich – was aber nicht heißt, dass sich die Produkte und die Erlebnisse von Nutzern hier immer eindeutig zuordnen lassen.

3.6.2 Für hedonische Qualität gestalten: eine wachsende Verantwortung

Das vielfältige Potenzial für die Erzeugung von Erlebnisqualität anhand sämtlicher Funktionalitäten eines Produkts betont auch die wachsende Verantwortung auf gestalterischer Seite. Nicht nur visuelle Ästhetik und direkt mit sensorischen Empfindungen in Verbindung stehende Merkmale eines Produkts leisten einen Beitrag zu dessen Erlebnisqualität. Experience Design ist viel mehr, als das Objekt schön zu gestalten, und bezieht sich auf alle Ebenen des Produkts: Funktion und Interaktion (s. auch ▶ Kap. 4). Eine Produktfunktion kann neue Erlebnisse und neue Formen von Freude schaffen, aber auch bestehende Erlebnisse maßgeblich verändern: Die Möglichkeit, eine Behauptung jederzeit mittels Smartphone und *Wikipedia* zu überprüfen, hat die Diskussionskultur beim Kneipenabend mit Freunden verändert. In der Prä-Smartphone-Ära hatte kaum jemand ständig ein Lexikon dabei, um seine Freunde berichtigen zu können oder persönliche Anekdoten mit offiziellen Zahlen und Fakten zur Urlaubsregion zu bereichern. Wahrscheinlich hätten viele ein solches Verhalten als störend, rücksichtslos, besserwisserisch und arrogant empfunden. In dem Moment, in dem dieses Verhalten durch Technologie ermöglicht wird, scheint es jedoch angemessen. Die Konsequenzen werden nicht lange hinterfragt. Die einen mögen dies positiv als eine Anreicherung durch externes Wissen erleben, das die Gespräche interessanter macht und Ruhm und Ehre für den Besserwisser ermöglicht, der durch einen Blick ins Smartphone klarstellt, wie die Sache wirklich aussieht, und der Diskussion ein Ende bereitet. Andere sind vielleicht traurig über diese Entwicklung. Sie bedauern den Verlust der früheren leidenschaftlichen endlosen Diskussionen oder sind einfach genervt von den ständigen Unterbrechungen, genervt, dass ihr Gegenüber ständig hinter dem Smartphonedisplay verschwindet, und empfinden es als unhöflich, dass man sie ihre Geschichte nicht mehr so erzählen lässt, wie sie es möchten.

Dieses einfache Beispiel zeigt, wie technische Funktionen (z. B. Internetzugang) weitreichende Konsequenzen auf der Erlebnisebene haben. Diese Möglichkeiten in der Gestaltung vorauszusehen, stellt angesichts der immensen technischen Möglichkeiten und immer komplexeren Zusammenhänge eine wachsende Herausforderung und Verantwortung dar. Hedonische Qualität entsteht überall im Produkt. Diese weitgefasste Sicht auf hedonische Qualität nähert sich im Grunde genommen wieder der ursprünglichen Definition bei der Einführung des Konzepts als „multisensory, fantasy, and emotive aspects of usage experience" (Hirschman und Holbrook 1982, S. 92). Die tatsächliche Komplexität hedonischer Qualität, welche inmitten von reduzierten, gut handhabbaren Fragebögen und Erhebungsverfahren zwischenzeitlich in Vergessenheit geriet, muss nun wieder aufgegriffen werden. Dies betrifft Forschung, Evaluation und vor allem auch die Gestaltung interaktiver Produkte.

3.6.3 Eine neue Form der Freude: Selbstverbesserung

Neben der Erzeugung von Wohlbefinden und positiven Emotionen im Moment der Nutzung als Gestaltungsziel bezwecken interaktive Produkte immer häufiger auch die Steigerung von Wohlbefinden durch die Unterstützung langfristiger Ziele und die Annäherung an persönliche Ideale, und Forscher beschäftigen sich mit der Frage, wie psychologisches Wissen in der Gestaltung derartiger Technologien sinnvoll genutzt werden kann (z. B. Yardley et al. 2015). Typische Beispiele solcher Technologien im Konsumentenbereich sind Fitness-Gadgets, die dem Nutzer Einblicke in Leistungsdaten und physiologische Korrelate bieten, oder Ernährungsapps, die dem Nutzer Hinweise zur gesundheitsförderlichen und weniger gesundheitsförderlichen Lebensmitteln und Gewohnheiten bieten. Die Freude entsteht hier nicht unmittelbar im Moment der Nutzung der App – die Einsicht, auf die geliebte Pizza verzichten zu müssen oder von der Laufzeit für die Qualifikation zum Stadtlauf noch deutlich entfernt zu sein, sorgt zunächst nicht für Vergnügen. Unbequeme Hinweise dieser Art ermöglichen eine andere Form von Freude, die dann später durch die Erfüllung langfristiger Ziele entsteht. Hinsichtlich des in diesem Kapitel vorgestellten Konzepts der hedonischen Produktqualität ist die Frage, wie sich diese auf langfristige Freude ausgerichtete Art von Produkten in bestehende Qualitätsmodelle einordnen lässt. Produkte, die beim Nutzer durch unbequeme Hinweise und die Unterbrechung gewohnter Routinen vielleicht zunächst sogar negative Emotionen hervorrufen, scheinen auf den ersten Blick schwer vereinbar mit dem Konzept der hedonischen Qualität. Gerade im Feld der Konsumentenpsychologie ist der Begriff des Hedonischen stark verknüpft mit Genuss, Vergnügen, Luxus, Belohnung und Sich-etwas-Gutes-Tun. Um auch die Erlebnisqualität von Produkten abzubilden, die eher als Unruhestifter auftreten, braucht es eine erweiterte Perspektive, die auch langfristig orientierte Freude abbilden kann. Im ▶ Exkurs „Eudämonische Produktqualitäten" diskutieren wir eine Möglichkeit hierfür.

3

Exkurs: Eudämonische Produktqualitäten

Ein Konzept aus der Psychologie, das der Differenzierung von kurzfristig versus langfristig orientierter Freude entspricht und auch auf die Kategorisierung von interaktiven Produkten übertragen werden kann, ist die Unterscheidung von hedonischen versus eudämonischen Aktivitäten (z. B. Ryan und Deci 2001). Hedonische Aktivitäten sind solche, bei denen es vorrangig um Spaß, Vergnügen, Entspannung, Genuss und Freude im Moment geht. Ziele sind beispielsweise sich verwöhnen, sich belohnen, sich fallen lassen oder faul sein. Typische Aktivitäten wären ein Eis essen, eine Zeitschrift durchblättern, im Park liegen und die Natur genießen, ein heißes Bad nehmen, Soaps schauen oder Kaffeeklatsch mit Freunden. Eudämonische Aktivitäten sind solche, bei denen es auch um Weiterentwicklung, Verbesserung, etwas kreieren/erschaffen, Lernen, neue Einsichten oder persönliche Ideale (z. B. Gesundheit, Beitrag zur Gemeinschaft) geht. Ziele sind in diesem Fall, Dinge auf eine gute Art und Weise tun, ein Stück vorankommen, die eigenen Potenziale verwirklichen, etwas Sinnvolles tun oder fleißig sein. Typische Aktivitäten wären beispielsweise gesund kochen, ein anspruchsvolles Buch lesen, Gemüsebeete pflanzen, eine Sportart trainieren oder neu erlernen, einen Dokumentationsfilm schauen oder neue Kontakte aufbauen.

Die Hedonisch-Eudämonisch-Differenzierung wird nun auch als eine Möglichkeit zur Beschreibung des Nutzererlebens und der Kategorisierung von Produktqualitäten diskutiert (z. B. Diefenbach und Hassenzahl 2016; Mekler und Hornbæk 2016). So nutzte beispielsweise die Studie von Diefenbach und Hassenzahl (2016) die Hedonisch-eudämonisch-Unterscheidung für die Kategorisierung von Nutzungserlebnissen alltäglicher Produkte und mit der Nutzung verbundenen Motivationen. Die untersuchten Produkte deckten ein breites Spektrum ab, von Computern/Laptops, Mobiltelefonen/Smartphones über Sportgerätschaften, Spielekonsolen, Musikplayern oder auch Küchengeräten. Hedonische und eudämonische Motivationen erwiesen sich insgesamt als gleichermaßen relevant für das Ausmaß positiven Erlebens, wobei jedoch unterschiedliche Bedürfnisse im Vordergrund standen. Hedonisch motivierte Nutzung stand meist in Zusammenhang mit Stimulation und Verbundenheit, eudämonisch motivierte Nutzung hingegen in Zusammenhang mit Bedeutsamkeit und Kompetenz.

Auch eudämonische Nutzung kann also Quelle von Freude sein. Eine sich hieraus ergebende modelltheoretische Frage ist nun, ob man diese Art von Freude als eine Unterform hedonischer Qualität ansieht und hedonische Qualität breiter auffasst, als Resultat der Erfüllung psychischer Bedürfnisse verschiedener Art (s. auch Hassenzahl et al. 2010), oder ob man eudämonische Produktqualitäten als ein separates Konzept neben hedonischen Produktqualitäten betrachtet.

Die Differenzierung zwischen hedonischer und pragmatischer Qualität im Sinne von erlebnisbezogenen versus aufgabenbezogenen Qualitätszuschreibungen bleibt eine hilfreiche Sichtweise für die Beschreibung und Bewertung von (interaktiven) Produkten. Allerdings bildet der Fokus auf Stimulation und Identifikation in früheren Modellen der User Experience (Hassenzahl 2004) nur einen kleinen Ausschnitt des Potenzials zur Erzeugung von Erlebniswert durch interaktive Produkte ab. Auch zukunftsorientierte Bedürfnisse wie Kompetenz und Bedeutsamkeit durch die Annäherung an persönliche Ideale bilden einen vielversprechenden Ausgangspunkt für die Produktgestaltung. Um dieses Potenzial auch systematisch berücksichtigen zu können, braucht es Modelle und methodische Ansätze, die eine umfassende Sichtweise auf Erlebnisqualitäten in Gestaltung und Evaluation greifbar machen. Einen möglichen methodischen Ansatz in Orientierung an psychologischen Bedürfnistheorien stellen wir in ▶ Kap. 4 und 7 vor.

3.6.4   Strategien zur Abschwächung des „Dilemmas des Hedonischen"

Wie oben (▶ Abschn. 3.3 und 3.4) ausgeführt, kommt es trotz der zentralen Relevanz hedonischer Produktqualitäten für Produktbeziehung und -erleben im Moment der Wahl häufig zu einer Vernachlässigung dieser Aspekte. Auch Kundenbefragungen zeigen oftmals einen starken Fokus auf aufgabenbezogene Aspekte. Beispielsweise sollen Funktionen, Haltbarkeit und fortschrittliche Technologie in der Domäne von Haushaltsgeräten für Kaufentscheidungen eine essenzielle Rolle spielen, Designaspekte, Markenwahrnehmung oder die Einzigartigkeit des Produkts hingegen eine untergeordnete Rolle (z. B. Kumar und Gupta 2015). Ein ähnliches Bild zeigt sich auch in der Automobildomäne. Experten haben dem Auto längst seinen Erlebniswert attestiert und betonen, dass ein Autokauf keinesfalls rational ablaufe, dass Konsumenten hierbei auf der Suche nach Erlebnissen und emotionalen Zusatznutzen seien und sich nicht wegen funktionaler Eigenschaften für eine Marke entscheiden, sondern wegen der Erlebnisse und Gefühle, die sie vermittelt bekommen (z. B. Esch 2013). Dennoch sehen Selbstaussagen der Konsumenten oft ganz anders aus. Beispielsweise wurden in einer von *Deloitte* (2014) durchgeführten Befragung unter 1500 Autokäufern vor allem rationale Überlegungen betont, Funktionalitäten folgten in der Rangreihe der wichtigsten Kaufkriterien direkt nach dem Preis – die visuelle Ästhetik (Design, Farbe des Fahrzeugs) stand an letzter Stelle.

Ergebnisse wie diese veranlassen Firmen womöglich, ihre Bemühungen stärker auf pragmatische Funktionen zu konzentrieren, als dies im Sinne des optimalen Nutzungserlebnisses und langfristiger Kundenbindung hilfreich wäre. Es gibt verschiedene Aspekte, welche für die Vernachlässigung von Erlebnisqualitäten in Kundenaussagen und im Moment der Wahl relevant sein könnten (▶ Kasten „Gründe für die Vernachlässigung von Erlebnisqualitäten bei Kundenbefragungen und Produktwahl"). Möglichkeiten, wie sich diese Aspekte im Marketing umsetzen lassen und somit Hedonisches leichter wählbar machen, diskutieren wir in ▶ Abschn. 3.6.5.

Gründe für die Vernachlässigung von Erlebnisqualitäten bei Kundenbefragungen und Produktwahl

━ Fehlende Verfügbarkeit, verzerrter Fokus: Der Kunde ist überfordert mit der Wahl, hat keine ausreichenden Einsichten in sein späteres Erleben und seine Bedürfnisse, um eine fundierte Wahl zu treffen. Es folgt eine automatische Tendenz zugunsten von Funktionen und harten Fakten (quantifizierbar, objektiv, direkt verfügbar) und eine Vernachlässigung von Erlebnisqualitäten (soft, subjektiv, erschließen sich teils erst aus der Interaktion und Reflexion). Eine ausführliche Diskussion relevanter psychologischer Mechanismen liefern die Arbeiten von Hsee et al. (2003, 2009).

━ Fehlende Erlebbarkeit: Das Produkt macht seine Qualität in der Verkaufssituation nicht erlebbar. Dem Kunden wird nicht bewusst, was er durch das Produkt an Qualität gewinnen würde und somit auch nicht, für was er bezahlen sollte.

━ Fehlende Rechtfertigbarkeit: Der Kunde fühlt sich möglicherweise angezogen von Erlebnisqualitäten, dennoch scheint es ihm unangemessen, diesem Gefühl nachzugehen und diese Qualitäten bei der Wahl zu berücksichtigen. Gerade technische Produkte werden vorrangig als Werkzeug mit funktionalem Nutzen definiert, Erlebnisqualitäten erscheinen nicht als valides Entscheidungskriterium, sondern eher als Spielerei oder gar Spinnerei. Diese Sichtweise führt zu einer Vernachlässigung der Wahlsituation (sich selbst vor einer unsinnigen Entscheidung schützen) sowie der Anforderungserhebungen (keine unsinnigen Empfehlungen aussprechen).

> ▬ Fehleinschätzung bezüglich allgemeiner Relevanz: Selbst wenn man selbst ein Faible für
> „Spielereien" hat und Erlebnisqualitäten schätzen kann, scheinen diese nicht generell
> bedeutsam und in Kundenbefragungen nicht erwähnenswert.

Wichtig ist allerdings auch zu sehen, dass das anhand experimenteller Studien aufgezeigte Dilemma des Hedonischen in Feldstudien insgesamt weniger dramatisch erscheint. Zunächst ist die Grenze zwischen hedonisch und pragmatisch nicht so deutlich und ein möglicherweise erforderlicher Kompromiss in der Welt realer Produkte selten so präsent, wie dies in experimentellen Laborstudien der Fall ist (s. auch ► Abschn. 3.6.1). Tatsächlich gehen hohe pragmatische und hedonische Qualität in der realen Produktwelt miteinander einher, und Firmen wie beispielsweise *Apple,* die eine hohe Gebrauchstauglichkeit ihrer Produkte betonen, legen auch Wert auf Erlebnisqualität und Ästhetik (oder andersherum).

Darüber hinaus entwickeln Konsumenten zahlreiche Strategien, welche Rechtfertigungsprobleme relativieren und es ihnen letztendlich oft ermöglichen, eine Wahl zugunsten von Erlebnisqualitäten dennoch angemessen und gerechtfertigt erscheinen zu lassen. Im ► Kasten „Möglichkeiten zur Relativierung von Rechtfertigungsproblemen bei der Produktwahl" finden sich Beispiele aus der oben beschriebenen Interviewstudie von Diefenbach und Hassenzahl (2014).

> **Möglichkeiten zur Relativierung von Rechtfertigungsproblemen bei der Produktwahl**
> ▬ Pseudobedenkzeit: Der letztendliche Kauf eines aufgrund hedonischer Attribute spontan
> präferierten Produkts wird noch einige Zeit vertagt und wirkt nach dieser vermeintlichen Be-
> denkzeit rational und gut überlegt („Im Endeffekt könnte ich es auch gleich kaufen. Aber ich
> komm mir 'nen Tick besser vor, wenn ich zumindest nochmal drüber nachgedacht habe").
> ▬ Eingeschränkter Suchraum: Der Suchraum von Alternativen wird von vornherein auf dieje-
> nigen Optionen eingeschränkt, die auch optisch ansprechend wirken („Ich schließ halt von
> vornerein aus, was mir gar nicht gefällt"), oder es werden künstliche Sets von Alternativen
> kreiert, innerhalb derer die insgeheim präferierte Alternative augenscheinlich als die beste
> und einzig mögliche Wahl erscheint. Dies entspricht klassischen, aus der Entscheidungs-
> psychologie bekannten, Strategien und Biases (z. B. Tversky 1972).
> ▬ Neue Nutzungsszenarien: Das Erfinden neuer Nutzungsszenarien (z. B. eine dritte Fotoka-
> mera speziell für das Fotografieren auf Reisen) ist eine beliebte Strategie zur Erhöhung des
> pragmatischen Werts von Produkten und der Rechtfertigung deren Anschaffung.
> ▬ Defizite im Altprodukt: Auch plötzlich als vollkommen unakzeptabel erkannte Defizite
> bei Produkten, die man bereits besitzt (das alte, hässliche Handy hat auch viel zu wenig
> Speicherplatz), sind ein willkommener Grund, ein Produkt auszutauschen.
> ▬ Verzögertes Investment: Eine weitere Möglichkeit ist schließlich auch die spätere, ge-
> stückelte Investition in hedonische Qualität anhand von Customization, beispielsweise
> durch Zubehör wie Handyhüllen oder Hintergrundbilder. Diese Anpassungen machen das
> Produkt erst wirklich zum eigenen, können den Erlebniswert maßgeblich steigern, sind
> aber unabhängig von der Anschaffung des Kernprodukts und müssen daher im Moment
> der Wahl noch nicht gerechtfertigt werden.

3.6.5 Hedonisches leichter wählbar machen

Wie im vorherigen Abschnitt dargestellt, existieren viele Möglichkeiten, dem Dilemma des Hedonischen zu entgehen. Gleichzeitig sind die vielfältigen kreativen Strategien jedoch auch ein Hinweis, dass der Wert von hedonischen Attributen gerade in der Domäne technischer Produkte eben noch nicht selbstverständlich und allgemein etabliert ist. Diese Situation ist sowohl für Kunden als auch für Unternehmen eine Herausforderung. Beide Seiten müssen sich in der Verkaufs-/Wahlsituation etwas vormachen. Kunden müssen Wege finde, ihre hedonischen Präferenzen pragmatisch zu rechtfertigen. Hersteller müssen aus pragmatischen Überlegungen heraus wählbare Produkte schaffen, die aber gleichzeitig über einen hohen Erlebniswert verfügen, um hierdurch zu begeistern und langfristige Kundenbindung aufbauen zu können. Tatsächlich könnten gerade erlebnisbezogene Qualitäten ein wichtiger Anker für globale Qualitätsurteile, ein Schlüssel für emotionale Produktbindung, Markentreue und Weiterempfehlung sein, und eine stärkere Investition in Erlebnisqualitäten im Gestaltungsprozess könnte sich auszahlen.

Ein Ziel sollte daher sein, hedonische Qualitäten tatsächlich zu etablieren, und Produkte auf Basis ihres Erlebniswerts für Konsumenten wählbar zu machen. Dies ist bislang noch nicht ausreichend der Fall. Schon die Bewerbung von technischen Produkten, typischerweise anhand von Featurelisten und Testberichten, die vorrangig auf Leistungsparameter eingehen, implizieren einen Fokus auf pragmatische Attribute. Dementsprechend ist es nicht verwunderlich, dass Konsumenten funktionale Attribute für ihre Wahl grundsätzlich berücksichtigen, erlebnisbezogene Attribute hingegen nur, wenn der Wahlkontext explizite Hinweise auf die Relevanz von Erlebnisaspekten enthält (Brakus et al. 2014).

Das Anlegen von positiven Erlebnissen in der Produktgestaltung ist damit nur der erste Schritt. Eine weitere Herausforderung ist es, diese dem Nutzer mitzuteilen und wählbar zu machen. Damit Produktqualitäten ihr Potenzial entfalten können, müssen sie vom Nutzer erkannt, im Moment der Produktwahl ausreichend wertgeschätzt und als valides Kriterium betrachtet werden (z. B. von Alvensleben 2001). Erlebnisbezogene Qualitäten sind weniger greifbar als technische Spezifikationen und pragmatische Qualitäten. Für Letztere existieren bereits etablierte Kommunikationswege, typischerweise Featurelisten und Datensheets; Nutzer werden überzeugt durch die schiere Masse von Funktionen und praktischen Use-Cases. Für erlebnisbezogene Qualitäten braucht es komplexere Mechanismen. Eine wichtige Aufgabe für zukünftige Forschung im Kontext des Dilemmas des Hedonischen ist also die Exploration von Möglichkeiten zur gezielten Gestaltung erlebnisbezogener Produktqualitäten sowie deren Erlebbarmachen in der Kommunikation/Bewerbung von Produktkonzepten.

Erste Ansatzpunkte liefern beispielsweise die im ▶ Kasten „Gründe für die Vernachlässigung von Erlebnisqualitäten bei Kundenbefragungen und Produktwahl" aufgeführten Hürden fehlende Erlebbarkeit und fehlende Rechtfertigbarkeit. Beide Aspekte können in der Gestaltung bzw. durch Maßnahmen in der Verkaufssituation spezifisch adressiert werden und so zu einer besseren Nutzung des tatsächlichen Potenzials von Erlebnisqualitäten beitragen (▶ Kasten „Zwei Strategien zur Etablierung von Erlebnisqualitäten in Produktgestaltung und Verkauf"). Die hier vorgeschlagenen Strategien sind jedoch nur eine erste Möglichkeit, wie der fehlenden Erlebbarkeit und Rechtfertigbarkeit hedonischer Produktqualitäten bei der Wahl in Produktgestaltung und Verkauf begegnet werden könnte.

Insgesamt braucht es weitere Forschung und Ansätze dazu, das Potenzial durch Erlebnisqualitäten optimal nutzbar zu machen. Wichtig ist hierbei auch die weitere Erforschung von Schlussfolgerungsprozessen zwischen erlebbaren und nicht erlebbaren Qualitäten und die Zahlungsbereitschaft für spezifische Qualitäten. Aus wirtschaftlicher Sicht interessiert den Hersteller beispielsweise die Frage, ob eine Investition in mehr Erlebnis dazu führt, dass mehr gekauft wird, als eine weitere Investition in mehr Funktion. Hierzu kann die Wirtschaftspsychologie einen Beitrag leisten, indem verschiedene Möglichkeiten zur Kommunikation des Erlebniswerts systematisch exploriert werden, beispielsweise die im ▶ Kasten „Zwei Strategien zur Etablierung von Erlebnisqualitäten in Produktgestaltung und Verkauf" aufgeführten Experience Affordances und Experience Justifications. Das Forschungsziel auf breiterer Ebene liegt daher in der Identifikation von Möglichkeiten zur Gestaltung, Kommunikation und der nachhaltigen Etablierung einer Sicht auf Produkte, die über einen rein pragmatischen Ansatz (Technik als Werkzeug) hinausgeht. Dies bildet eine wichtige Basis für die Etablierung des Erlebniswerts im Zuge der Produktwahl, was wiederum maßgeblich ist für eine emotionale, langanhaltende Produktbindung und entsprechend langen Nutzungszyklen, welche auch aus Nachhaltigkeitssicht erstrebenswert sind.

Zwei Strategien zur Etablierung von Erlebnisqualitäten in Produktgestaltung und Verkauf

- Experience Affordances schaffen, d. h. Erlebnisqualitäten in der Verkaufssituation tatsächlich erlebbar machen. Das Produkt muss den Nutzer zum Erlebnis einladen, und dies auch schon in der Verkaufssituation. Im Rahmen von Produktdemonstrationen könnte dies heißen, den Nutzer zur Interaktion mit dem Produkt einladen und hedonische Qualitäten sensorisch spürbar machen, z. B. das Fühlen einer höherwertigen Verarbeitung. Jedoch nicht nur Haptik und visuelles Design, sondern auch zunächst pragmatische Funktionen können mit zusätzlichem Erlebniswert ausgestattet werden. Dieser kann im Rahmen von Produktvorführungen durch entsprechende Labels in Produktbeschreibungen (Premium Experience Functionality) oder durch User Stories im Marketing hervorgehoben werden. Die Kommunikation dieser Art von Erlebniswert bietet sich auch für Demonstrationen mittels Bildern/Videos im Onlineverkauf an. Insbesondere hochpreisige Technologien verfügen oftmals über jede Menge intelligenter Funktionen, welche auch das Potenzial haben, über Bedürfnisse wie Kompetenz, Autonomie oder Sicherheit den Erlebniswert eines Produkts zu steigern, für den Nutzer jedoch kaum greifbar sind. Ein Beispiel könnte sein, für den Nutzer erlebbar zu machen, was sich hinter verschiedenen Spülprogrammen eines Geschirrspülers verbirgt und deren Konstellation aus verschiedenen Faktoren (Wasser, Temperatur, Zeit) darzustellen. Der intelligente Kühlschrank, der selbstständig abtaut oder die Temperatur an den Inhalt anpasst, muss das, was er gerade tut, auch für seinen Besitzer erlebbar machen, beispielsweise durch Visualisierungen und Statusanzeigen, die nachvollziehbar machen, was sich im Innenleben der Technik alles tut. Kunden sind oftmals gerne bereit für das Gefühl zu bezahlen, ein Premiumprodukt zu besitzen, aber diese Eigenschaft muss das Produkt auch kommunizieren. Wenn die Technik ihr Tun mit dem Nutzer teilt und der Nutzer sich hierdurch auch selbst autonom (variable Einstellmöglichkeiten), sicher (alles im Blick und unter Kontrolle haben) und kompetent (genau Bescheid wissen, die besten Entscheidungen treffen) fühlen kann, ist das Potenzial intelligenter Technik auch auf der Erlebnisebene gut genutzt. Der Erlebniswert wird offensichtlich, der pragmatische Vorteil ebenfalls. Die Investition erscheint dann absolut sinnvoll.

- Experience Justifications schaffen, d. h. Erlebnisqualitäten in der Verkaufssituation rechtfertigbar machen. Die Produktpräsentation muss das Erlebnis zum validen Kriterium erklären. Eine Möglichkeit ist es, dies explizit zu tun, beispielsweise die Relevanz von Attributen wie

Schönheit/Design in Werbetexten direkt zu thematisieren. Ein Beispiel hierfür liefert eine Studie von Diefenbach und Hassenzahl (2011), in dem die explizite Thematisierung des (ohnehin sichtbaren) Designs eines Mobiltelefon im Testbericht zu einer deutlichen Bevorzugung dieses Modells gegenüber einer pragmatischen Variante führte. Durch die Zuschreibung des Erlebniswerts im Testbericht („Pluspunkte gibt es beim Design – das 6080 ist ein echter Hingucker, ohne dabei aufdringlich zu wirken. Diese bestehende Mischung aus Eleganz und Klassik macht Telefonieren zu einem echten Erlebnis – kurzum, der Spaßfaktor dieses Modells ist unübertroffen") fühlten sich die Teilnehmer offenbar ermutigt, hedonisch zu wählen. Ohne die offizielle Thematisierung der hedonischen Vorteile schien ihnen diese Wahl weniger angemessen. Eine ergänzende Maßnahme wäre, hedonische Qualitäten implizit auf die gleiche Stufe der Angemessenheit wie pragmatische Qualitäten zustellen, z. B. durch eine Pseudoquantifizierung in Form von Experience Scores, die dann entsprechend auch in Featurelisten auftauchen.

Fazit

Als eines der ersten und einflussreichsten Modelle leistete das Hedonisch-Pragmatisch-Modell der User Experience einen wichtigen Schritt zur Etablierung und Konzeptualisierung erlebnisbezogener Produktqualitäten im Feld Mensch-Technik-Interaktion. Neben der Aufgabe und den pragmatischen Zielen des Nutzers rückten nun explizit auch das Erlebnis und das Selbst des Nutzers in den Fokus von Forschung und Gestaltung.

Rund 15 Jahre später spielt das Konzept hedonischer Qualitäten weiterhin eine wichtige Rolle, was bei der stetig steigenden Bedeutung erlebnisbezogener Produktqualitäten auch nicht verwundert. Aus modelltheoretischer Sicht ist jedoch auch festzustellen, dass das ursprüngliche Modell, welches den Fokus allein auf Stimulation und Identität als Ausgangspunkt für hedonische Qualitäten legte, erweitert und teilweise neu interpretiert werden muss (▶ Abschn. 3.6.3). Ein umfassenderes Modell, das eine breitere Perspektive auf Erlebnisse und Wohlbefinden im Kontext interaktiver Produkte vorschlägt, stellen wir im nächsten Kapitel vor (▶ Kap. 4).

Neben modelltheoretischen Überlegungen ist auch die Erweiterung von Untersuchungsparadigmen und Methoden eine wichtige Aufgabe. Benötigt werden hier vor allem qualitative Ansätze und Methoden der Feldforschung, welche die tatsächlichen Konsequenzen und Zusammenhänge in der Lebenswelt von Nutzern begreifbar machen. Dies betrifft selbstverständlich nicht nur die Forschung im Kontext des Hedonisch-Pragmatisch-Modells, sondern Forschung und Praxis zu erlebnisbezogenen Produktqualitäten insgesamt. Wissen darüber, was erlebnisbezogene Produktqualitäten ausmacht und welche Bedeutsamkeit sie für Menschen in ihrem Alltag haben, lässt sich am besten durch Forschung nah am realen Erlebnis gewinnen.

Literatur

Ahtola, O. T. (1985). Hedonic and utilitarian aspects of consumer behavior: An attitudinal perspective. *Advances in Consumer research, 12*(1), 7–10.

Alba, J. W., & Williams, E. F. (2013). Pleasure principles: A review of research on hedonic consumption. *Journal of Consumer Psychology, 23*(1), 2–18.

von Alvensleben, R. (2001). Verbraucherverhalten. Referat auf der Sitzung der Arbeitsgruppe „Qualitätssicherung" der niedersächsischen Kommission „Zukunft der Landwirtschaft – Verbraucherorientierung" am 4.5.2001 in Hannover. http://orgprints.org/1652/1/Hannover.pdf. Zugegriffen: 17. August 2016.

Arrasvuori, J., Korhonen, H., & Väänänen-Vainio-Mattila, K. (2010). *Exploring playfulness in user experience of personal mobile products*. Proceedings of the OZCHI Australian Conference on Human-Computer Interaction. (S. 88–95). New York: ACM.

Batra, R., & Ahtola, O. T. (1991). Measuring the hedonic and utilitarian sources of consumer attitudes. *Marketing Letters, 2*(2), 159–170.

Belk, R. W. (1988). Possessions and the extended self. *Journal of Consumer Research, 15*, 139–168.

Blevis, E. (2007). *Sustainable Interaction Design: Invention & Disposal, Renewal & Reuse*. Proceedings of the SIGCHI Conference on Human Factors in Computing Systems. (S. 503–512). New York: ACM.

Brakus, J. J., Schmitt, B., & Zhang, S. (2014). Experiential product attributes and preferences for new products: The role of processing fluency. *Journal of Business Research, 67*(11), 2291–2298.

Burmester, M., & Dufner, A. (2006). Designing the stimulation effect of hedonic quality – an exploratory study. In M. Pivec (Hrsg.), *Affective and Emotional Aspects of Human-Computer-Interaction: game-based and innovative learning approaches* (S. 217–233). Amsterdam, Washington: IOS Press.

Chitturi, R., Raghunathan, R., & Mahajan, V. (2007). Form Versus Function: How the Intensities of Specific Emotions Evoked in Functional Versus Hedonic Trade-Offs Mediate Product Preferences. *Journal of Marketing Research, 44*(4), 702–714.

Chitturi, R., Raghunathan, R., & Mahajan, V. (2008). Delight by Design: The Role of Hedonic versus Utilitarian Benefits. *Journal of Marketing, 72*(3), 48–63.

Chitturi, R. (2003). *Design For Affect: Emotional and Behavioral Consequences of the Tradeoffs between Hedonic and Utilitarian Attributes*. (Doctoral Dissertation), University of Texas, Austin.

Crowley, A. E., Spangenberg, E. R., & Hughes, K. R. (1992). Measuring the hedonic and utilitarian dimensions of attitudes toward product categories. *Marketing Letters, 3*(3), 239–249.

Davis, F.D. (1986). *A technology acceptance model for empirically testing new end-user information systems: Theory and results*. (Doctoral Thesis), Massachusetts Institute of Technology, Cambridge.

Deloitte (2014). Driving through the consumer's mind: Steps in the buying process. https://www2.deloitte.com/content/dam/Deloitte/in/Documents/manufacturing/in-mfg-dtcm-steps-in-the-buying-process-noexp.pdf. Zugegriffen: 17. August 2016.

Diefenbach, S. (2012). *The Dilemma of the Hedonic – Appreciated, but Hard to Justify*. (Doctoral Dissertation), University of Koblenz-Landau, Landau.

Diefenbach, S., & Hassenzahl, M. (2009). *The "Beauty Dilemma": Beauty is valued but discounted in product choice*. Proceedings of the SIGCHI Conference on Human Factors in Computing Systems. (S. 1419–1426). New York: ACM.

Diefenbach, S., & Hassenzahl, M. (2011). The Dilemma of the Hedonic – Appreciated, but Hard to Justify. *Interacting with Computers, 23*(5), 461–472.

Diefenbach, S., & Hassenzahl, M. (2014). *Von der Liebe auf den ersten Blick zur erfüllten Langzeitbeziehung: Eine phänomenologische Analyse der Bedeutsamkeit hedonischer und pragmatischer Produktattribute in der Mensch-Technik Interaktion*. 49. Kongress der Deutschen Gesellschaft für Psychologie. (S. 643–644). Lengerich: Pabst.

Diefenbach, S., & Hassenzahl, M. (2016). *An advanced perspective on user experience and consumer pleasure: hedonic and eudaimonic product experience*. 50. Kongress der Deutschen Gesellschaft für Psychologie. Lengerich: Pabst.

Diefenbach, S., Kolb, N., & Hassenzahl, M. (2014). *The 'Hedonic' in Human-Computer Interaction – History, Contributions, and Future Research Directions*. Proceedings of the DIS Conference on Designing Interactive Systems. (S. 305–314). New York: ACM.

Esch, F.-R. (2013). *Strategie und Technik des Automobilmarketing*. Wiesbaden: Springer Gabler.

Hassenzahl, M. (2003). The Thing and I: Understanding the Relationship Between User and Product. In M. A. Blythe, A. F. Monk, K. Overbeeke & P. C. Wright (Hrsg.), *Funology: From Usability to Enjoyment* (S. 31–42). Dordrecht: Kluwer.

Hassenzahl, M. (2004). The Interplay of Beauty, Goodness, and Usability in Interactive Products. *Human-Computer Interaction, 19*(4), 319–349.

Hassenzahl, M., & Monk, A. F. (2010). The Inference of Perceived Usability From Beauty. *Human-Computer Interaction, 25*(3), 235–260.

Hassenzahl, M., Platz, A., Burmester, M., & Lehner, K. (2000). *Hedonic and Ergonomic Quality Aspects Determine a Software's Appeal*. Proceedings of the SIGCHI Conference on Human Factors in Computing Systems. (S. 201–208). New York: ACM.

Hassenzahl, M., Burmester, M., & Koller, F. (2003). AttrakDiff: Ein Fragebogen zur Messung wahrgenommener hedonischer und pragmatischer Qualität. In J. Ziegler & G. Szwillus (Hrsg.), *Mensch & Computer 2003* (S. 187–196). Stuttgart: B. G. Teubner.

Hassenzahl, M., Diefenbach, S., & Göritz, A. (2010). Needs, affect, and interactive products – Facets of user experience. *Interacting with Computers, 22*(5), 353–362.

Helfenstein, S. (2012). Increasingly emotional design for growingly pragmatic users? A report from Finland. *Behaviour & Information Technology, 31*(2), 185–204.

Hirschman, E. C., & Holbrook, M. B. (1982). Hedonic Consumption: Emerging Concepts, Methods and Propositions. *Journal of Marketing, 46*, 92–101.

Hsee, C. K., Zhang, J., Yu, F., & Xi, Y. (2003). Lay Rationalism and Inconsistency between Predicted Experience and Decision. *Journal of Behavioral Decision Making, 16*, 257–272.

Hsee, C. K., Yang, Y., Gu, Y., & Chen, J. (2009). Specification seeking: how product specifications influence consumer preference. *Journal of Consumer Research, 35*(6), 952–966.

Huang, M.-H. (2004). Web performance scale. *Information & Management, 42*(6), 841–852.

Jordan, P. W. (1998). Human factors for pleasure in product use. *Applied Ergonomics, 29*(1), 25–33.

Karapanos, E., Zimmerman, J., Forlizzi, J., & Martens, J.-B. (2009). *User experience over time: an initial framework design history*. Proceedings of the SIGCHI Conference on Human Factors in Computing Systems. (S. 729–738). New York: ACM.

Kivetz, R., & Simonson, I. (2002). Earning the Right to Indulge: Effort as a Determinant of Customer Preferences Toward Frequency Program Rewards. *Journal of Marketing Research, 39*(2), 150–170.

Kujala, S., Roto, V., Väänänen-Vainio-Mattila, K., & Sinnelä, A. (2011). *Identifying Hedonic Factors in Long-Term User Experience*. Proceedings of the DPPI International Conference on Designing Pleasurable Products and Interfaces. New York: ACM. Article 17

Kumar, A., & Gupta, P. (2015). To Analyze Consumer Buying Behaviour and Preferences in the Home Appliances Market of Haier. *International Journal of Engineering and Technical Research, 3*(4), 132–140.

Liu, S., Zheng, X. S., Liu, G., Jian, J., Liu, Z., & Peng, K. (2012). *Assessing User Experience of Interactive Products: A Chinese Questionnaire*. Proceedings of the 5th International Symposium on Visual Information Communication and Interaction. (S. 104–109). New York: ACM.

Magni, M., Susan Taylor, M., & Venkatesh, V. (2010). "To play or not to play": A cross-temporal investigation using hedonic and instrumental perspectives to explain user intentions to explore a technology. *International Journal of Human-Computer Studies, 68*(9), 572–588.

McCarthy, J., & Wright, P. C. (2004). *Technology as Experience*. Cambridge, MA: MIT Press.

Mekler, E. D., & Hornbæk, K. (2016). *Momentary Pleasure or Lasting Meaning? Distinguishing Eudaimonic and Hedonic User Experiences*. Proceedings of the SIGCHI Conference on Human Factors in Computing Systems. (S. 4509–4520). New York: ACM.

Mugge, R., Schoormans, J. P., & Schifferstein, H. N. (2005). Design strategies to postpone consumers' product replacement: The value of a strong person-product relationship. *The Design Journal, 8*(2), 38–48.

Nielsen, J. (1993). *Usability engineering*. Boston: Academic Press.

Nisbett, R. E., & Wilson, T. D. (1977). The halo effect: Evidence for unconscious alteration of judgments. *Journal of personality and social psychology, 35*(4), 250–256.

Ogertschnig, M., & Heijden, H. V. D. (2004). A Short-Form Measure Of Attitude Towards Using A Mobile Information Service. In Proceedings of the 17th Bled eCommerce Conference (Paper 2). AIS Electronic Library (AISeL). http://aisel.aisnet.org/cgi/viewcontent.cgi?article=1053&context=bled2004

Okada, E. M. (2005). Justification Effects on Consumer Choice of Hedonic and Utilitarian Goods. *Journal of Marketing Research, 42*(1), 43–53.

O'Curry, S., & Strahilevitz, M. (2001). Probability and mode of acquisition effects on choices between hedonic and utilitarian options. *Marketing Letters, 12*(1), 37–49.

Partala, T., & Kallinen, A. (2012). Understanding the most satisfying and unsatisfying user experiences: Emotions, psychological needs, and context. *Interacting with Computers, 24*(1), 25–34.

Ryan, R. M., & Deci, E. L. (2001). On Happiness and Human Potential: A Review of Research on Hedonic and Eudaimonic Well-Being. *Annual Review of Psychology, 52*, 141–166.

Schifferstein, H. N. J., & Zwartkruis-Pelgrim, E. P. H. (2008). Consumer-product attachment: Measurement and design implications. *International Journal of Design, 2*(3), 1–13.

Sheldon, K. M., Elliot, A. J., Kim, Y., & Kasser, T. (2001). What is satisfying about satisfying events? Testing 10 candidate psychological needs. *Journal of personality and social psychology, 80*(2), 325–339.

Stelmaszewka, H., Fields, B., & Blandford, A. (2004). *Conceptualising user hedonic experience*. In: D. J. Reed, G. Baxter & M. Blythe (Eds.), Proceedings of ECCE-12, the 12th European Conference on Cognitive Ergonomics. (S. 83–89). York: European Association of Cognitive Ergonomics.

Thompson, D. V., Hamilton, R. W., & Rust, R. T. (2005). Feature fatigue: When product capabilities become too much of a good thing. *Journal of Marketing Research, 42*(4), 431–442.

Tractinsky, N., Katz, A. S., & Ikar, D. (2000). What is beautiful is usable. *Interacting with Computers, 13*(2), 127–145.

Tuch, A. N., Roth, S. P., Hornbæk, K., Opwis, K., & Bargas-Avila, J. A. (2012). Is beautiful really usable? Toward understanding the relation between usability, aesthetics, and affect in HCI. *Computers in Human Behavior, 28*(5), 1596–1607.

Tversky, A. (1972). Elimination by aspects: A theory of choice. *Psychological Review, 79*(4), 281–299.

Umweltbundesamt (2016). Einfluss der Nutzungsdauer von Produkten auf ihre Umweltwirkung: Schaffung einer Informationsgrundlage und Entwicklung von Strategien gegen „Obsoleszenz". http://www.umweltbundesamt.de/sites/default/files/medien/378/publikationen/texte_11_2016_einfluss_der_nutzungsdauer_von_produkten_obsoleszenz.pdf. Zugegriffen: 17. August 2016.

Väänänen-Vainio-Mattila, K., Wäljas, M., Ojala, J., & Segerståhl, K. (2010). *Identifying drivers and hindrances of social user experience in web services.* Proceedings of the SIGCHI Conference on Human Factors in Computing Systems. (S. 2499–2502). New York: ACM.

Väätäjä, H., Koponen, T., & Roto, V. (2009). *Developing practical tools for user experience evaluation: a case from mobile news journalism.* Proceedings of the European Conference on Cognitive Ergonomics: Designing beyond the Product – Understanding Activity and User Experience in Ubiquitous Environments. Finnland: VTT Technical Research Centre of Finland, Artikel 23.

Venkatesh, V. (2000). Determinants of perceived ease of use: Integrating control, intrinsic motivation, and emotion into the technology acceptance model. *Information systems research, 11*(4), 342–365.

Wang, J., Novemsky, N., & Dhar, R. (2009). Anticipating adaptation to products. *Journal of Consumer Research, 36*(2), 149–159.

Wechsung, I., & Schleicher, R. (2012). *Modelling Modality Choice Using Task Parameters and Perceived Quality.* Proceedings of Speech Communication; 10. ITG Symposium. (S. 1–4). Frankfurt: VDE.

Wechsung, I., Naumann, A., & Möller, S. (2010). The Influence of the Usage Mode on Subjectively Perceived Quality. In G. Lee, J. Mariani, W. Minker & S. Nakamura (Hrsg.), *Spoken Dialogue Systems for Ambient Environments* (S. 188–193). Berlin, Heidelberg: Springer.

Wilamowitz-Moellendorff, M., Hassenzahl, M., & Platz, A. (2006). *Dynamics of user experience: How the perceived quality of mobile phones changes over time.* Proceedings of the NordiCHI Workshop on User Experience – Towards a unified. (S. 74–78). https://141.115.28.2/recherches/ICS/projects/cost294/upload/408.pdf#page=82. Zugegriffen: 19. Januar 2017.

Xu, L., Lin, J., & Chan, H. C. (2012). The Moderating Effects of Utilitarian and Hedonic Values on Information Technology Continuance. *ACM Transactions on Computer-Human Interaction, 19*(2), 1–26.

Yardley, L., Morrison, L., Bradbury, K., & Muller, I. (2015). The person-based approach to intervention development: Application to digital health-related behavior change interventions. *Journal of medical Internet research, 17*(1). http://www.ncbi.nlm.nih.gov/pmc/articles/PMC4327440/. Artikelnummer e30, DOI: 10.2196/jmir.4055.

Yogasara, T. (2014). Anticipated user experience in the early stages of product development. (Doctoral thesis), Queensland University of Technology, Brisbane, Australia.

Erlebnis- und wohl-befindensorientiertes Gestalten: ein Arbeitsmodell

Marc Hassenzahl, Sarah Diefenbach

© Springer-Verlag GmbH Deutschland 2017
S. Diefenbach, M. Hassenzahl, *Psychologie in der nutzerzentrierten Produktgestaltung,*
Die Wirtschaftspsychologie, DOI 10.1007/978-3-662-53026-9_4

4.1   Vom Wohlbefinden zum Produkt: Elemente eines Arbeitsmodells

Wozu ein Modell?

Wir sind davon überzeugt, dass das Gestalten letztendlich ein kreativer Prozess ist, der kaum vollständig „modelliert" werden kann. Allerdings kann ein Modell trotzdem in vieler Hinsicht hilfreich sein.
Ein Modell kann …

- ▬ … eine Gestaltungsphilosophie sein, eine Art Brille, durch die man die eigenen Gestaltungsaktivitäten betrachten und seinem Tun eine Richtung geben kann.
- ▬ … als Inspiration dienen. In unserem Modell dienen psychische Bedürfnisse (▶ Abschn. 4.1.2) dazu, verschiedene Arten positiver Erlebnisse auseinanderzuhalten. Sie können auch als Inspiration und Ausgangspunkt für neue Fragen verwendet werden. Beispielsweise, was es bedeuten könnte, beim Autofahren Verbundenheit mit anderen (statt der üblichen Kompetenz oder Autonomie) in den Vordergrund zu stellen.
- ▬ … als Unterstützung bei Entscheidungen dienen. Dies gilt sowohl für konkrete Gestaltungsentscheidungen als auch im Hinblick auf das Verstehen (Analyse) und das Bewerten (Evaluation).
- ▬ … als Medium der Kommunikation dienen. Vor allem als Gestaltungspraktiker in einem größeren Unternehmen muss man das eigene Vorgehen regelmäßig erklären oder rechtfertigen. Es gibt meist bestehende Prozesse, die nur bedingt geändert werden können. Es müssen also Lücken und Nischen für die Anwendung einer wohlbefindensorientierten Gestaltung gefunden werden. Kollegen und Chefs müssen ins Boot geholt werden. Dabei kann ein Modell hilfreich sein.

In ▶ Kap. 2 haben wir Argumente gesammelt, warum Erlebnisse – das Subjektive, Freudvolle und Bedeutungsvolle, und damit auch Emotionen – in den Fokus der Gestaltung rücken sollten. In ▶ Kap. 3 haben wir dann bereits vorhandenes Wissen über eine frühe, recht einfache Unterscheidung in pragmatische und hedonische Qualitäten näher betrachtet. Diese Argumente helfen zwar, aber sie unterstützen noch nicht konkret genug bei der praktischen wohlbefindens- und erlebnisorientierten Gestaltung. Sie haben bereits einige interaktive Produkte kennengelernt. In ▶ Kap. 1 beispielsweise *Mo*, den sozialen mp3-Player, oder das *Flüsterkissen*, in ▶ Kap. 2 *Furfur* oder *ReMind*. Jedes dieser Konzepte ist natürlich das Ergebnis eines spezifischen Gestaltungsprozesses und so von vielen Dingen abhängig, wie beispielsweise der Kreativität der involvierten Gestalter. Dementsprechend unterschiedlich sind auch diese Produktbeispiele. Allerdings haben sie auch einiges gemeinsam. Sie teilen eine bestimmte Sicht auf die Gestaltung interaktiver Produkte, die wir in den vorherigen Kapiteln bereits angelegt und ansatzweise erklärt haben. Dieses Kapitel fasst diese Sicht in Form eines umfassenderen Modells für ein wohlbefindensorientiertes Gestalten zusammen. Wir sind uns bewusst: „Arbeitsmodell" klingt irgendwie theoretisch, trocken und wenig praxisorientiert – dennoch kann ein Modell in vielerlei Hinsicht hilfreich sein (▶ Exkurs „Wozu ein Modell?").

Zentrale Anforderungen an ein Modell sind aus unserer Sicht zunächst Schlüssigkeit und Widerspruchsfreiheit. Die vorgeschlagenen Mechanismen müssen sowohl psychologisch zutreffen, als auch wenn möglich durch Forschung belegt sein. Wir würden nicht so weit gehen, umfassende Validität für ein Modell zu fordern. Jede einzelne Annahme eines Modells zu überprüfen, ist sicher nicht möglich. Aber zumindest soll der Versuch unternommen werden, ein Modell auf der Basis aktuellen Wissens zusammenzustellen. Eine weitere Anforderung ist Praktikabilität: Ein Arbeitsmodell der wohlbefindensorientierten Gestaltung muss auch in der Praxis hilfreich sein. Es muss verständlich bleiben und nicht zu komplex werden, inspirierend und leitend wirken und gut zu vermitteln sein. Unser Modell ist patchworkartig aufgebaut. Es versucht ganz unterschiedliche Quellen so zu kombinieren, dass eine praktikable Arbeitsgrundlage entsteht: Ob das Modell dies leisten kann, müssen am Ende Sie anhand Ihrer praktischen Erfahrung entscheiden.

Vor der Vorstellung des Modells noch ein letzter Kommentar: Für viele Aspekte unseres Modells gibt es sicherlich auch alternative Erklärungen. Auch finden sich in der Literatur zur Mensch-Technik-Interaktion Arbeiten, die den Begriff Erlebnis anders interpretieren, die einen eigenen wohlbefindensorientierten Ansatz verfolgen oder sich eher auf die konkrete Gestaltung von Benutzungsoberflächen konzentrieren. Es ist nicht Ziel dieses Kapitels, alternative Modelle umfassend vorzustellen und deren unterschiedliche theoretische Perspektiven zu besprechen. Im Vordergrund steht für uns in diesem Kapitel das Anliegen, psychologisch interessierten Praktikern der Gestaltung interaktiver Produkte ein gültiges, verständliches und konsistentes Arbeitsmodell wohlbefindensorientierter Gestaltung an die Hand zu geben, das alltägliche Gestaltungsarbeit strukturiert und mit Argumenten unterfüttert.

Die folgenden Abschnitte beschreiben die Elemente unseres Arbeitsmodells. Wir beginnen mit dem Gestaltungsziel, nämlich Wohlbefinden, diskutieren wie Wohlbefinden im Handeln entsteht und die Rolle, die die Interaktion mit und durch Dinge dabei spielt.

4.1.1 Subjektives Wohlbefinden – auch bekannt als Glück

Das Ziel unseres Gestaltungsansatzes ist Wohlbefinden. Genauer gesagt: erlebtes Wohlbefinden oder subjektives Wohlbefinden. Warum Wohlbefinden überhaupt wichtig ist, haben wir im ► Exkurs „Warum eigentlich Glück?" zusammengestellt.

Wohlbefinden wird von vielen Wissenschaftlern als aus zwei Komponenten bestehend verstanden. Lyubomirsky beispielsweise beschreibt Wohlbefinden als

> » [the] experience of joy, contentment, or positive well-being, combined with a sense that one's life is good, meaningful and worthwhile (Lyubomirsky 2007, S. 32).

Glücklich ist man, wenn man eine angemessene Zahl alltäglicher positiver Erlebnisse hat (zumindest mehr als negative) und zu dem Schluss kommt, alles in allem ein gutes, bedeutungsvolles Leben zu führen. Das Erste ist eine unmittelbare, affektive Beurteilung des alltäglichen Lebens, während Letzteres ein zusammenfassendes, kognitives Urteil über die erlebte Qualität das eigene Leben darstellt.

Exkurs: Warum eigentlich Glück?

Glücklich sein bzw. sich wohlzufühlen ist Ziel eines jeden Menschen. Viele Studien zeigen, dass Menschen, egal in welchem Teil der Erde, Wohlbefinden wichtig finden und es einer der meist genannten Wünsche an das eigenen Leben ist. Diese und auch einige der folgenden Erkenntnisse scheinen nicht sonderlich verwunderlich. Gleichzeitig sollte man aber bedenken, dass die breite erfahrungswissenschaftliche Erforschung von Wohlbefinden ein überraschend junges Gebiet ist (► Kap. 2).

Nicht alle Menschen sind gleichermaßen erfolgreich im Realisieren von Wohlbefinden. Zählt man zu den Glücklichen, ist man gleich in vielen Bereichen des Lebens erfolgreicher als die weniger Glücklichen (Lyubomirsky et al. 2005). Menschen mit höherem Wohlbefinden sind sozialer, altruistischer, aktiver, mögen sich selbst mehr, sind bessere Konfliktlöser und haben widerstandsfähigere Körper und Immunsysteme. Sie denken konstruktiver und kreativer. Derartige Aussagen beruhen im Allgemeinen auf korrelativen und nicht kausalen Zusammenhängen. Wahrscheinlich scheint uns eine Art Rückkopplungsmechanis-

mus: So wie es glücklicheren Menschen leichter fällt, hilfsbereit zu sein, kann ausgelebte Hilfsbereit-
schaft wiederum ein Quelle des Wohlbefindens sein (▶ Abschn. 4.1.4).
Abschließend sei noch kurz der sperrige Begriff subjektives Wohlbefinden (engl. *subjective wellbeing*)
kommentiert. Wie so häufig in Fachkreisen sind Begriffe sehr wichtig. *Happiness* wird aus vielen
verschiedenen, mehr oder weniger nachvollziehbaren Gründen abgelehnt und *subjective wellbeing*
bevorzugt. Im Deutschen ist Glück auch kein ganz einfacher Begriff. Die semantischen Unterschiede
zwischen „glücklich sein" und „Glück haben" sind fein, aber deutlich. Wohlbefinden ist hier neutraler,
obwohl es – zumindest aus unserer Sicht – eine deutlich körperliche Konnotation hat. Wir stellen uns
unweigerlich Kachelöfen, heißen Kaffee oder Tee, ein Vollbad oder einen lauen Sommerabend am Bag-
gersee vor. Sich beim Bergsteigen, im Biwak, im eiskalten Wind wohlzufühlen scheint nicht die richtige
Wortwahl. Glücklich sein in den Bergen passt hier wieder besser. Wir bevorzugen für dieses Buch den
Begriff Wohlbefinden, benutzen aber dann und wann auch den Begriff Glück. Für Sie ist es wichtig, dass
Sie sich der verschiedenen Bedeutungen bewusst werden und in ihrer Praxis die Begriffe entsprechend
wählen.

Wohlbefinden, so wie es oben definiert ist, beschreibt lediglich ein generelles Gefühl und Urteile
der Menschen über ihr eigenes Leben. Natürlich hat dieses Gefühl auch Ursachen. Aus Sicht
der Produktgestaltung ist eine Quelle besonders wichtig: das eigene Handeln. Sheldon und
Lyubomirski (2006) argumentieren, dass bis zu 40 % der Unterschiedlichkeit im Wohlbefinden
zwischen Menschen durch Unterschiede im Handeln erklärt werden könnte (▶ Exkurs „Vererbung, Umstände oder Handeln?"). Durch das, was und wie wir es tun, machen wir uns jeden
Tag etwas glücklicher oder unglücklicher. Was und wie wir etwas tun, ist auch geprägt durch
die Dinge um uns herum. Die Rolle, die interaktive Produkte im alltäglichen Handeln spielen,
lässt deren Gestaltung als Weg zu mehr Wohlbefinden geradezu ideal erscheinen.

Exkurs: Vererbung, Umstände oder Handeln?

Sheldon und Lyubomirski (2006) identifizieren drei Quellen für die beobachtbaren Unterschiede im erlebten Wohlbefinden zwischen Menschen: Vererbung, Umstände und das eigenen Handeln. Vererbung
macht dabei etwa 50 % der Unterschiedlichkeit aus. Verkürzt gesagt sind Menschen je nach Ausstattung
mehr oder weniger fähig, positive Gefühle zu erleben. Ein physiologischer Grund kann in Unterschieden
im Gehirnstoffwechsel liegen, die sich vererben und nur bedingt, z. B. medikamentös, beeinflussbar
sind. Auch wenn aus der Sicht der Glücksforschung die Vererbung einer Disposition zum Glücklichsein
oder Unglücklichsein sicher interessant ist, ist dies für einen psychologisch orientierten Gestalter eine
Sackgasse, außer man ist in der Pharmaindustrie. Wäre Physiologisches die einzige Quelle für Wohlbefinden, hätten interaktive Produkte keine Chance, individuelles Wohlbefinden im Alltag zu beeinflussen.
Eine weitere Quelle für Glück sind die Umstände, unter denen jemand lebt. Dies ist eine etwas unscharfe
Kategorie. Gemeint sind gesellschaftliche Rahmenbedingungen, wie die Zugänglichkeit und Qualität
von Bildung, das Gesundheitssystem oder die Frage, ob man in Freiheit lebt oder nicht. Interessanterweise erklären die Umstände weniger als man zunächst annimmt, nämlich nur 10 %. Hier gibt es eine
ganze Reihe bekannter Erhebungen, die zeigen, dass das Wohlbefinden in einem Land nicht unbedingt
mit der Ausstattung des Landes im Sinne von Produktivkraft oder Reichtum zusammenhängt. Dies ist
bereits so umfassend akzeptiert, dass weltweit intensiv über aussagekräftige Indikatoren für das Ausmaß an Wohlbefinden in einer Gesellschaft diskutiert wird. Auch die Enquete-Kommission „Wachstum,
Wohlstand, Lebensqualität" des Deutschen Bundestags hat 2013 festgestellt, dass das Bruttoinlands-
produkt allein kein guter Indikator für Wohlbefinden ist. Gesellschaftliche Rahmenbedingungen sind
natürlich deutlich gestaltbarer als genetische Ausstattungen. Allerdings fällt diese Art der Gestaltung
eher in die Verantwortung der Politik und großer nationaler und internationaler Initiativen. Sicher kann

man als Gestalter interaktiver Produkte, hier bei der Konzeption entsprechender Websites und Apps, behilflich sein. In diesem Sinne ist beispielsweise ein Webangebot, wie *whatchado*, das Menschen auf etwas andere Art bei der Berufswahl unterstützt, ein am Wohlbefinden orientiertes interaktives Produkt. Allerdings ist diese Art der wohlbefindensorientierten Gestaltung eine indirekte. Es geht um das Schaffen von Rahmenbedingungen. Dies erinnert auch an die Idee der Moderne, im großen Stil saubere und erschwingliche Wohnungen zu bauen. Sicherlich ein guter Ansatz. Dennoch bleibt es gänzlich die Aufgabe der Menschen in diesen Wohnungen – den Rahmenbedingungen – Wohlbefinden zu erzeugen. Als aufmerksamer Leser haben Sie sicher schon festgestellt, dass noch rund 40 % der Unterschiedlichkeit im Wohlbefinden unerklärt bleiben. Sheldon und Lyubomirski (2006) argumentieren, dass diese dritte Quelle das eigene, alltägliche Handeln ist. Durch dieses Handeln können Menschen selbst, im Rahmen der gegeben Möglichkeiten, freudvolle und bedeutungsvolle Erlebnisse erzeugen und sich so glücklich oder unglücklich machen. Das Handeln und die Nutzung von Dingen ist stark miteinander verwoben (▶ Kap. 2) und ganz besonders interaktive Produkte betonen das Handeln mit und durch Dinge. So tut sich für psychologisch interessierte Gestalter ein direkter Weg auf, Wohlbefinden im Alltag zu gestalten.

Man könnte nun meinen, dass sich ein produktvermitteltes Wohlbefinden eher auf das alltägliche, unmittelbare emotionale Erleben konzentriert. Ganz im Sinne eines hedonischen Verständnisses von Wohlbefinden fördert beispielsweise das Produktarrangement aus Badewanne, heißem Wasser und Badekugel das Erleben freudvoller Momente und leistet damit einen kleinen Beitrag zum Wohlbefinden. Ob sich so nun Lebenszufriedenheit einstellt, also die eher zusammenfassende, kognitive Komponente des Wohlbefindens, bleibt offen. Wie schon in den vorherigen Kapiteln angesprochen, gibt es einen Unterschied zwischen dem Streben nach einem freudvollen Leben (eher hedonisch) und dem Streben nach einem bedeutungsvollen Leben (eher eudämonisch). Aus einer hedonischen Sicht sollten wir nun so viele Vollbäder nehmen wie möglich. Aus einer eudämonischen Sicht muss man sich die Frage stellen, ob Vollbäder wirklich alles sind oder ob man die Zeit nicht mit einer sinnvoller erscheinenden, aber weniger unmittelbar freudvollen Tätigkeit füllen kann. (Wenn das Sinnvolle auch freudvoller ist, umso besser.)

Wir möchten diese Diskussion nicht vorschnell abtun, aber im Rahmen unseres Gestaltungsansatzes spielt der Unterschied zwischen hedonischem und eudämonischen Wohlbefinden nur eine kleine Rolle. Im Prinzip gilt es, als Gestalter lediglich zwei Dinge zu beachten: erstens, dass nicht jedes Erlebnis auch direkt Spaß machen muss. Unser Begriff des positiven Erlebnisses umfasst dies. Ein entspannendes Vollbad im Winter ist unmittelbar hedonischer als eine Fahrt mit dem Mountainbike im kalten Regen. Beides kann aber glücklich machen, allerdings auf unterschiedliche Weise. Ziel sollte es insgesamt sein, sowohl ausreichend freudvolle als auch ausreichend bedeutungsvolle Erlebnisse im Alltag zu haben. Denn dies führt zum intensivsten Wohlbefinden (Huta und Ryan 2010). Zweitens ist das, was auf längere Sicht bedeutungsvoll ist, dem einzelnen Menschen unter Umständen weniger zugänglich, als das, was unmittelbar Freude bereitet. Das langfristig Bedeutsame muss oft mühsamer entdeckt werden. Hier entsteht eine besondere Herausforderung für Gestalter interaktiver Produkte. Im ▶ Exkurs „Eudämonische Gestaltung" diskutieren wir kurz, welche Aspekte typischer benutzerzentrierter Gestaltung es zu hinterfragen gilt (vgl. auch Diefenbach und Hassenzahl 2016). Alles in allem sehen wir aber davon ab, die Unterschiede zwischen Freude und Bedeutung durch zwei getrennte Modelle weiter zu vertiefen. Es liegt am Gestalter, das gesamte Spektrum der Möglichkeiten positiver Erlebnisse zu berücksichtigen und auszuschöpfen.

Exkurs: Eudämonische Gestaltung

Während wir zwar insgesamt der Auffassung sind, dass man die Unterschiede zwischen hedonischem und eudämonischem Wohlbefinden nicht überbetonen sollte, gibt es aus einer Gestaltungsperspektive einige Unterschiede, bei denen es sich lohnt sie kurz – sozusagen als Denkanstöße – aufzulisten:

- Eudämonische Gestaltung erfordert eine explizit normative Herangehensweise. Es gibt eine ganze Reihe von Empfehlungen dazu, wie man im Alltag glücklicher sein kann, die man Menschen an die Hand geben kann. Ein wenig Bewegung, ein schneller Spaziergang, eine Joggingrunde im Park oder eine kleine Fahrradtour sind bewährte Wege, das Wohlbefinden zu steigern. Eudämonisch orientierte Gestaltung würde nun den Menschen, die dies nicht tun, nahelegen, einfach eine dieser Aktivitäten in den Alltag zu integrieren. So richtig diese Empfehlung scheinen mag: Jeder Vorschlag ist immer auch eine normative Setzung – vielmehr, als wenn man nur den lustvollen Wünschen von Nutzern nachgibt und Produkte gestaltet, die direkt und offensichtlich Spaß bereiten. Wenn ich ein interaktives Produkt gestalte, das Wohlbefinden und Gesundheit durch einen täglichen Fünf-Kilometer-Lauf verspricht, sollte dies auch stimmen. Jede Empfehlung, auch die, die man in Form eines interaktiven Produktes macht, ist eine normative Setzung und muss sorgfältig abgewogen werden. Ist das wirklich gut für den Menschen? Wem dient diese Empfehlung noch? Wen verletzt oder beeinträchtig diese Empfehlung? Gutes zu tun ist nicht einfach. Wir empfehlen hierfür Strategien, die die Ziele des Gestalters offensichtlich werden lassen. So wird Gestaltung zu einem Dialog zwischen Benutzern und Gestaltern, einem Verhandeln von Wünsche und Zielen und bleibt nicht die Einbahnstraße, in der Gestalter als bloße Auftragnehmer der Nutzer auftreten.
- Eudämonische Gestaltung umfasst oft Aktivitäten und Praktiken, welche die Nutzer noch gar nicht kennen, oder aus verschiedensten Gründen (noch) nicht als bedeutungsvoll erlebt haben. Klassische Techniken der benutzerzentrierten Gestaltung, beispielsweise das Beobachten oder das Fragen nach Präferenzen, sind hier unter Umständen nicht hilfreich. Natürlich kann man nach Barrieren fragen, im Sinne von: „Was hält Sie davon ab, einfach mal in der Mittagspause joggen zu gehen?" Zum Erarbeiten neuer Ideen, wie man die Bedeutung des Joggens für unwillige Personen erhöhen könnte, taugt dies nicht. Die Studien von Huta und Ryan (2010) legen auch nahe, dass rein affektive, emotionale Maße in der Evaluation nicht ausreichen, um eudämonisches Wohlbefinden zu erfassen. Erlebte Bedeutsamkeit drückt sich nicht unbedingt unmittelbar in Freude bzw. positivem Affekt aus. Umso wichtiger scheinen umfassende Evaluationsansätze, wie beispielsweise das Abfragen der Erfüllung psychischer Bedürfnisse, die unterschiedliche Formen von Wohlbefinden abbilden können (s. auch ▶ Kap. 3).
- Bei eudämonischem Wohlbefinden müssen die Nutzer meist von den notwendigen Handlungen überzeugt werden. Das sind Praktiken, die zwar auf lange Sicht ein gutes Leben versprechen, aber unmittelbar nicht immer angenehm sind. Während ein wohlriechendes, wärmendes Vollbad ein Erlebnis ist, bei dem für viele Menschen der Genuss auf der Hand liegt, muss man beim Erlebnis des Joggens sicher mehr überzeugen und eine explizite Transformation des Handelnden unterstützen. Die Freuden des Joggens muss man sich erarbeiten. Hier haben interaktive Produkte ein besonders hohes Potenzial, wie sich beispielsweise bei Ansätzen wie „Gamification" bereits zeigt (Deterding et al. 2011). Allerdings beschreiben diese Ansätze eher die Art und Weise, wie man Einstellungen und Verhaltensweisen mithilfe interaktiver Produkte verändert. Das Wohlbefinden der Benutzer steht dabei nicht automatisch im Vordergrund, denn Veränderungswünsche können auch von einer Unternehmung ausgehen oder politisch gewollt sein, z. B. im Kontext nachhaltigen Handelns.

4.1.2 Bedürfnisse

Wohlbefinden soll das Ziel der Gestaltung sein, und das alltägliche Handeln ist ein interessanter Ansatzpunkt zur Steigerung des eigenen Wohlbefindens. Aus der Perspektive der Gestaltung ist das aber noch zu vage. Es stellt sich unweigerlich die Frage, was denn eine Aktivität zu einem freudvollen oder bedeutungsvollen Erlebnis macht.

Ein heißer Kandidat sind dabei menschliche Bedürfnisse. Dabei ist Maslows (1954) Bedürfnispyramide sicher eine der bekanntesten Bedürfnistheorien. Sie unterscheidet physiologische Bedürfnisse, Sicherheit, soziale Bindungen, Selbstachtung und letztendlich Selbstverwirklichung. In einer späteren Version von 1970, die posthum veröffentlicht wurde, kamen noch ästhetische Bedürfnisse und Transzendenz (d. h., Spiritualität/Gott) dazu.

Eine aktuellere Bedürfnistheorie ist Ryan und Decis Selbstbestimmungstheorie (Ryan und Deci 2000; Deci und Ryan 2000). Ein Bedürfnis (*need*) ist für sie:

» an energizing state that, if satisfied, conduces toward health and well-being but, if not satisfied, contributes to pathology and ill-being (Ryan und Deci 2001, S. 74).

Oder noch etwas genauer:

» [N]eeds specify innate psychological nutriments that are essential for ongoing psychological growth, integrity, and well-being (Deci und Ryan 2000, S. 229).

Bedürfnisbefriedigung ist also eng mit Wohlbefinden verbunden. Die Definition zeigt auch, dass Bedürfnisse und ihre Befriedigung erlebt und angestrebt werden, also eine motivierende Kraft haben.

Inhaltlich postulieren Ryan und Deci (2000) drei voneinander abgrenzbare Bedürfnisse: Autonomie, Kompetenz und Verbundenheit. Autonomie und Kompetenz stellen sich ein, wenn man nach den eigenen Vorstellungen, fähig und effektiv handelt. Verbundenheit stellt sich ein, wenn man die Nähe zu anderen, persönlich wichtigen Menschen erlebt. Nach Ryan und Deci (2000) sind Bedürfnisse psychische Zustände, die angeboren sind und nicht erst erworben werden. Dies macht sie universell. Auch wenn vielleicht nicht jedes Bedürfnis in jedem Moment für jeden Menschen gleich wichtig ist, geht die Theorie davon aus, dass alle Menschen diese Bedürfnisse haben, egal aus welcher Kultur. Das Streben nach Autonomie, Kompetenz und Verbundenheit liegt in der Natur des Menschseins.

Die Reduktion menschlichen Handelns auf drei universelle Bedürfnisse erscheint uns allerdings etwas verkürzt. Sind nicht menschliches Handeln, Motive und daraus resultierende Erlebnisse so vielfältig, dass sie sich kaum erfolgreich in ein so einfaches Schema pressen lassen? Unser Modell gibt hier zwei Antworten.

Erstens unterscheiden wir den Grund dafür, dass eine Aktivität als freudvoll und bedeutungsvoll erlebt wird, von der eigentlichen Aktivität. Während es also eine kleine Menge Gründe gibt, ein Erlebnis als positiv zu erleben, sind die eigentlichen Aktivitäten vielfältiger. Oder anders ausgedrückt: Während alle Menschen nach Verbundenheit streben, sind die Arten Verbundenheit zu erleben vielfältig – sich kümmern, gute Gespräche, körperliche Intimität sind bereits weite Felder, die immer noch genauer spezifiziert werden können. Aus einer Gestaltungssicht ist es wichtig, die Gründe, die ein Erlebnis positiv machen, zu kennen und verstanden zu haben. Für uns sind Bedürfnisse Leitplanken für das Gestalten, um sicherzustellen, dass Ideen und Konzepte mit der menschlichen Natur im Einklang sind. Über jedes interaktive Produkt, das eine Aktivität etabliert, die man keinem Bedürfnis zuordnen kann, sollte man als Gestalter noch einmal intensiv nachdenken. Allerdings sind Bedürfnisse allein auch noch zu vage, um die Gestaltung interaktiver Produkte erlebnisorientierter zu machen. Dies erfordert eben nicht mehr nur die Frage, warum eine Person etwas tut, sondern auch, was genau getan werden sollte und wie es mit dem Produkt getan werden kann.

Zweitens schließen wir uns der Kritik von Rheinberg (2006) an, der zwar anerkennt, dass die drei Bedürfnisse eine wichtige erklärende Rolle spielen, dass es aber andere Anreize gibt, die ebenfalls wirksam werden können. Er zählt auf:

» Beispiele sind der Genuss von aufregendem Risiko (z. B. im Extremsport oder beim illegalen Graffiti-Sprayen) und von ungewöhnlichen Bewegungszuständen (z. B. beim Achterbahn- oder Motorradfahren), das Einssein mir der Natur (z. B. beim Wandern oder Bergsteigen) und vieles andere mehr (Rheinberg 2006, S. 334).

Wir sehen das ähnlich. Daher sollte man neben der Idee, dass die eigentliche Vielfalt in den Aktivitäten steckt und nicht in den Bedürfnissen, auch das Repertoire der relevanten Bedürfnisse erweitern.

Hier schlagen wir in Anlehnung an Sheldon et al. (2001) vier zusätzliche Bedürfnisse vor: Stimulation, Popularität, Sicherheit und Bedeutsamkeit (◘ Abb. 4.1 beschreibt und gibt alltägliche Beispiele für die entsprechenden Freuden). Mit diesen sieben Bedürfnissen lässt sich aus unserer Sicht eine große Bandbreite an freudvollen und bedeutungsvollen Erlebnissen beschreiben. Gleichzeitig sind diese sieben Bedürfnisse noch relativ klar abgrenzbar, sodass man sich nicht permanent in fruchtlose Diskussionen darüber verstrickt, ob es nun in einem Erlebnis eher um das eine oder das andere Bedürfnis geht. Unsere „sieben Freuden" sind natürlich nur eine Möglichkeit der Kategorisierung. Bedürfnisse als Ausgangspunkt für die Gestaltung interaktiver Produkte sind im Zuge des wachsenden Interesses an positiven Erlebnissen und Freude im Umgang mit interaktiven Produkten in der Forschungsliteratur immer einmal wieder aufgetaucht. Im ► Exkurs „Vier Freuden" diskutieren wir kurz die *Four Pleasures* nach Jordan (2000), einen Klassiker freudvoller Mensch-Technik-Interaktion.

Exkurs: Vier Freuden

Jordan (2000) unterscheidet vier Freuden: *physio-, socio-, psycho-* und *ideo-pleasure. Physio* entspricht dabei der Körperlichkeit und *socio* der Verbundenheit und Popularität. Bei *psycho* wird es schon schwieriger, weil hier eigentliche alle kognitiv-emotionalen Aspekte abgedeckt werden sollen, wie beispielsweise die Kompetenz, aber auch die Stimulation. *Ideo* umfasst Freuden, wie die an der Schönheit von Dingen oder die Freude an einem nachhaltigen Lebensstil.

Dieses Modell ist genauso richtig wie das von uns vorgeschlagene Set von sieben Bedürfnissen. Allerdings ist es unschärfer, weil sich mehrere, sehr unterschiedliche Bedürfnisse in derselben Kategorie befinden. Auch das Herausstellen der Ideo-Freuden scheint problematisch. Die Freude an einem nachhaltigen Lebensstil beispielsweise kann viele Gründe haben: Kontrolle über sich selbst oder die Zukunft zu erlangen (Sicherheit), effizienter zu leben (Kompetenz), nicht abhängig von großen Konzernen zu sein (Autonomie), Anerkennung unter Freunden zu finden und etwas weiterzugeben (Popularität), oder der Wunsch, sein eigenes Leben zu verändern und so wieder interessant zu machen (Stimulation). Jedes Mal wäre hier ein anderes Bedürfnis im Hintergrund, das die Art und Weise, wie man Nachhaltigkeit versteht und lebt (und in der Gestaltung adressieren könnte), deutlich verändert. Diese Reichhaltigkeit auf die Lust an einer Idee (Ideo) zu reduzieren, erscheint verkürzt.

Neben den von uns fokussierten sieben Bedürfnissen, hatten Sheldon et al. (2001) noch weitere Bedürfnisse untersucht: Selbstwert, Geld/Luxus und Körperlichkeit. Diese haben wir aus verschiedenen Gründen nicht in unser Modell der wohlbefindensorientierten Gestaltung aufgenommen. Während Selbstwert zwar wichtig ist, scheinen es sich hierbei doch eher um eine Konsequenz befriedigter Bedürfnisse zu handeln als um den Ausgangspunkt. Auch besteht ein hohes Maß an Überlappung mit Popularität und anderen Bedürfnissen, die sowohl das kreative

Autonomie

Das Gefühl, gemäß eigener Vorstellungen zu handeln

Kompetenz

Das Gefühl, fähig und effektiv zu handeln

Verbundenheit

Das Gefühl, regelmäßigen intimen Kontakt mit anderen Menschen zu haben, denen man etwas bedeutet

Stimulation

Das Gefühl, Neues zu entdecken und ausreichend Anregung zu bekommen

Popularität

Das Gefühl, gemocht und respektiert zu werden und mit dem eigenen Verhalten andere Menschen zu beeinflussen

Sicherheit

Das Gefühl, angenehme Gewohnheiten und Routinen zu haben

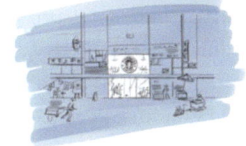

Bedeutsamkeit

Das Gefühl, bedeutsame Momente, bewusst zu erleben, persönliche Entwicklung oder neue Einsichten zu erlangen

■ **Abb. 4.1** Bedürfnisse als Ansatzpunkt für wohlbefindensorientierte Gestaltung. (Illustration: Frank Josten)

Arbeiten mit Bedürfnissen als auch das Messen von Bedürfnisbefriedigung (▶ Kap. 7) unnötig verkompliziert.

Das Bedürfnis Geld/Luxus hatten Sheldon et al. (2001) in ihre Liste aufgenommen, um die populäre Überzeugung des American Dream und das Streben nach Reichtum abzudecken. Tatsächlich zeigte sich aber, dass Geld/Luxus nicht mit positiven, sondern mit negativen Gefühlen korrelierte (s. auch ▶ Abschn. 2.3). Zudem scheint Geld/Luxus an sich noch kein psychisches Bedürfnis, sondern allenfalls Mittel zur Erfüllung bestimmter Bedürfnisse (z. B. Popularität, Sicherheit) und ist auch aus diesem Grund als primäres Ziel einer wohlbefindensorientierten Gestaltung nicht geeignet.

Körperlichkeit hatten wir in unseren ersten Arbeiten mit dem Bedürfnisansatz im Kontext interaktiver Produkte (Hassenzahl et al. 2010) nicht berücksichtigt, da Körperlichkeit im Zusammenhang mit Technik zu dieser Zeit kaum eine Rolle spielte und auch kein naheliegendes Gestaltungsziel schien. Dementsprechend argumentierten wir damals (Hassenzahl et al. 2010):

>> We selected 7 out of the 10 needs that we considered the most important in the context of experiences with technology, namely competence, relatedness, popularity, stimulation, meaning, security and autonomy. […] physical thriving was excluded due to its seemingly weak connection to interactive technologies in general and its failure to emerge as a distinct need in Sheldon and colleagues' study (2001) (Hassenzahl et al. 2010, S. 355).

Mittlerweile sehen wir das etwas anders. Fitness-Tracker und andere interaktive Produkte zur Unterstützung von körperlicher Fitness haben in den letzten Jahren eine enorme Verbreitung gefunden und sind nun auch Gegenstand von Studien, bei denen Bedürfnisbefriedigung eine Rolle spielt (Karapanos et al. 2016; s. auch Fallstudie „Fitness-Tracker oder: Wie Dinge Bedeutungen verändern"). Mit dem technischen Fortschritt – wie die neuen Möglichkeiten zum Tracking von Bewegungsdaten und der Gestaltung mobiler Geräte – rücken auch andere Bedürfnisse in den Fokus der Technikgestaltung. Das hier vorgeschlagene Set von sieben Bedürfnissen für eine am Wohlbefinden orientierte Gestaltung verstehen wir keineswegs als verbindliche Auswahl. Selbstverständlich ist es erlaubt und gewünscht, sich je nach Forschungsfrage oder Gestaltungsziel auf spezifische Bedürfnisse zu fokussieren und auch die in ▶ Kap. 7 vorgestellten Werkzeuge und Methoden entsprechend zu modifizieren. Darüber hinaus können auch weitere in der Psychologie diskutierte Bedürfnisse berücksichtigt werden.

Sheldon et al. (2001) haben in ihrer Forschungsarbeit den Zusammenhang zwischen Bedürfnisbefriedigung und positiven Emotionen bei Lebensereignissen untersucht und empirisch nachgewiesen. Spätere Forschung konnte Ähnliches auch für Erlebnisse im Umgang mit Technik belegen (z. B. Hassenzahl et al. 2010). In diesem Sinne ist also dieser Teil des Modells bereits gut belegt. Der ▶ Exkurs „Interaktive Produkte, Erlebnisse und Bedürfnisse" gibt einen Überblick über diese Forschung.

Exkurs: Interaktive Produkte, Erlebnisse und Bedürfnisse – eine kleine Tour

In ▶ Kap. 3 haben wir den Unterschied zwischen pragmatischer und hedonischer Qualität ausführlich diskutiert. Schon in frühen Arbeiten haben wir das Hedonische und das Pragmatische im Zusammenhang mit psychischen Bedürfnissen nach Kontrolle (Kompetenz, Manipulation), persönliches Wachstum (Stimulation) und Ausdruck der eigenen Persönlichkeit (Popularität, Verbundenheit) diskutiert. Insgesamt blieben bei diesem ersten Ansatz die Bedürfnisse jedoch eher im Hintergrund. Im Zentrum stand die Frage, welche Attribute ein Produkt benötigt, damit man es als pragmatisch und/oder hedonisch wahrnimmt. Der Ansatz war also produktorientiert. Inspiriert durch die Arbeit von Sheldon et al. (2001) entstand aber ein weiterer, erlebnisorientierter Zugang, bei dem Bedürfnisse eine zentrale Rolle spielen. In einer ersten Studie zur Rolle von Bedürfnissen hatten wir 52 Personen gebeten, sich an ein positives Erlebnis zu erinnern, bei dem interaktive Produkte eine Rolle spielten. Die Teilnehmer sollten dann mit einer kurzen Version des PANAS-Fragebogens ihre Emotionen und mit dem Skalen von Sheldon et al. (2001) ihre Bedürfnisbefriedigung in diesem Erlebnis einschätzen, wobei in dieser Studie nur Autonomie, Kompetenz und Verbundenheit abgefragt wurden. In erster Linie erfüllten die technikermittelten Erlebnisse Kompetenz, dann Autonomie und dann erst Verbundenheit. Je intensiver Kompetenz und Autonomie erlebt wurden, desto positiver war das Erlebnis. Teilnehmer fühlten sich inspirierter, aufmerksamer und entschlossener. Anders als Autonomie, war Kompetenzerleben aber auch mit negativen Emotionen verbunden (wohlgemerkt in einem insgesamt positiven Erlebnis). Je intensiver das Kompetenzerleben, desto nervöser und ängstlicher waren die Teilnehmer. Verbundenheit spielte in dieser Studie keine ausgeprägte Rolle.

In einer weiteren, größeren Studie mit 548 Teilnehmern und weiteren Bedürfnissen (Hassenzahl et al. 2010) haben wir dies weiter exploriert. Positiver Affekt hing generell eng mit Bedürfnisbefriedung zusammen (r = .62), am stärksten war die Korrelation für Stimulation (r = .44), am schwächsten für Sicherheit (r = .12). Auch zeigte sich ein deutlicher Zusammenhang zwischen Bedürfnisbefriedigung und hedonischer Produktwahrnehmung (nicht aber zwischen Bedürfnisbefriedigung und pragmatischer Produktwahrnehmung). Eine weitere Studie mit über 1000 Teilnehmern bestätigte und detaillierte die Ergebnisse noch weiter (Hassenzahl et al. 2015). Beispielsweise zeigten sich für bestimmte Aktivitäten (Spielen, Musikhören, Fernsehen) spezifische Bedürfnisprofile. Während Spielen Kompetenz befriedigt, ist Musikhören eher anregend (Stimulation) und Fernsehen sozial (Verbundenheit).

Die angesprochenen Studien untermauern unsere Grundannahmen, dass Bedürfnisbefriedigung eng mit dem Erleben von Freude und Bedeutung verbunden ist, dass dies auch bei interaktiven Produkten eine Rolle spielt und sich in Produktwahrnehmungen (als hedonisch) und -bewertungen (als gut) zeigt. Welche Bedüfnisse salient sind, hängt stark von der Stichprobe der Erlebnisse und den verwendeten interaktiven Produkten ab. Beispielsweise zeigen Studien zu erlebnisorientierten Produkten in der Konsumentenpsychologie (Guevarra und Howell 2015) die höchsten Werte für Kompetenz, untersuchte Produkte waren hier beispielsweise Gitarren oder Fahrräder. Dahingegen umfassten unsere Studien auch eine Reihe von Kommunikationserlebnissen und -technologien, was dazu führte, dass Verbundenheit eine größere Rolle spielte. Pauschale Aussagen wie „Die Freude am Umgang mit Technik ist es, sie zu beherrschen" sind demnach zu vermeiden. Jedes Bedürfnis kann grundsätzlich mit und durch Technik befriedigt werden. Bei dem einen Bedürfnis liegt es vielleicht etwas stärker auf der Hand, oder entprechende Produkte und Aktivitäten sind weiter verbreitet. Dies ist eine interessante Information, sozusagen eine Momentaufnahme aktueller Bedürfnisbefriedigung durch Technik. Es bedeutet aber nicht, das dies der Technik innewohnt und so bleiben muss. Gestalter haben die Möglichkeit, jedes der sieben oder acht Bedürfnisse gleichermaßen durch interaktive Produkte zu adressieren. Tatsächlich sind in einer Produksparte unterrepräsentierte Bedürfnisse unter Umständen ein guter Ausgangspunkt für interessante Innovationen.

Die meisten Studien zu Bedürfnisbefriedigung durch interaktive Produkte beziehen sich auf erinnerte Erlebnisse. Wie relevant dies alles im Alltag, im Moment des Handelns ist, können wir noch nicht sicher beantworten. Zumindest finden wir aber in Laborstudien auch bei Verwendung des Bedürfnisinventars unmittelbar nach der Interaktion mit Produkten aufschlussreiche Effekte. Wir haben beispielsweise zwei Arten des Kaffeekochens miteinander verglichen, indem Teilnehmer die vorgegebene Art durchführten und dann unmittelbar ihr Erleben mithilfe der Fragebögen beschrieben (Hassenzahl und Klapperich 2014). Für die eine Art benutzten sie eine handbetrieben Kaffeemühle und eine Espressomaschine für den Herd. Für die andere eine Philips-Senseo-Pad-Kaffeemaschine. Das Erlebnis war positiver und die Bedürfnisbefriedigung intensiver (mehr Kompetenz, mehr Stimulation), wenn man den Kaffee von Hand zubereitete. Auch hier bestätigte sich die Grundannahme, dass sich ein positiveres Erlebnis durch intensivere Bedürfnisbefriedigung auszeichnet.

Auch andere Forscher beschäftigen sich mit Bedürfnissen im Kontext interaktiver Produkte: Partala (2011) hat beispielsweise das virtuelle Leben in *Linden Lab's Second Life* (▶ www.secondlife.com) mit dem realen Leben (ohne Computer) verglichen. In der virtuellen Welt erlebten Menschen mehr

Autonomie, mehr Geld/Luxus und interessanterweise mehr Körperlichkeit (man kann ja seinen Körper gestalten, wie man möchte). In der realen Welt wurden hingegen Kompetenz, Verbundenheit, Sicherheit und Popularität intensiver erlebt. Partala und Kallinen (2012) haben unsere Studie von 2010 mit einer kleineren Stichprobe repliziert und um negative Erlebnisse erweitert. In einer neuen Arbeit explorieren Partala und Kujala (2016) universelle Werte (z. B. Schwartz und Bilsky 1987) als Quellen für Freude und Bedeutung (in welcher Weise diese Arbeit allerdings einen bedürfnisorientierten Ansatz ersetzen oder verbessern kann, bleibt unklar).
Die Forschung zur Rolle von Bedürfnissen beim Erleben interaktiver Produkte ist noch lange nicht abgeschlossen. Allerdings kann man doch mit einiger Sicherheit behaupten, dass Bedüfnisbefriedigung eine Rolle spielt und dass man Erlebnisse mit und durch Technik mithilfe von Bedürfnissen beschreiben kann – sowohl konzeptionell aus einer Gestaltungssicht als auch aus Benutzersicht, um so produktvermittelte Erlebnisse besser zu verstehen oder sogar zu evaluieren (▶ Kap. 7).

Wir haben Wohlbefinden als Ziel eingeführt. Zum Wohlbefinden gehört das Erleben freudvoller und/oder bedeutungsvoller Momente im Alltag. Diese Momente entstehen durch die Befriedigung angeborener psychischer Bedürfnisse im Rahmen von Aktivitäten. Bedürfnisse sind also Quellen von Freude und Bedeutung. Wir unterscheiden Autonomie, Kompetenz, Verbundenheit, Stimulation, Popularität, Sicherheit, Bedeutsamkeit (◼ Abb. 4.1) und berücksichtigen auch immer stärker die Körperlichkeit. Diese Bedürfnisse sind deutlich voneinander zu unterscheiden, klar mir positiven Gefühlen verbunden und spielen nachweislich im Kontext interaktiver Produkte eine Rolle.

4.1.3   Praktiken

Aus einer Gestaltungssicht sind Bedürfnisse zu generell. Das Telefon, *Facebook*, E-Mail, Briefe oder *Post-its* sind alles Technologien, mit denen man Verbundenheit erleben kann – oder vieles andere mehr. Das abendliche Bettgeflüster am Telefon von Paaren in Fernbeziehungen, das Anstupsen bei *Facebook*, die E-Mail an die Großeltern mit den neuesten Fotos der Enkel, der romantische Liebesbrief oder das schnell gemalte Herzchen auf einem *Post-it* am Kühlschrank sind konkrete Aktivitäten, die (interaktive) Produkte nutzen, um ein Bedürfnis nach Verbundenheit zu befriedigen.

Es geht also um die konkrete Art und Weise, wie Bedürfnisse im Alltag befriedigt werden. Soziale Praktiken sind ein theoretisches Konzept, das dabei hilft, die mögliche Bandbreite an Aktivitäten und ihrer Verankerung im Alltag zu erfassen. Die Theorie sozialer Praktiken beruht auf einer reichhaltigen soziologischen Theoriebildung (z. B. Bourdieu, Giddens, Schatzki, Latour). Reckwitz (2003) fasst all dies zusammen und gibt so einen nützlichen und ordnenden Überblick.

Eine soziale Praktik kann verstanden werden, als ein

» typisiertes, routinisiertes und sozial „verstehbares" Bündel von Aktivitäten (Reckwitz 2003, S. 289).

Reckwitz führt weiter aus:

» Das Soziale ist hier nicht in der „Intersubjektivität" und nicht in der „Normgeleitetheit", auch nicht in der „Kommunikation" zu suchen, sondern in der Kollektivität von Verhaltensweisen, die durch ein spezifisches „praktisches Können" zusammengehalten werden (Reckwitz 2003, S. 289).

Eine soziale Praktik beschreibt ein Bündel typischer, routinisierter Aktivitäten. Diese Aktivitäten werden von einer Gruppe von Menschen praktizkiert, d. h. durch deren praktisches Können entwickelt und zusammengehalten. Das klingt abstrakt, ist es aber gar nicht. Nehmen wir Hygiene als Beispiel: Das Duschen ist eine Praktik, die wir alle kennen und praktizieren. Stellt man sich die Praktik des Duschens vor, dann hat man als Mitglied der praktizierenden Gemeinschaft sofort eine Vorstellung davon, was Duschen ist, was es an Geräten und Material erfordert (Wasser, Duschgel, Duschvorhang), was man dazu können muss (Stehen, den Wasserhahn bedienen) und was es für Bedeutungen hat (Sauberkeit, Gesundheit, Erfrischung). Eine Praktik ist also nicht einfach nur eine Aktivität, die man beschreiben kann, sondern sie wird auch sozial geteilt und so verstanden.

Auch Shove et al. (2012) betonen, dass die Praktik eine Einheit ist, eine erkennbare Verbindung verschiedener Elemente, ein reproduzierbares Muster, über das man sprechen kann. Auf der anderen Seite existiert eine Praktik aber auch als Performanz während ihrer Ausübung. Das eigentliche Tun ist nämlich der Moment, in dem die Verbindungen zwischen Elementen sichtbar werden, sich bestärken oder abschwächen. Um das Beispiel des Duschens erneut zu bemühen: Wir alle haben eine generelle Idee davon, was Duschen ist. Wir erkennen es als ein generelles Muster, das sich von anderen Praktiken, wie dem Vollbad, deutlich abgrenzt. Gleichzeitig duschen wir jeden Morgen oder Abend auf ganz bestimmte Arten und Weisen, die sich auch über die Zeit verändern können. Eine Praktik wird durch das Ausüben bestärkt und geformt. Shove et al. (2012) beschreiben es so:

> » Moments of doing, when the elements of a practice come together, are moments when such elements are potentially reconfigured (or reconfigure each other) in ways that subtly, but sometimes significantly change all subsequent formulations (Shove et al. 2012, Pos. 307).

Diese duale Sichtweise, eine Praktik als Einheit und als Performanz zu sehen, ist für das Gestalten ganz besonders hilfreich. Zum einen bietet die Praktik als Einheit einen soliden Anknüpfungspunkt, der das geteilte Können, Wissen und Tun einer praktizierenden Gemeinschaft umfasst. Die Praktik als Performanz ist der Ansatzpunkt der eigentlichen Gestaltung. Werden Elemente bewusst verändert oder neu arrangiert, verändert sich auch die Praktik. Gestaltung kann also als das bewusste Herstellen neuer Arrangements verstanden werden. Das bedeutet auch,

> » that product innovations do not constitute solutions to existing needs. In so far as desires, competencies and materials change as practices evolve, there are no technical innovations without innovations in practice. In other words, if new strategies and solutions in product or service development are to take hold they have to become embedded in the details of daily life and through that the ordering of society (Shove et al. 2012, Pos. 290).

Was sind nun die Elemente einer Praktik? Shove et al. (2012) (s. auch Kuijer et al. 2013) legen hier eine sehr verständliche Theorie vor, die sich aus unserer Sicht gut für das Gestalten interaktiver Produkte eignet. Sie unterscheiden die Elemente Fertigkeit, Material und Bedeutung.

Fertigkeit umfasst das Wissen und Können, das benötigt wird, um eine Praktik auszuüben.

Das Material sind all die Dinge, die in einer Praktik eine Rolle spielen. Das sind Objekte, Infrastrukturen, Werkzeuge, der eigenen Körper und auch andere Personen. Die enge Verbindung von Dingen und Praktiken sind aus der Gestaltungsicht wichtig. Dinge stehen nicht außerhalb, oder werden einfach nur genutzt. Im Gegenteil, sie sind ein konstituierendes Element jeder Praktik. Ohne Material sind Praktiken nicht denkbar. Reckwitz (2003) schreibt über Dinge:

» Spezifische Artefakte – von Computern bis zu Gebäuden, von Flugzeugen bis zu Kleidungs-stücken – sind als ein Teilelement von sozialen Praktiken zu begreifen (wobei man sich darü-ber streiten mag, ob von „allen" oder von „vielen" Praktiken): Wenn eine Praktik einen Nexus von wissensabhängigen Verhaltensroutinen darstellt, dann setzen diese nicht nur als „Träger" entsprechende „menschliche" Akteure mit einem spezifischen, in ihren Körpern mobilisier-baren praktischen Wissen voraus, sondern regelmäßig auch ganz bestimmte Artefakte, die vorhanden sein müssen, damit eine Praktik entstehen konnte und damit sie vollzogen und reproduziert werden kann (Reckwitz 2003, S. 291).

Von Bedeutung ist der Beitrag, den die Praktik zum Leben und Alltag des Praktizierenden leistet. Shove et al. (2012) fassten mentale Prozesse (Gedanken), Emotion, Motive und die symbolische Bedeutung der Praktik unter diesem Element zusammen. Sie selbst bezeichnen Bedeutung als

» tricky territory in that those who write about social practices are in much less agreement about how to characterize meaning (Shove et al. 2012, Pos. 456).

Aus unserer Sicht können hier die Bedürfnisse aus dem vorherigen ▶ Abschn. 4.1.2 helfen. Ihre Erfüllung ist die eigentliche Motivation etwas zu tun, zumindest wenn man selbstbestimmt han-delt. Damit stellen sie für uns auch den Kern der Bedeutung einer Praktik dar. Um diesen Kern können sich dann spezifischere Bedeutungen anlagern, die eine Praktik weiter qualifizieren. Während Fertigkeiten und Material handfeste Elemente einer Praktik sind, ist die Bedeutung unschärfer, weicher. Allerdings ist die Bedeutung die Brücke zum Wohlbefinden und damit zentral für ein wohlbefindensorientiertes Gestalten.

Eine Praktik entsteht, wenn sich Elemente miteinander verbinden oder verbunden wer-den. Sie verschwindet, wenn sich die Verbindungen wieder lösen. Für Gestalter interaktiver Produkte steht natürlich das Material im Vordergrund. Jedes verbesserte oder neue Produkt wird unweigerlich bestehende Praktiken verändern oder neue Praktiken entstehen lassen. Jedes Produkt formt also benötigte Fertigkeiten und Bedeutungen, ob Gestalter dies nun wol-len oder nicht. Die Aufgabe einer erlebnis- und wohlbefindensorientierten Gestaltung ist es nun, interaktive Produkte so zu gestalten, dass sie Praktiken ausformen, die Wohlbefinden, also Freude und längerfristige Bedeutung, im Alltag entstehen lassen. Dies ist ein subtiler Prozess, den viele Gestalter noch nicht im Blick haben (s. Fallstudie „Fitness-Tracker" als ein interessantes negatives Beispiel). Denn es bedeutet, dass die Praktik, insbesondere die Bedeu-tung, mitgestaltet werden muss. Man kann zwar versuchen, Bedeutung per Werbung mit dem Produkt zu assoziieren, die Theorie der sozialen Praktiken macht aber deutlich, dass ein Pro-dukt nur nachhaltig erfolgreich sein kann, wenn es Praktiken des Alltags konstituiert, die für Menschen so freud- und/oder bedeutungsvoll sind, dass sie wiederholt von einer Gemeinschaft von Praktizierenden ausgeübt wird. Ob Werbung alleine dies zu schaffen vermag, möchten wir bezweifeln. Für einen langfristigen Erfolg muss das Produkt selbst seine Versprechen im Alltag einlösen.

Fitness-Tracker: Wie Dinge Bedeutung verändern und Wohlbefinden verringern können

Ein neues Genre interaktiver Produkte, das sich sehr erfolgreich am Markt etabliert hat, sind Fitness-Tracker aller Art. *Nike+, Jawbone, Fitbit, Microsofts Band* oder *Apples Watch* – diese Geräte messen Aktivität im Alltag und melden diese ihren Nutzern meist in Form zurückgelegter Strecke, durchschnittlicher Geschwindigkeit, gegangener Schritte und verbrauchter Kalorien zurück. Selbstquantifizierung ist das Stichwort und der Nutzen scheint klar: Die objektive Messung erzeugt Einsicht in eigenes Verhalten und bildet damit die Grundlage für gesundheitlich notwendige Veränderungen.

Diese Geschichte wird nicht von allen ohne Kritik akzeptiert. Nimmt man die Theorie der sozialen Praktiken ernst, werden Fitness-Tacker bestehende Praktiken unweigerlich verändern. Die Frage ist, ob das exakte Messen eine angemessene Bedeutung transportiert. Exaktes Messen impliziert den Vergleich – mit sich selbst und anderen. Messen betont Leistung. In einer Studie zur Nutzung von Trackern im Alltag fanden Fritz et al. (2014) beispielsweise, dass Tracker zwar zu mehr Bewegung führen, aber auch die Bedeutung von Bewegung verändern. Statt das Joggen zu genießen, wird *number fishing* betrieben. Man läuft nun extrinsisch motiviert für den Tracker, anstatt für die eigene Gesundheit. Das ist natürlich auch eine Form der Bedeutung. Ob sie allerdings dem Wohlbefinden zuträglich ist?

Etkin (2016) hat zu dieser Frage eine spannende Studie vorgelegt. In sechs Experimenten belegt er, dass das Messen zwar die Intensität von Aktivitäten erhöht (z. B. mehr Gehen, mehr Lesen), gleichzeitig aber die Freude an der Aktivität verringert. In einer Studie (Studie 2) bekamen Studierende morgens ein Pedometer, also ein Gerät, das die Zahl der gegangenen Schritte aufzeichnen kann. Einer Gruppe wurde gesagt, dass das Pedometer ihnen eine Idee davon vermittelt, wie viel sie gegangen sind. Sie wurden instruiert, am Tag mehrfach die Schrittzahl abzulesen. Die andere Gruppe bekam ebenfalls ein Pedometer, allerdings war es in einer Hülle, sodass man die Werte nicht ablesen konnte. Dabei ging es angeblich lediglich um den Tragekomfort des Gerätes. Abends gaben die Studierenden das Pedometer zurück und beantworteten noch zwei Fragen: „Wie viel Freude bereitet Ihnen das Gehen?" und „Wie gerne gehen Sie?" Diese beiden Fragen wurden zu einem Genussindex zusammengefasst. Wie erwartet gingen die Studierenden in der „Messen"-Gruppe mehr Schritte als die anderen, aber sie gaben auch an, insgesamt weniger Freude am Gehen zu haben. Das Messen betont das Ergebnis der Aktivität (und nicht die eigentliche Aktivität) und dadurch fühlt sich die Aktivität eher wie Arbeit an. Längerfristig führt das Untergraben intrinsischer Motivation zu einem verringerten Wohlbefinden und erhöht damit die Wahrscheinlichkeit, die Aktivität nicht mehr auszuüben. Diese Sicht deckt sich auch mit empirischen Daten zur Nutzung von Fitness-Trackern. Tatsächlich werden viele Geräte nur für ein paar Monate genutzt. Dies bedeutet natürlich nicht gleich, dass auch die Aktivität nicht mehr ausgeführt wird. Aber das andauernde Messen scheint doch inkompatibel mit dem bedeutungsvollen und freudvollen Praktizieren einer sportlichen Aktivität zu sein. Man kann es als stützende Technologie verstehen, um überhaupt einmal mit der Praktik zu beginnen. Aber dann sollte man doch tunlichst den Tracker aus der Praktik verbannen und sich Formen der Bedeutung erschließen, die das Joggen oder Radfahren auch längerfristig bedeutungsvoll werden lassen (z. B. Genuss am Entdecken neuer Strecken und Landschaften). All dies muss sich heutzutage der Benutzer von Trackern selbst erschließen. Ein erlebnis- und wohlbefindensorientiertes Gestalten versucht, es aktiv durch Gestaltung zu erzielen.

In den Sozialwissenschaften werden Praktiken, ihre Genese und ihr Verschwinden, detailliert untersucht. Man versucht, denn Alltag zu verstehen und Regelmäßigkeiten zu erkennen. Die Praktik ist Analysegegenstand. Die Gestaltung interaktiver Produkte hingegen hat eine etwas andere Perspektive. Es geht um das Verändern, Verbessern oder sogar Etablieren neuer Praktiken, vornehmlich durch Veränderungen des Materials. Praktiken werden somit zu Gestaltungsgegenständen. Kujier et al. (2013) stellen beispielsweise fest:

>> [Most design research] take practices as a unit of analysis; understanding and gaining inspiration from what is. So far, however, there has been little research on what it means to take practices as a unit of design; generating and evaluating what could (or should) be in the future (Kujier et al. 2013, S. 21:2).

Gestaltung mit dem Ziel der Veränderung von Praktiken erfordert natürlich eine Vision des Zukünftigen: Was bedeutet eigentlich Veränderung? Zu welchem Zweck möchte man sie etablieren? Anders als die Sozialwissenschaften und Teile der Psychologie ist Gestaltung normativ. Sie benötigt ein gutes Verständnis bestehender Praktiken, das beispielsweise durch Beobachtungen von und Gespräche mit Praktizierenden erarbeitet werden kann, *und* eine klare Vorstellung, was verbessert werden soll. Gerade hier unterscheiden sich verschiedenen Ansätze. Ein erlebnis- und wohlbefindensorientiertes Gestalten bezieht seine Legitimation aus dem überprüfbaren Ziel, Wohlbefinden zu mehren. Ein Ziel, wie beispielsweise den Abverkauf zu erhöhen, ist zwar denkbar, aber im Rahmen unseres Modells moralisch nicht legitim, weil es nicht primär wohlbefindensorientiert ist. Verstehen Sie uns nicht falsch: Natürlich ist die Produktion interaktiver Produkte eine kommerzielle Aktivität, die immer ertragsorientiert sein wird. Und auch mit wohlbefindensorientierten Produkten darf man Geld verdienen. Jedoch finden wir das Etablieren oder Optimieren von Praktiken aus rein geschäftlichem Interesse – man denke an die Spielautomatenindustrie – problematisch. Wir möchten die Kraft des hier vorgestellten Modells zur reflektierten Verbesserung von Wohlbefinden einsetzen. Wir hoffen auf Innovationen, die das alltägliche Leben wirklich bereichern und nicht nur so tun.

Kujier et al. (2013) wenden die Praxistheorie bereits gestalterisch an, allerdings mit dem Ziel der Nachhaltigkeit und nicht mit dem Ziel des verbesserten Wohlbefindens. Sie versuchen beispielsweise die Praktik der täglichen Dusche mit der neuen Praktik des „Splashens" zu ersetzen (s. ▶ Kasten „Nachhaltige persönliche Hygiene"). Während dieses Beispiel für einen Gestalter interaktiver Produkte vielleicht etwas randständig wirkt, ist es doch ein gutes Beispiel für einen an sozialen Praktiken orientierten Gestaltungsansatz.

Nachhaltige persönliche Hygiene

Kujier et al. (2013) beschreiben, wie sich das Duschen in den Niederlanden über die Jahre verändert hat. In den 1950er-Jahren bestanden Praktiken persönlicher Hygiene aus dem täglichen Waschen der Hände und des Gesichts und einem Vollbad dann und wann. Der Wasserverbrauch lag bei ca. 50 l Wasser pro Woche. Ab den 1970ern kamen Badezimmer mit Duschen in Mode. Das Duschen löste das Vollbad ab und damit stieg auch die Häufigkeit, mit der der ganze Körper gewaschen wurde. Heutzutage werden in den Niederlanden 67 l Wasser *pro Duschvorgang* verbraucht, mit 5 bis 6 Duschen pro Woche entsteht so ein Gesamtverbrauch von mehr als 350 l. Das Duschen führte zu höheren Standards persönlicher Hygiene, mit der Bedeutung von Frische, Belebung und Fitness. Neues Material führte zu veränderten Bedeutungen und Fertigkeiten.

Aus einer Nachhaltigkeitsperspektive kann man die Notwendigkeit erkennen, mit weniger Wasser zur persönlichen Hygiene auskommen zu können. Natürlich ist der Wasserverbrauch an sich in den Niederlanden ein anderes Problem als in Mumbai oder in der Sahara. Zu bedenken ist aber auch die Energie, die benötig wird, um jeden Tag 67 l Wasser auf 30 Grad zu erwärmen – denn die meisten Menschen duschen warm oder gar heiß.

Kujier et al. (2013) haben eine neue Praktik persönlicher Hygiene entwickelt, die sie Splashing nennen. Statt eine laufende Wasserquelle zu verwenden, wird beim Splashing eine feste Menge Wasser eingesetzt, mit der man sich wäscht. So wird der Wasserverbrauch reduziert. Um nun diese vorläufige Idee zu explorieren und weiter zu verfeinern, haben sie Personen in ihr Labor eingeladen und mit Rollenspielen mögliche neue Formen persönlicher Hygiene durchgespielt. Hierfür wurde eine Reihe von Requisiten bereitgestellt, z. B. ein einfaches Bassin und ein Hocker. Alle Requisiten machten einen explizit provisorischen Eindruck, um das Experimentieren zu fördern. Den Teilnehmern wurde lediglich gesagt, dass sie sich vorstellen sollten, sie hätten keine Dusche. Mithilfe der vorhandenen Requisiten oder eigener Materialien sollten sie dann vorführen, wie sie sich waschen würden. Direkt anschließende Interviews dienten der gemeinsamen Reflexion. Das Entfernen der Dusche führte also zu einer Krise der Routine, die es aber den Teilnehmern ermöglichte, ihren Alltag zu überdenken. Die zur Verfügung gestellten Materialien (das Bassin) hingegen begrenzte subtil den möglichen Wasserverbrauch.

Aus dieser Studie entstand ein möglicher Gestaltungsraum. Beim Splashing benutzt man eine geringere Menge warmes Wasser aus dem Bassin. Dabei kann man stehen oder sitzen. Wasser und Seife werden mit Händen oder Schwämmen aufgetragen. Seife übernimmt die Rolle des fließenden Wassers. Sie erzeugt das Sauberkeitsgefühl. Splashing kann eine schnelle Katzenwäsche sein, bei der man nur bestimmte Körperregionen wäscht, oder ein längeres, entspannendes Ritual. Dieser Entwurf einer Praktik kann nun mit dem Duschen insbesondere im Hinblick auf Nachhaltigkeit verglichen werden. Es zeigte sich beispielsweise, dass beim Splashing die Badezeit von der Wassermenge entkoppelt wird. So würde sehr viel weniger heißes Wasser verbraucht werden. Eine Teilnehmerin nutzte in 10 min gut 4,5 l (fiktives) Wasser, um ihre Haare und ihren Körper zu waschen. Ein anderer Teilnehmer splashte 19 min mit ca. 50 l Wasser. Eine ebenso lange Dusche würde selbst mit einem wassersparenden Duschkopf rund 140 l warmes Wasser benötigen. Allerdings nahm die Seife plötzlich eine wichtigere Rolle ein, was aus einer Nachhaltigkeitsperspektive problematisch werden kann.

Die Gestaltung interaktiver Produkte konzentriert sich kaum auf diese Ebene der Gestaltung – wie Kuijer et al. (2013) richtig bemerken. Ein typischerer Ansatz ist beispielsweise der von Laschke et al. (2011). Ihr Duschkalender ist eine Visualisierung des Wasserverbrauchs einer Familie (■ Abb. 4.2).

■ **Abb. 4.2** Duschkalender. (Laschke et al. 2011)

Diese Visualisierung ist aufmerksam gestaltet: Ein Punkt beschreibt den Wasserverbrauch eines Dusch-vorgangs. Der Punkt repräsentiert am Anfang 60 l Wasser, die dann sozusagen weggeduscht werden. Der Punkt wird in einer kalenderartigen Struktur angeordnet. Unterschiedliche Farben repräsentieren unterschiedliche Familienmitglieder. Alles in allem ist die Gestaltung so angelegt, dass die Reduktion des Wasserverbrauchs durch ein buntes, reichhaltiges Muster belohnt wird, während das permanente Wegduschen der 60 l zu nichts führt. Viele Überlegungen sind eingeflossen, z. B. eine eher vage Rück-meldung zu geben, um den allgemeinen Trend zu betonen und es auch einmal möglich zu machen, aus Genuss etwas länger zu duschen, ohne das Muster zu zerstören. Natürlich ist das Einführen eines interaktiven Produkts in eine bestehende Praktik weniger umfassend als das Umgestalten einer Praktik. Tatsächlich gibt der Duschkalender auch keine konkrete Anleitung zum Wassersparen. Eine Möglichkeit ist es beispielsweise, das Wasser beim Einseifen abzustellen. Dieses Wissen ist kein Teil des Duschkalenders. Er gibt lediglich Rückmeldung über aktuellen und vergangenen Verbrauch. Diese Möglichkeit der Einsicht in eigenes Verhalten sollte man allerdings auch nicht unterschätzen. Das neue Material „Duschkalender" führt neues Wissen in die Praktik ein, wie beispielsweise die Rückmeldung über bereits verbrauchtes Wasser. Auf der Bedeutungsebene werden so eine ganze Reihe von Veränderungen angeregt: Geringer Verbrauch wird zum Wunsch und zur Norm erklärt. Die individuelle Rückmeldung in der Familie macht Wasserbrauch zu einem sozialen Thema. Während der Duschkalender nicht versucht, das Duschen als Praktik durch eine andere Praktik zu ersetzen, modifiziert er doch subtil die bestehende Praktik, indem er als neues Material auch neue Fertigkeiten und neue Bedeutungen anregt.

Die Geschichte des Splashings ist bisher nicht zu Ende erzählt. Kuijer et al. (2013) befinden sich noch im Gestaltungsprozess. Klar wird aber, dass sie als Industriedesigner versuchen, durch das gestaltete Material eine optimale Geschichte zu erzählen. Beispielsweise hat sich gezeigt, dass Personen versuchen, den Boden trocken zu halten. Als Konsequenz benutzten sie Schwämme, um die Seife aufzutragen und abzuwaschen. Das gebrauchte Wasser wurde so wieder in das Bassin gebracht, was natürlich dazu führte, dass dieses Wasser als zunehmend schmutziger wahrgenommen wurde. Durch Gestaltung kann nun impliziert werden, dass es in Ordnung ist, den Boden nass zu machen (indem man beispielsweise den Boden um das Bassin besonders behandelt). So landet das seifige Wasser auf dem Boden und das Wasser im Bassin bleibt klar. Ein solcher Unterschied kann den Erfolg- oder Misserfolg einer neuen Praktik besiegeln. Im Kern geht es beim Splashen um wassersparende Hygiene. Stellt sich aber das Gefühl von Saubersein nicht ein, wird diese Praktik im Alltag nicht akzeptiert werden.

4.1.4   Interaktion und Dinge

Es sollte bereits jetzt deutlich sein, dass wir alltägliche soziale Praktiken als den eigentlichen Gestaltungsgegenstand sehen. Solange man sich gestalterisch mit Dingen des Alltags beschäftigt, egal ob diese der Arbeit oder der Freizeit dienen, egal ob es sich um eine Kommunikationsapp oder die Befundungsstation eines Computertomografen handelt, immer wird das Ding bestehende Praktiken verändern. Wir fordern, dass dies aktiv bei der Gestaltung bedacht wird, die Praktik also explizit mitgestaltet wird. Damit bestärken wir eine Tradition in der Gestaltung interaktiver Produkte, die sich zwar weitestgehend auf die Arbeitswelt bezog, aber schon in den 1980er-Jahren feststellte, dass Softwaregestaltung eigentlich Arbeitsgestaltung ist (Hacker 1987). Selbst die nützlichsten Werkzeuge sind keineswegs harmlos – jedes verändert die Art und Weise, wie wir arbeiten. Die angestrebte Veränderung muss antizipiert, explizit gemacht und gerechtfertigt werden. Wir rechtfertigen unsere Gestaltungsbemühungen mit dem Wunsch nach mehr Wohlbefinden.

Die Idee der sozialen Praktik impliziert verschiedene Arten, wie sich Alltag ändern kann. Man könnte direkt an den Bedeutungen arbeiten. Dies ist am ehesten die Domäne des Marketings und der Werbung. Als begeisterte Biertrinker freuen wir uns beispielsweise darüber, dass aus dem Getränk für schwabbelbäuchige Couchpotatoes gleichsam über Nacht ein isotonisches Sportgetränk wurde. Es gibt kaum noch Freizeitsportler, die nach einer sonntäglichen Mountainbiketour nicht zum – wohlgemerkt – alkoholfreien Bier greifen. Aus einem etwas ungeliebten Produkt („Das schmeckt nicht wie Bier!", „Musst du fahren? Du Armer!") wurde ein fester Bestandteil sportlicher Betätigung. Erreicht hat das beispielsweise die Brauerei *Licher* durch das konsequente Ersetzen des Wortes Bier durch „das Isotonische", ein elektrisierendes Blau als Erkennungsfarbe und eine Werbung, die das Getränk als vom Institut für Sporternährung e. V. empfohlen anpreist. Dort heißt es: „Die Isotonischen von *Licher* löschen den Durst, geben neue Energie und fördern mit natürlicher Mineralstoff- und Vitaminzufuhr die Regeneration des Körpers nach dem Sport" (▶ www.licher.de/produkte/alkoholfrei). Die Werbung verändert die Bedeutung und macht so Bier plötzlich zum Bestandteil von Praktiken der Körperlichkeit.

Sie lesen allerdings kein Buch über Werbung, sondern über interaktive Produkte. Damit wird das Material zu unserem Ansatzpunkt für Gestaltung. Allerdings interessieren wir uns zunächst noch nicht für die spezifische Form oder Materialität des Produkts. Gestaltung wird ja oft als eine Disziplin verstanden, die Dinge schön und aufregend macht: tolles Holz, Aluminiumkörper, Glas, schicke Farben, anregende Typografie, übersichtliches Layout und schöne Animationen. Wir konzentrieren uns zunächst auf die Interaktion. Statt über die Konstruktion oder die Form eines Stuhls zu sinnieren, achten wir auf das Sitzen, die möglichen Positionen, die man einnehmen kann, wie der Stuhl hingestellt, herumgetragen und gelagert werden kann. Der Stuhl ist sicherlich kein prototypisches interaktives Produkt. Interaktive Produkte müssen aber auch nicht immer vollgestopft sein mit Elektronik, über Sensoren oder einen Touchscreen verfügen. Jedes Produkt, das im Alltag in Kontakt mit Menschen tritt, hat auch einen interaktiven Anteil. So eben auch ein Stuhl, wenngleich es sich hierbei aus der Perspektive der Interaktion um ein niedrigkomplexes Produkt handelt.

Bleiben wir für einen Moment bei den Sitzgelegenheiten als Beispiel. Die Praktik wird in ihrer Ausübung vom Material unweigerlich geformt. In diesem Sinne bestimmen die spezifischen Merkmale einer Sitzgelegenheit erheblich mit, wie wir sitzen oder was wir mit unserer Sitzgelegenheit im Alltag so tun. Ein schwerer, lederner Clubsessel lädt zum Verweilen ein. Man kann in einem solchen Sessel gut für sich sein. Er lässt sich kaum bewegen. Somit akzeptiert man beim Sitzen den Standort des Sessels und auch den Blick, der sich so eröffnet. Das bedeutet auch, dass ein anderer, beispielsweise ein Innenarchitekt oder die Hausherrin, die Aufgabe hat, einen schönen Ort für den Sessel zu finden. In einem Clubsessel liest man ein Buch, nimmt einen Drink oder raucht eine Zigarre. Ein großes Sofa ist da sehr ähnlich. Allerdings bietet es mehr als einer Person Platz. Sitzt man alleine auf einem Sofa scheint etwas zu fehlen – außer man macht sich lang und hält ein Nickerchen. Das Sofa lädt zum vertrauten Zusammensitzen ein oder auch zum Kuscheln. Für Gespräche ist es allerdings nicht so geeignet. Auf einem Sofa sitzt man in einer Reihe, mit dem Blick in die gleiche Richtung. Dort muss dann etwas passieren: Ein anregendes Kunstwerk an der gegenüberliegenden Wand, eine Aussicht auf das tosende Meer oder den blühenden Garten oder, am wahrscheinlichsten, der Fernseher. Es ist sicher kein Zufall, dass mit dem Siegeszug des Fernsehers auch das Sofa zu einem kaum mehr wegzudenkenden Teil weltweiter Wohnzimmer wurde. Würden wir alle abends Karten spielen, hätte das Sofa keine Chance gehabt. Andersherum formt das Sofa aber auch abendliche Praktiken. Manch einer kennt vielleicht das Gefühl, dass etwas nicht richtig ist, wenn man auf dem Sofa sitzt und *keinen* Film schaut.

Reckwitz (2003, S. 291) betont, dass ein Ding natürlich nicht alles Handeln, Denken und Fühlen vollständig festlegt, aber:

> **»** andererseits und gleichzeitig erlaubt die Faktizität eines Artefakts nicht beliebigen Gebrauch
> und beliebiges Verstehen (Reckwitz 2003, S. 291).

Wir könnten mit Ihnen jetzt noch den Drehstuhl mit Rollen durchgehen (stellen Sie sich einmal einen in Ihre Küche und schauen Sie, was im Alltag passiert), den Klappstuhl oder die Parkbank. Wir hoffen allerdings, dass unser Punkt bereits klar ist: Die Form, das Material und die Funktionalität eines jeden Produktes bestimmt subtil, wie wir damit interagieren. Und diese Interaktion formt das Handeln und beeinflusst so die Praktik, ihre Bedeutung, entstehende Erlebnisse und damit das Wohlbefinden. Es ist eine lange Kette, aber sie existiert. Ein interessantes Beispiel wird im ▶ Exkurs „Webcam oder: Wie ein Ding subtil Praktiken formt" dargestellt.

Exkurs: Webcam oder: Wie ein Ding subtil Praktiken formt

In ihrem lesenswerten Buch *Webcam* beschreiben die Anthropologen Miller und Sinanan (2014), wie man in Trinidad und Großbritannien Videotelefonieservices wie *Skype* zur Kommunikation nutzt. Sie gehen in ihrer Theorie auch davon aus, dass

» objects [...] act as frame [...] telling us how to behave without us realizing that this is the effect they are having upon us (Miller und Sinanan 2014, Pos. 228).

Nun scheint es offensichtlich, dass es in einem Buch über technikvermittelte Kommunikation natürlich als Allererstes um gute Gespräche und Intimität geht. Die Autoren beginnen ihr Buch aber mit einem ganz anderen Thema, nämlich der Selbstbewusstheit. Schaut man in einen Spiegel, wird man zum Beobachter seines Selbst. Dann und wann übt man beispielsweise wichtige Gespräche vor dem Spiegel, überprüft Mimik und Kopfhaltung, bis der Eindruck perfekt ist. Man sieht sich so, wie es andere später beim Gespräch tun werden. Später dann, in einem realen Gespräch, ist das nicht mehr möglich. *Skype* allerdings zeigt nicht nur das Bild des Gegenübers, sondern per Voreinstellung auch das eigene Gesicht in einem kleineren Bild in der Ecke. Diese kleine, gutgemeinte Funktion hat nun zur Folge, dass man sich seiner Selbst bei einem Gespräch mehr bewusst wird. Ungewollt betrachtet man sich selbst beim Gespräch, anstatt den Gesprächspartner. Das Gespräch wird zur Darbietung. *Skype* erzeugt so eine neue Form des Gesprächs, das ohne Technik gar nicht möglich wäre. Sich bei einem Gespräch bewundernd zu betrachten, klingt sehr selbstverliebt. Uns geht es allerdings nicht um das Beurteilen einer solchen Praktik. Der Punkt ist, dass *Skype* durch diese Funktion ein neues Element in eine Konversationspraktik einführt, das diese deutlich verändern kann. In ihrem Buch beschreiben Miller und Sinanan (2014) eine ganz besondere Art des Gesprächs, die sie *shit-talking* nennen, eine Art nett gemeintes, stichelndes „Scheißelabern". *Shit-talk* ist nicht einfach nur ein Gespräch, sondern eben auch eine Darbietung: Worte, Gesten, Gesichtsausdrücke, mit denen man versucht, sich gegenseitig zu übertreffen. Und all dies geht besser, wenn man sich selbst beim *shit-talk* sehen kann, um seine eigene Darbietung zu kontrollieren und zu verbessern. In diesem Sinne ist *Skype* perfekt für diese Praktik; besser als das richtige Leben:

» It is only now, when webcam exist, that we have a technology which has caught up with how the practice should always have been (Miller und Sinanan 2014, S. 617).

Bewusstes, verantwortliches Gestalten bedeutet also, die Veränderungen in Praktiken durch Funktionalitäten und anderen Gestaltungselemente zu antizipieren und dann zu entscheiden, ob die veränderte Praktik im Einklang mit dem Ziel nach Wohlbefinden steht. Für *shit-talking* ist das eigene Kamerabild beim Skypen perfekt, für andere Arten der Gespräche eher nicht.

Wie aus einer psychologischen Sicht das Handeln Gedanken und Erlebnisse formt, ist ein komplexer Prozess. Wir möchten zunächst nur festhalten, dass es diese Richtung der Beeinflussung auch gibt. Es ist also nicht nur so, dass wir Handlungen planen und dann ausführen, um beispielsweise ein bestimmtes Ziel zu erreichen. Auch umgekehrt beobachten wir uns dann und wann selbst beim Handeln und leiten unsere Ziele, Gedanken und Gefühle daraus erst ab. Wiseman (2012) nennt dieses Phänomen das As-if-Prinzip. So wie Menschen aus der Beobachtung anderer Menschen auf deren innere Zustände schließen, beobachten sie auch sich selbst und schließen auf ihre eigenen Gedanken, Gefühle, Ziele und Wünsche. Die These des As-if wird in der Psychologie, aber auch in anderen wissenschaftlichen Feldern, ebenfalls unter dem Stichwort Embodiment (Verkörperung) diskutiert. Im Rahmen der Gestaltung interaktiver Produkte wird öfters über *embodied interaction* gesprochen. Im ▶ Exkurs „Zwei Beispiele für Embodiment" können Sie etwas mehr erfahren.

Exkurs: Zwei Beispiele für Embodiment

In einem Experiment haben Topolinski und Sparenberg (2012) mit Teilnehmern das klassische Mere-Exposure-Paradigma (nach Zajonc) durchgeführt. Dabei sehen die Teilnehmer für 1000 Millisekunden jeweils eines von zehn chinesischen Schriftzeichen. Da die Teilnehmer diese nicht lesen können, sind sie inhaltlich bedeutungslos. In einem zweiten Durchgang werden die schon gesehenen Schriftzeichen mit neuen gemischt und erneut präsentiert. Nun müssen die Teilnehmer eine Aussage darüber machen, wie sehr sie das gezeigte Schriftzeichen mögen. Im Allgemeinen stellt man fest, dass die schon bekannten Schriftzeichen als attraktiver beurteilt werden. In ihrer Studie mussten die Teilnehmer allerdings an einer Kurbel drehen, während sie die Schriftzeichen bewerteten. Die eine Hälfte im Uhrzeigersinn (rechtsherum), die andere gegen den Uhrzeigersinn (linksherum). Die Autoren argumentierten, dass das Rechtsherumdrehen unweigerlich mit dem Konzept Zukunft verbunden ist, was sich in mehr Offenheit für Neues ausdrücken sollte. Und tatsächlich: Die Teilnehmer, die gegen den Uhrzeigersinn drehten, zeigten den klassischen Effekt, also eine Präferenz für die schon gesehenen Schriftzeichen. Die Teilnehmer, die im Uhrzeigersinn drehten, bevorzugten hingegen die neu hinzugekommenen Schriftzeichen. In den anderen Studien zeigte sich, dass Teilnehmer, die einen Zylinder rechtsherum drehten, höhere Werte auf dem Persönlichkeitsmaß Offenheit für neue Erfahrungen erzielten als Personen, die linksherum drehten. Oder aber: Wenn man Süßigkeiten auf einem rotierenden Tablett präsentiert, greifen Teilnehmer zu ungewöhnlicheren Süßigkeiten, wenn sich das Tablett im Uhrzeigersinn dreht. Das letzte Beispiel schlägt die Brücke zur Gestaltung, denn ein rotierendes Tablett ist ganz klar ein gestaltetes Ding.

In einer anderen Studie konnten Carney et al. (2010) zeigen, das bestimmte, mit Macht verbundenen Posen sowohl neuroendkrinologische als auch verhaltensmäßige Folgen haben. Teilnehmer sollten entweder eine Machtpose einnehmen, wie beispielsweise mit den Händen hinter dem Kopf verschränkt und den Füßen auf dem Tisch zu sitzen, oder eine eher defensive Pose, wie mit den Händen im Schoß auf einem Stuhl zu sitzen. Die Pose wurde für eine Minute eingenommen. Danach zeigten sich sowohl bei Männern als auch bei Frauen höhere Testosteron- und niedrigere Cortisolwerte in der Machtpose.

Bei einer nachfolgenden Wahlaufgabe zeigten die Teilnehmer, die vorher die Machtpose eingenommen hatten, eine höhere Toleranz für Risiko. Das bloße Einnehmen bestimmter Posen führt also zu körperlichen und verhaltensbezogenen Konsequenzen, die im Einklang mit der Pose stehen. Auch hier ist die Verbindung zur Gestaltung offensichtlich: Ob man im Alltag eine Pose einnehmen kann oder nicht, hängt von der materiellen Umgebung ab. Stühle für Investmentbanker sollte man also möglichst so gestalten, dass diese automatisch eine eher defensive Pose einnehmen müssen. Lässt man beispielsweise die Armlehnen weg, erhöht sich die Wahrscheinlichkeit die Hände in den Schoß zu legen, die Schulter kommen so nach vorne, der Körper macht sich klein. Und schon geht man verantwortungsbewusster mit unsere Geld um!

Bisher haben wir viel von Stühlen gesprochen. Gilt das alles auch für interaktive Produkte? In einer eigenen Studie (Diefenbach et al. 2016) haben wir uns mit Autonomie und Privatheit im Büro beschäftigt. Dafür haben wir das Konzept eines digitalen Bilderrahmens erarbeitet, der ein privates und geheimes Bild seines Besitzers oder seiner Besitzerin enthält. Wir konnten zeigen, dass eine Interaktion, die im Hinblick auf das Erlebnis von Autonomie, Privatheit und Geheimnis gestaltet wurde, das Erlebnis freudvoller und bedeutungsvoller macht als eine rein technische bzw. praktische Interaktion (Fallstudie „Kleine Geheimnisse", eine ausführliche Beschreibung der Interaktionsgestaltung gibt ▶ Kap. 5).

Kleine Geheimnisse

In einem digitalen Bilderrahmen haben wir (Diefenbach et al. 2016) ein privates Bild versteckt. Dieses Bild ist sozusagen ein kleines Geheimnis, das im Laufe eines Arbeitstages heimlich konsumiert werden kann. Der Bilderrahmen als Objekt bietet sich an, da er ein unauffälliges, aber gleichzeitig privates Objekt ist, wie es beispielsweise auf vielen Schreibtischen in Großraumbüros zu finden ist.

Das Konzept des digitalen Bilderrahmens mit Geheimversteck haben wir in zwei Videoprototypen dargestellt. In beiden Versionen war die Funktionalität gleich. Der Benutzer konnte ein verstecktes Bild durch eine Interaktion mit dem Rahmen anzeigen und wieder verschwinden lassen. Die Interaktion war allerdings unterschiedlich. In einer Version lag eine kleine Fernbedienung auf dem Tisch. Über einen diskreten Knopfdruck konnte der Benutzer das Bild anzeigen und verschwinden lassen. Eine andere Version hatte eine etwas komplexere Interaktion. Der Benutzer konnte das aktuelle Bild berühren. An dieser Stelle zeigte sich dann das darunterliegende, geheime Bild. So konnte es freigestreichelt werden. Lässt der Benutzer den Bildschirm des Rahmens los, überdeckt sich das freigelegte Bild mit dem offiziellen Bild.

Das Freistreicheln ist aber nicht einfach nur ein cooleres oder moderneres Interaktionsdesign. Es wurde auf der Basis von Interviews entwickelt, in denen Teilnehmer beschreiben sollten, wie sich der Umgang mit einem Geheimnis idealerweise anfühlt. Dabei zeigte sich, dass Benutzer ihre Geheimnisse gerne etwas langsamer freilegen, auch um die Vorfreude zu verstärken. Natürlich müssen Geheimnisse umso schneller verschwinden, wenn Entdeckung droht. Und die meisten wollen ihr Geheimnis berühren. Die Freistreichelinteraktion soll sich also geheimnisvoll anfühlen und so die erlebte Privatheit und Autonomie unterstützen. Eine erste Konzeptevaluation bestätigte dies. Wir haben die beiden Videos insgesamt 276 Personen gezeigt und sie gebeten, sich vorzustellen, sie hätten einen solchen Bilderrahmen auf ihrem Schreibtisch mit ihrem geheimen Bild und würden ihn wie gezeigt in ihrem Büro nutzen. Tatsächlich war das vorgestellte Erlebnis positiver, das Gefühl von Privatheit und Autonomie und die Bedürfnisbefriedigung intensiver, wenn die Interaktion in ihrem Charakter dem intendierten Erlebnis entsprach. Die Unterschiede in der Interaktion, die durch das Material, hier ein interaktives Produkt, ermöglicht und geformt werden, haben also Konsequenzen für die Bedeutung, hier gemessen durch Bedürfnisbefriedigung, und letztendlich für das Wohlbefinden im Sinne eines positiven Erlebnisses. Natürlich war in dieser Studie die Interaktion nur vorgestellt. Ob der Bilderrahmen mit seiner speziell gestalteten Interaktionsform wirklich Wohlbefinden im Alltag erzeugen kann, bleibt offen. Es ist aber ein vielversprechender erster Schritt, der darauf hinweist, welch zentrale Rolle die Gestaltung von Interaktion und interaktiven Produkten im Alltag spielen kann.

Auf der Ebene des konkreten Interaktionsdesigns gestalten wir detaillierte Abläufe und Bewegungen, die durch das Produkt geformt werden. Ein Smartphone mit Touchscreen lässt uns wischen und pinchen, ein Conversational Interfacedesign erweckt den Eindruck, dass wir uns mit einer Person unterhalten, obwohl wir eigentlich eine Webseite besuchen, und ein Fußball lädt zum Dribbeln ein. Jede Form der Interaktion ist nicht nur effizienter oder ineffizienter, bzw. leichter oder schwerer zu erlernen, sondern formt auch die Bedeutung einer Praktik. Um Bedeutung zu vermitteln, ist es also notwendig, Interaktionsdesign nicht nur als etwas Technisches zu verstehen oder sich auf das Visuelle, den Look, zu konzentrieren. Auch die Interaktion an sich formt Bedeutung. Sie hat ihre eigene Ästhetik – jenseits des Visuellen.

Dass es eine Ästhetik der Interaktion (▶ Kap. 5 und 6) geben sollte, die aus mehr besteht als der Forderung nach einer effizienteren Interaktion, hat viel mit der technischen Entwicklung zu tun. Der Spielraum für das Gestalten von Interaktion wird immer größer. Vor der Zeit der Bildschirme gab es Knöpfe, Schieberegler oder Drehpotentiometer. Diese wurden dann in grafische Benutzungsoberflächen als Widgets übernommen, die man mit einer virtuellen Hand, dem Mauszeiger, bedienen konnte. Die Idee war, mit einer begrenzten Menge standardisierter Widgets auszukommen, sozusagen das begrenzte Repertoire an Schaltern und Hebeln der analogen Welt zu reproduzieren, um so leicht verständliche Oberflächen zu garantieren. Typische Aspekte der Usability, wie die Idee der Metapher (Schreibtisch, Papierkorb), Gestaltungskriterien wie Konsistenz, Forderungen nach Erwartungskonformität und Versuche der Normung entstammen der grundlegende Idee, das Analoge in das Digitale zu übertragen. Und tatsächlich ist es für die Benutzbarkeit eines interaktiven Produkts förderlich, wenn eine Inter-aktion irgendwoher schon bekannt ist und nicht jede anders funktioniert. Allerdings zeigte sich auch, dass das Digitale deutlich freier werden kann als das Analoge und dass Gestalter kaum zu bändigen sind. Und so sind immer neue Widgets und immer neue Arten der Interaktion entstanden. Sie haben ihr Vorbild natürlich immer noch oft im Analogen, aber Schritt für Schritt wird die Interaktion mit digitalen Inhalten genauso reichhaltig wie die Interaktion mit der Welt an sich und den Dingen darin. Tatsächlich verschmilzt die analoge und digitale Welt: QR-Codes beispielsweise augmentieren reale Produkte mit digitalen Informationen, die durch die Entwicklung von mobiler Technologie auch in jeder Situation abgerufen werden können und so direkt auf die analoge Welt zurückwirken. Vorbei sind auch die Zeiten, in denen man sich mit Freunden in der Kneipe stundenlang darüber streiten konnte, in welchem Jahr De-peche Mode ihr erstes Album „Speak & Spell" herausbrachten (übrigens 1981). Heute ist dies anders. Wie bereits in ▶ Kap. 3 diskutiert: Es wird das Mobiltelefon gezückt, zwei, drei Klicks genügen und *Wikipedia* spuckt die Antwort aus. Dieses Verschmelzen von Analog und Digital wird durch das vielbeschworene Internet of Things noch weiter gehen. Ob es nun sinnvoll erscheint, dass eine Kaffeetasse weiß, dass sie eine Kaffeetasse ist, wem sie gehört, wie viel von welchem Getränk sich gerade in ihr befindet und welche chemische Zusammensetzung dieses Getränk hat, sei dahingestellt. Aber es wird möglich, und Gestalter werden diese Möglichkei-ten nutzen, um neue Interaktionsformen zu etablieren. Es eröffnen sich Spielräume, und es müssen Gestaltungsentscheidungen getroffen werden, die nicht nur technischer, sondern auch ästhetischer Natur sind.

Was kann diese Ästhetik der Interaktion sein? Lenz et al. (2014) haben einen Überblick der veröffentlichten Modelle zum Thema Ästhetik der Interaktion angefertigt. Ziel dieser Modelle ist es, gute, qualitative hochwertige oder angemessene Interakion zu definieren – was auch immer das dann genau bedeutet. Insgesamt wurden 19 Modelle detailliert betrachtet. Es zeigte sich, dass 6 der 19 Modelle sich eigentlich auf erwünschte Erlebnisse beziehen. So bezieht sich beispielsweise die magische Interaktion (*magical interaction*), auf ein Gefühl von Zauberei, welches durch Überraschung, Ungewohntheit und Anregung erzeugt wird. Dies ist ein Erlebnis, das man auch als Stimulationserlebnis klassifizieren könnte. Aus unserer Sicht sind diese Inhalte durch Bedürfnisse und Bedeutung bereits sehr gut in unserem Modell abgebildet.

Weitere 6 Modelle bezogen sich ausschließlich auf die detaillierte Charakterisierung von Interaktion auf der Ebene von Reizen und Bewegungen, also auf einer sensomotrischen Ebene. Typische Attribute sind dabei die Geschwindigkeit einer Interaktion oder ihre räumliche Form. Autoren lassen sich hier beispielsweise vom Tanz (z. B. Labans Bewegungsanalyse) inspirieren und versuchen so, Attribute zu sammeln, mit denen Interaktion beschrieben werden kann. Wir haben ein eigenes Interaktionsvokabular entwickelt, das insgesamt 11 Attribute (z. B. langsam – schnell, vermittelt – direkt, abgestuft – fließend) bietet, mit denen Interaktion technikfrei und wertungsfrei beschrieben werden kann (▶ Kap. 6).

Wertungsfrei bedeutet, dass man den Attributen allein nicht ansehen kann, was nun eine gute und was eine schlechte Ausprägung ist. Oberflächlich mag „schnell" ein wünschenswertes Attribut guter Interaktion sein, allerdings hat beides, Schnelligkeit und Langsamkeit, positive Bedeutungen. Während beispielsweise bei einer Interaktion mit einem Geheimnis (Fallstudie „Kleine Geheimnisse", s. auch ▶ Kap. 5) das Verschwindenlassen eines Geheimnisses schnell und fließend vonstatten gehen sollte, um sich so in der Interaktion sicher zu fühlen, sollte die Annäherung eher langsam und behutsam erfolgen, um so den Genuss zu steigern und die Vor-freude zu intensivieren. Eine Interaktion kann natürlich prinzipiell zu schnell oder zu langsam sein. Aber in den Grenzen des Angenehmen und Möglichen entsteht ein Spielraum für bewusste gestalterische Entscheidungen. An diesem Beispiel wird schon deutlich, was wir unter einer Ästhetik der Interaktion verstehen. Aus unsere Sicht muss die Interaktion auf der sensomotorischen Ebene so geformt werden, dass sie im Einklang mit dem intendierten Erlebnis steht, das Erlebnis also unterstützt und seine Bedeutung weiter ausformt. In diesem Sinne ist das Freistreicheln des geheimen Bildes im digitalen Bilderrahmen (Fallstudie „Kleine Geheimnisse") eine ästhetischere Interaktion als das bloße Drücken eines Knopfes auf einer Fernbedienung, weil das Freistreicheln mit einer geheimnisvoll anmutenden Interaktion das intendierte Gefühl von Privatheit und Autonomie intensiviert – und das sogar nachweislich. Die Interaktion muss das intendierte Gefühl verkörpern. Dazu muss die Interaktion bewusst im Einklang mit dem Erlebnis gestaltet werden und so durch Dinge materialisiert werden, dass sich das Gefühl in der Benutzung einstellt.

4.2   Zusammenfassung des Arbeitsmodells

Die Gestaltung interaktiver Produkte umfasst aus unserer Sicht also deutlich mehr als das bequeme Zugänglichmachen nützlicher Funktionalität. Ziel ist es, interaktive Produkte so in den Alltag einzubetten, dass durch ihre Nutzung Wohlbefinden entsteht. Vom Wohlbefinden zum interaktiven Produkt ist es ein langer, aber mithilfe unseres Modells nachvollziehbarer Weg (◘ Abb. 4.3).

Wohlbefinden entsteht im alltäglichen Handeln. Handeln wird zum Erlebnis, wenn es freudvoll und/oder bedeutungsvoll erscheint. Freude und/oder Bedeutung wiederum sind die Folge befriedigter Bedürfnisse. Wir schlagen mindestens sieben Bedürfnisse vor: Autonomie, Kompetenz, Verbundenheit, Stimulation, Popularität, Sicherheit und Bedeutsamkeit. Sie gelten für alle Menschen gleichermaßen, denn sie haben ihre Wurzeln in unserer menschlichen Natur. Sie sind klar zu definieren und hinreichend unterschiedlich. Bedürfniserfüllung führt aber nicht nur zu erlebter Freude und/oder Bedeutung, sondern hat auch eine motivationale Wirkung. Menschen suchen befriedigende Erlebnisse aktiv auf und versuchen solche Erlebnisse zu wiederholen. All dies kann man als das Warum einer Interaktion mit einem Produkt verstehen. Wohlbefinden durch Bedürfnisbefriedigung ist zumindest beim selbstbestimmten Handeln der letztendliche Grund für jede erfüllende Nutzung und damit die Basis für Produktbindung. Aber auch beim fremdbestimmten Handeln versuchen Menschen, sich ihr Handeln sozusagen wieder anzueignen und es mit Bedeutung und Freude anzureichern. Ohne beides scheint es schwer, entsprechende Praktiken aufrechtzuerhalten.

Bedeutung und Freude kann nicht einfach „gemacht" werden. Sie benötigen Aktivitäten, die im Tun und Ergebnis als positiv erlebt werden. Menschen haben eine Menge alltäglicher Praktiken, um ihr Wohlbefinden zu mehren: das gemeinsame Abendessen mit der Familie, um Verbundenheit zu erleben, kleine Geheimnisse, um sich autonom zu fühlen, das Reparieren des eigene Fahrrads, um sich kompetent zu fühlen, Motorradfahren, um sich zu stimulieren, oder Yoga, um den eigenen Körper zu spüren. Diese kann man als das Was einer Interaktion mit einem Produkt verstehen. Während die Zahl der Gründe für ein positives Erlebnis, also das Warum, übersichtlich bleibt, ist die Menge der möglichen alltäglichen Praktiken, in denen Produkte eine Rolle spielen, sehr viel größer. Auf der Ebene des Was muss bereits gestaltet werden. Durch Veränderungen in den Arrangements von Bedeutung, Fertigkeiten und Materialien entstehen neue Praktiken, verändern sich bestehende Praktiken oder werden Praktiken beendet. Dies ist unausweichlich und darf daher nicht aus dem Gestaltungsprozess ausgeklammert werden, selbst wenn man als Gestalter behauptet, dass man doch nur eine interaktive App gestalten würde. Auch diese App wird bestehende Praktiken beeinflussen. Es ist aus unserer Sicht verant-

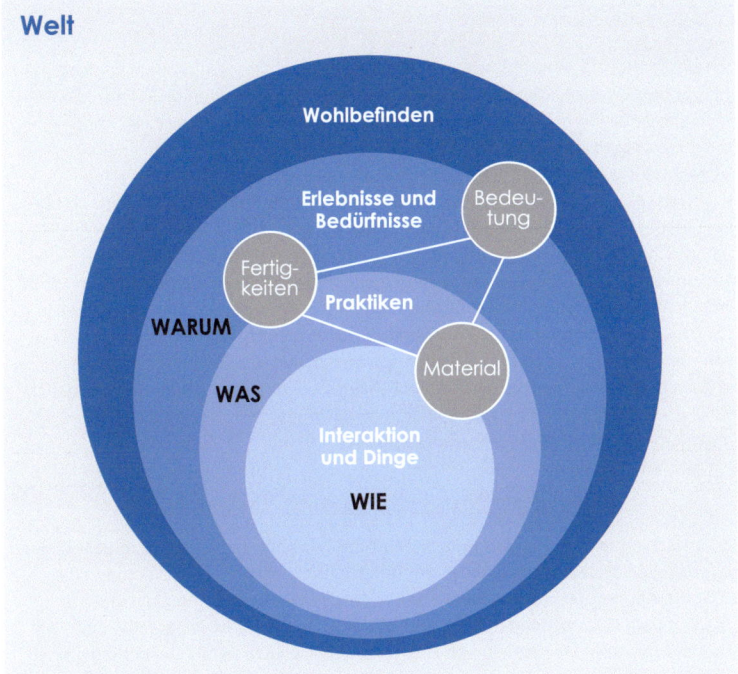

Abb. 4.3 Überblick über das Arbeitsmodell für ein wohlbefindens- und erlebnisorientiertes Gestalten

wortungslos und auch ein bisschen naiv, so zu tun, als wären die alltäglichen Veränderungen das Problem der Benutzer und nicht in der Verantwortung der Gestalter. Ob eine Praktik nun wünschenswert ist oder nicht, müssen Gestalter selbst entscheiden. Wir – und hoffentlich in Zukunft auch Sie – rechtfertigen unsere Gestaltungsbemühungen mit dem Ziel, Wohlbefinden im Alltag zu steigern.

Die soziale Praktik mit ihren drei Elementen stellt die Brücke zwischen abstrakter Bedürfnisbefriedigung und dem konkreten (interaktiven) Produkt her. Die Praktik an sich beschreibt ein Was, aber die Bedeutung einer Praktik ragt dabei in das Warum hinein, während das Material das Wie berührt. In jeder Praktik spielen Dinge eine wichtige Rolle. Die Art, wie man etwas tut, hat erheblichen Einfluss auf die notwendigen Fertigkeiten und die entstehende Bedeutung. Zu den Anfangszeiten des Automobils war jeder Fahrer auch sein eigener Mechaniker. Es wurde gehämmert, geölt und geschraubt, was das Autofahren abenteuerlich und technisch anspruchsvoll machte. Mit verbesserten, wartungsfreien Motoren hat sich das Autofahren in seiner Bedeutung erheblich verändert. Bequemlichkeit ist nun das Leitmotiv, nicht mehr die eigene Kompetenz. Heutzutage ist ein Autofahrer stolz auf die Ingenieursleistung, die bereits in dem Wagen steckt, nicht so sehr auf die Ingenieursleistung, die er noch in den Wagen stecken wird. Dies muss aber nicht so bleiben. Im Trend des Selbermachens, der Nachhaltigkeit und der immer häufiger vorkommenden Repair Cafés (Orte, an denen man kaputte Geräte unter Anleitung selbst wieder reparieren kann) ist es durchaus denkbar, Autos so zu bauen, dass sie auch wieder im heimischen Hof repariert werden können. Ob so etwas passiert oder nicht hängt von vielen Aspekten ab. Es ist aber eine der vielen Möglichkeiten, die sinnvoll erscheinen, wenn man denn unser Modell akzeptiert. Das Nachdenken über Praktiken betont nochmals die Verankerung von Wohlbefinden im Alltag. So ist das Thema Wohlbefinden wahrlich ein großes Thema, das aber von den alltäglichen Kleinigkeiten lebt.

Behutsame Alltagsautomatisierung

Automatisierung und der damit verbundene Effizienzgedanke macht auch vor unserem Alltag nicht halt. Waschmaschinen, Spülmaschinen, Küchenmaschinen und Kaffeevollautomaten sind Dinge, die wir kaum missen möchten. Das hohe Interesse an *Vorwerks Thermomix* belegt diesen Trend. Gleichzeitig beraubt uns jede dieser Maschinen einer Möglichkeit, Freude und Bedeutung im Alltag zu erleben. Eine Senseo-Pad-Kaffeemaschine ist zwar schnell und sauber, aber das Kaffeekochen selbst verliert an Bedeutung (Hassenzahl und Klapperich 2014) (s. auch ► Exkurs „Interaktive Produkte, Erlebnisse und Bedürfnisse – eine kleine Tour"). Es ist allerdings auch keine Alternative, auf all diese Maschinen im Alltag zu verzichten. Was könnte man also tun, um die Automatisierung mit dem Erlebnis zu versöhnen?

In einem Gestaltungskurs an der Folkwang Universität der Künste haben Studierende sich mit dem Spannungsfeld zwischen Automatisierung und manueller Tätigkeit auseinandergesetzt (mit freundlicher Unterstützung von *Bosch-Siemens Hausgeräte*). Die Studierenden analysierten dazu alltägliche Praktiken im Haushalt und entwickelten daraus mögliche Strategien, um zwischen dem Wunsch nach Automatisierung und dem Wunsch nach bedeutungsvollen, freudvollen Erlebnissen zu vermitteln. Dabei ergaben sich drei Strategien, die dann in Projekten exemplarisch angewandt wurden:

1. die Benutzer am automatisierten Prozess teilhaben lassen,
2. Automatisierung „von unten" und
3. Aktivitäten verändern, statt zu automatisieren.

1. Teilhabe: Die Spülmaschine *Johanna* von Borgmann, Hoffman, Neuhaus und Tochtrop zeigt, was sie tut. Das Geschirr wirft ein Schattenspiel auf die Front. Durch den wasserdichten Stoff können die Wärme und die Wasserstrahlen gespürt werden (◘ Abb. 4.4a1). Ein Bullauge ermöglicht einen direkteren Blick in das Innere der arbeitenden Maschine (◘ Abb. 4.4a2). So lässt *Johanna* Benutzer am Geschehen teilhaben, ohne sie in die Aktivität einzubinden. Dabei wurde bei der Gestaltung schnell klar, dass es um mehr als nur um eine Prozessvisualisierung geht. Vielmehr musste eine ästhetisch ansprechende Art gefunden werden, den Prozess auf Wunsch hautnah zu erleben, ohne allerdings selbst nass zu werden oder permanent auf unappetitliches Geschirr blicken zu müssen. Die Küchenmaschine von Warlier, Schwalfenberg und Völkel geht einen Schritt weiter. Sie beruht auf der Beobachtung, dass Küchenmaschinen zwar wunderbar Teig rühren, durch ihre Abgeschlossenheit allerdings auch andere liebgewonnene Praktiken verhindern, beispielsweise das Naschen. Eine Variante war der *Naschrüssel* (◘ Abb. 4.4b). Teilhabe wird hier nicht als Erlebbarmachen des Prozesses verstanden, sondern als die Öffnung des Prozesses, so dass Praktiken, die durch das Automatisieren verschwinden würden, weiter möglich bleiben.

2. Automatisierung „von unten": *Magic Spoon* von Sygulla und Falkenberg (◘ Abb. 4.4c) geht den umgekehrten Weg. Er beginnt bei der manuellen Tätigkeit, hier beim Rühren, und schlägt eine Automatisierung vor, die gleichsam magisch, begonnene Tätigkeiten selbstständig eine Zeit lang weiterführt. Der Benutzer muss anfänglich selbst zum Löffel greifen. Rührt er nun behutsam in dem Topf, bewegt sich der Löffel durch einen magnetischen Mechanismus wie von Zauberhand und spiegelt die vorher aufgenommenen Bewegungsmuster zurück. Fängt man an, heftig und schnell in dem Topf zu rühren, bewegt sich der Löffel bald von selbst in hektischen, schnellen Zügen. Der *Magic Spoon* besticht durch seine behutsame Automatisierung, die auf den Nutzer reagiert und nicht andersherum. Der Benutzer bleibt ein Teil des Prozesses. Durch das Ausgehen von der manuellen Tätigkeit und das Bewahren seiner Merkmale, erscheint diese Automatisierung spielerisch unterstützend. Der Kern der manuellen Aktivität wird beibehalten.

3. Aktivitäten verändern, statt zu automatisieren: Bei *Moove* gehen Jung, Hartman, Hoffman, Precht und Wolf von einer als monoton und langweilig empfundenen Aktivität aus: dem Kleinschneiden von Gemüse. Statt diese Aktivität nun zu automatisieren wurde sie umgestaltet. In Kugeln aus Acrylglas wurden Schneidmesser so eingelassen, dass durch ein Schütteln, Herumwerfen, Schleudern, Drehen, Jonglieren der Kugel Gemüse kleingeschnitten (oder Salat geschleudert) wird (◘ Abb. 4.4d1, d2). Das erzeugt Stimulation, mehr Bewegungsfreiheit und potenziell neue Formen des Kompetenzerlebens. Zudem lässt sich die Kugel auch durch mehreren Personen bedienen, indem sie immer wieder hin und her geworfen wird, bis schließlich das gewünschte Resultat erreicht wird.

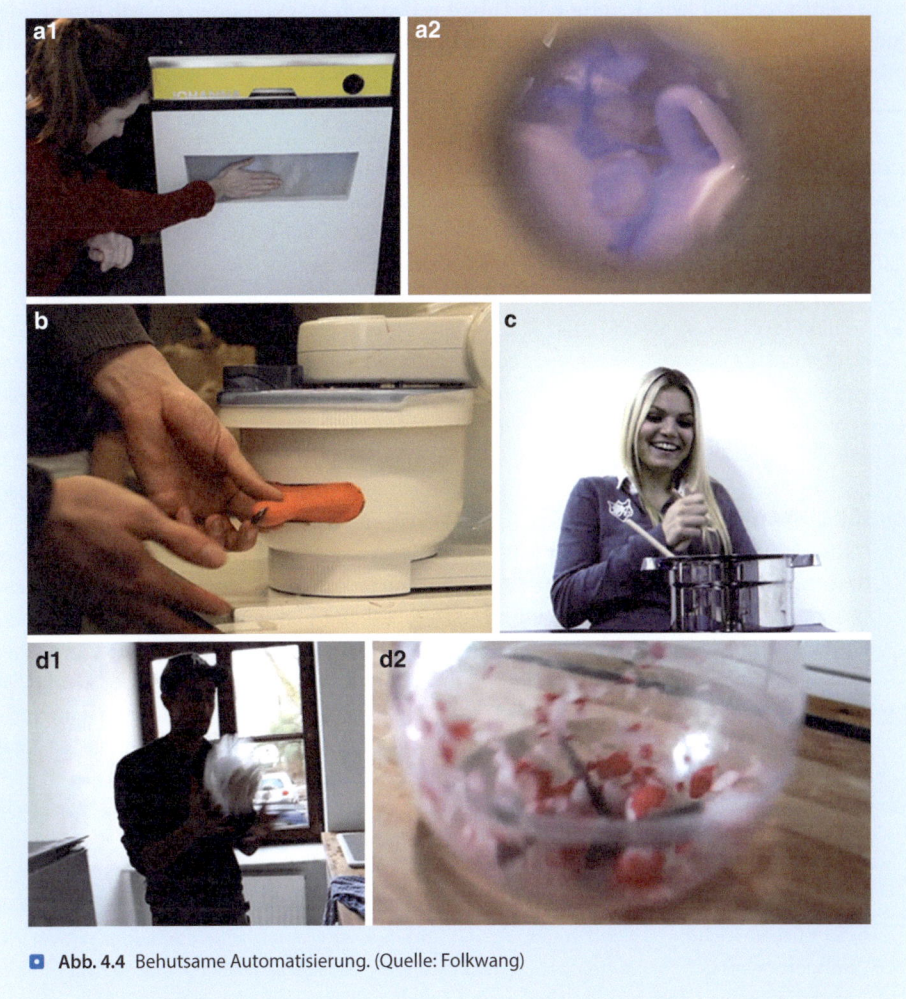

■ **Abb. 4.4** Behutsame Automatisierung. (Quelle: Folkwang)

Als Gestalter interaktiver Produkte ist natürlich das interaktive Produkt die Möglichkeit der Wahl, Praktiken zu etablieren und zu verändern. Das konkrete interaktive Produkt stellt das Wie dar. Es sollte auch bereits klar geworden sein, dass man den Begriff interaktives Produkt eng oder weit auslegen kann. Für uns sind auch ein Tisch und ein Stuhl interaktive Produkte. Für andere qualifiziert sich ein Produkt als ein interaktives nur dann, wenn es einen Bildschirm besitzt. Natürlich sind Möbel und Apps sehr unterschiedlich. Sie zu realisieren erfordert ganz andere Fertigkeiten und ein anderes Wissen. Schreinern und Programmieren sind schon sehr unterschiedlich. Allerdings ist dieses Buch ja nicht vordringlich ein Buch über das Realisieren. Wir gehen davon aus, dass Sie bereits über bestimmte Realisierungskompetenzen verfügen, diese aber in den Dienst eines umfassenderen Verständnisses wohlbefindens- und erlebnisorientierer Gestaltung stellen möchten. Ob Sie nun Websites oder Küchen entwickeln, nutzen Sie Ihr gestalterisches Repertoire, um Produkte physisch so auszugestalten, dass sich Interaktionen ergeben, die im Einklang mit Praktiken und Bedürfnissen stehen. Auf der Ebene des Wie kann es dementsprechend kein Richtig oder Falsch geben. Ob langsam oder schnell, direkt oder indirekt: Eine Interaktion ist auf dieser Ebene gelungen, wenn sie zum intendierten Erlebnis passt. Das verstehen wir unter einer Ästhetik der Interaktion (s. auch ▶ Kap. 5).

Fazit

Das hier vorgestellte Arbeitsmodell macht den Weg zwischen Wohlbefinden und interaktivem Produkt nachvollziehbar und erlaubt es, Gestaltungsentscheidungen bewusst orientiert am Ziel – bedeutungsvolle Erlebnissen und Wohlbefinden – zu treffen. In der Praxis wirft unser Modell aber häufig auch Fragen auf. Abschließend möchten wir daher einige dieser Aspekte der wohlbefindensorientierten Gestaltung in der Praxis zumindest ansatzweise diskutieren:

■ Produkt-Service-Systeme (PSS) statt einzelner Produkte: Es ist zentral für unseren Ansatz, Produkte nicht nur als das physisch Existierende zu verstehen, sondern sie explizit in Praktiken einzubetten und diese Praktiken auch gleich mitzugestalten. Dies führt fast unweigerlich dazu, in Produktarrangements zu denken, die man dann weiter mit immateriellen Services kombiniert. Dies sind dann PSS. Ein Fitness-Tracker bleibt also nicht nur ein Armband, das man trägt und das Schritte zählt. Es wird mit anderen Produkten (z. B. Websites, Schuhen, Kleidung, sozialen Medien) verbunden, um so Praktiken alltäglicher Bewegung zu formen und nicht nur ein Stück Technik zu verkaufen. Eine solche Denkweise liegt im Trend und dieses Buch kann dabei unterstützen, eine entsprechende Gestaltungsperspektive einzunehmen. Allerdings steht die Realität dieser Sichtweise, auch wenn sie sogar geschäftlich gewünscht wäre, oft im Weg. Besonders bei großen Technologieherstellern und komplexen Produkten ist die Produktentwicklung oft fragmentiert. Einzelne Gruppen arbeiten mit ihrer spezifischen technischen Expertise an Produktdetails, die dann nur mühsam in ein Ganzes integriert werden können. Aber gerade diese Integration der Teile, in ein bedeutungsvolles Ganzes, macht ein gutes Produkt aus. Hier müssen Praktiker im Rahmen ihrer Möglichkeiten daran arbeiten, sich umfassender als Erlebnisarchitekten zu positionieren.

■ Veränderung von Praktiken: Bei vielen interaktiven Produkten ist die Innovation der Kern eines erfolgreichen Geschäftes. Damit wird die Veränderung von Praktiken und damit die Veränderung des Alltags zentraler Bestandteil erfolgreicher Produktentwicklung. Veränderung ist aber für Menschen nicht immer gleichermaßen leicht. Von manchen neuen oder verbesserten Praktiken ist man leichter zu überzeugen als von anderen. Aber egal, ob einfach oder schwer, die Veränderung an sich sollte immer ein fester Bestandteil der Produktentwicklung sein. Es müssen Transformationsstrategien entwickelt werden und dann und wann kann es günstiger sein, zunächst „Übergangsprodukte" zu schaffen, um Veränderungen schrittweise einzuführen. Dabei ist die Bedeutung zentral. Nehmen wir eine Technologie wie das selbstfahrende Auto als Beispiel. Diese Innovation wird, wenn verfügbar, das Autofahren als Praktik ungemein verändern. Ob ein Benutzer diese Veränderung seines Alltag aktiv angeht, in dem sie oder er sich ein solches Auto zulegt, wird davon abhängen, wir attraktiv der neue Alltag erscheint. Seine Zeit nicht mit dem Fahren vergeuden zu müssen, ist eine Geschichte, die man erzählen kann. Ob sie allerdings wirkt, kommt darauf an, ob diese neue Bedeutung als Fortschritt erlebt wird. Viele Menschen lieben das Autofahren. Sie genießen die Kontrolle über das Fahrzeug oder aber die Tatsache, dass man nichts anderes in dieser Zeit machen kann. Andere genießen hauptsächlich die Freiheit, losfahren zu können, wann man möchte, und in dem Fahrzeug ganz für sich zu sein. Die erste Gruppe wird das selbstfahrende Auto nicht genießen, die zweite vielleicht schon. Auf jeden Fall ist das gerne gezeichnete Bild des lesenden Auto-„Fahrers" vielleicht zu wenig, um zum Verändern liebgewonnener Praktiken zu inspirieren. Bei der Elektromobilität kann man diesen Fehler gut beobachten. Statt den Alltag durch Elektromobilität neu und besser zu arrangieren und so herauszustellen, wie sich zumindest das Stadtleben durch Elektromobilität positiv verändern könnte, wird die abstrakte Bedeutung der Nachhaltigkeit hervorgehoben und ansonsten so getan, als bliebe alles beim Alten. Diese Schicht der Bedeutung ist dermaßen dünn, dass es kaum verwundert, dass man ohne große finanzielle Anreize Menschen nicht dazu bewegen kann, sich der Elektromobilität anzunehmen. Außer der vagen Assoziation mit Umweltschutz und einer Mengen alltäglicher neuer Probleme (Wie wird es aufgeladen? Reichweite?) ist nicht viel da. Praktische Probleme kann man technisch lösen. Die Verbindung zu Bedeutung und Freude und damit Wohlbefinden muss gestalterisch hergestellt werden.

- Alles nur eine Utopie?! Wohlbefinden als Gestaltungsziel interaktiver Produkte ist zumindest für die Zyniker unter uns etwas hoffnungslos Utopisches. Produkte und ihr Konsum sollen nicht die Welt verbessern, sondern das Einkommen mehren. Wir sehen hier allerdings keinen Gegensatz. Bedeutung, Freude, Wohlbefinden und erfüllende alltäglich Erlebnisse sind die Währung der modernen Erlebnisgesellschaft. Produkte können darin nur erfolgreich sein, wenn es ihnen gelingt, durch ihre Nutzung Wohlbefinden zu erzeugen. Sicherlich gibt es im Alltag viele Konflikte zwischen Praktiken, besonders im Hinblick auf die Zeit, die für sie zur Verfügung steht. Wir alle wissen, dass Kochen Freude bereiten kann und wärmen doch allzu häufig einfach etwas in der Mikrowelle auf. So gesehen dürften Fertiggerichte gar keine erfolgreichen Produkte sein, denn sie konzentrieren sich ja lediglich auf das Ergebnis. Die eigentliche Aktivität wird weggestaltet, und dann schmeckt es noch nicht einmal gut. Für das Wohlbefinden wäre es besser, den Menschen das Kochen näher zu bringen. An diesem Beispiel kann man die Komplexität des wohlbefindensorientierten Gestaltens gut erkennen. Ein Mensch kann sich im Alltag nicht für jede potenziell freudvolle und bedeutungsvolle Praktik gleichermaßen engagieren. Manchmal macht man eben Dinge auch so, dass sie schnell erledigt sind, selbst wenn man weiß, dass Freude dabei verloren geht. Aber auch Produkte für diese Art der Alltagsbewältigung profitieren von einem besseren Verständnis einer idealen Praktik. Die Logik ist: Hat man die Freuden des Kochens verstanden, kann man als Gestalter ein wenig davon auch in Fertiggerichte einbauen. Die Fallstudie „Behutsame Alltagsautomatisierung" zeigt überraschenden Beispiele, wie man durch Interaktionsgestaltung die dringend erscheinende Notwendigkeit des Automatisierens im Alltag mit dem Wunsch nach Erlebnis versöhnen kann.

- Was können Sie praktisch tun? Uns ist klar, dass der hier vorgestellte Ansatz ein modellhafter ist. Praktikern der Gestaltung interaktiver Produkte fehlt oft der Zugriff auf alle der hier vorgestellten Ebenen. Interaktionsgestalter dürfen sich zum Beispiel häufig nur mit dem Wie eines Produkts beschäftigen. Beim Was, also beim Funktionsumfang beispielsweise, haben schon wieder andere Personen das Sagen. Das Warum ist häufig eine Frage der Markenidentität. Wir glauben allerdings an den Erfolg kleiner Schritte und ganz besonders an die Kraft von unten. Letztendlich werden Praktiken ja gerade in der konkreten Interaktion mit einem Produkt geformt. Und zumindest diese hat man als Gestalter interaktiver Produkte meist unter Kontrolle. Während man vielleicht weiß, dass ein noch breiterer Ansatz besser wäre, bietet doch auch schon die konkrete Gestaltungsarbeit einige Möglichkeiten, Wohlbefinden anzustreben. Arbeitet man beispielsweise an einem Fitness-Tracker muss man ja nun nicht unbedingt nur auf Zahlen und ihre exakte Visualisierung setzen. Man kann sich neue Formen der Darstellung erarbeiten, die vielleicht weniger explizit sind und alternativ angeboten werden können. Zumindest einen Versuch ist es wert. Letztendlich ist es für eine wohlbefindensorientierte gestalterische Praxis notwendig, näher an den Moment der Produktdefinition heranzukommen. Andersherum kann unser Ansatz für Gestalter, die es bereits in das Produktmanagement geschafft haben, inspirierend und leitend wirken.

Wir hoffen auch in Zukunft, unser Modell weiter zu verfeinern und ganz besonders die Praxistauglichkeit weiter zu erhöhen. In ▶ Kap. 5 bis 9 stellen wir daher eine Reihe bereits existierender Werkzeuge vor, die das Etablieren und Durchführen einer wohlbefindens- und erlebnisorientierten Gestaltung unterstützen. Auch das vorliegende Modell ist sicher noch ausbaufähig. Aber es scheint uns ein guter Anfang, eigene Gedanken zu ordnen und notwendige Argumente für eine wohlbefindens- und erlebnisorientierte Gestaltung zu sammeln.

Literatur

Carney, D. R., Cuddy, A. J. C., & Yap, A. J. (2010). Power posing: brief nonverbal displays affect neuroendocrine levels and risk tolerance. *Psychological Science*, *21*(10), 1363–1368.

Deci, E. L., & Ryan, R. (2000). The "What" and "Why" of Goal Pursuits: Human Needs and the Self-Determination of Behavior. *Psychological Inquiry*, *11*(4), 227–268.

Deterding, S., Dixon, D., Khaled, R., & Nacke, L. (2011). *From game design elements to gamefulness: defining gamification.* Proceedings of the 15th international academic MindTrek conference: Envisioning future media environments. (S. 9–15). New York: ACM.

Diefenbach, S., & Hassenzahl, M. (2016). *An advanced perspective on user experience and consumer pleasure: hedonic and eudaimonic product experience.* 50. Kongress der Deutschen Gesellschaft für Psychologie. Lengerich: Pabst.

Diefenbach, S., Hassenzahl, M., Eckoldt, K., Hartung, L., Lenz, E., & Laschke, M. (2016). Designing for well-being : A case study of keeping small secrets. *The Journal of Positive Psychology* doi:10.1080/17439760.2016.1163405.

Etkin, J. (2016). The Hidden Cost of Personal Quantification. *Journal of Consumer Research*, *42*, 967–984.

Fritz, T., Huang, E. M., Murphy, G. C., & Zimmermann, T. (2014). *Persuasive technology in the real world: a study of long-term use of activity sensing devices for fitness.* Proceedings of the SIGCHI Conference on Human factors in Computing Systems. (S. 487–496). New York: ACM.

Guevarra, D. A., & Howell, R. T. (2015). To have in order to do: Exploring the effects of consuming experiential products on well-being. *Journal of Consumer Psychology*, *25*(1), 28–41.

Hacker, W. (1987). Software-Gestaltung als Arbeitsgestaltung. In W. Schönpflug & M. Wittstock (Hrsg.), *Software-Ergonomie '87: nützen Informationssysteme dem Benutzer* (S. 29–42). Stuttgart: B.G. Teubner.

Hassenzahl, M., & Klapperich, H. (2014). *Convenient, clean, and efficient? The experiential costs of everyday automation.* Proceedings of the NordiCHI Nordic Conference on Human-Computer Interaction. (S. 21–30). New York: ACM.

Hassenzahl, M., Diefenbach, S., & Göritz, A. (2010). Needs, affect, and interactive products – Facets of user experience. *Interacting with Computers*, *22*(5), 353–362.

Hassenzahl, M., Wiklund-Engblom, A., Bengs, A., Hägglund, S., & Diefenbach, S. (2015). Experience-oriented and product-oriented evaluation: psychological need fulfillment, positive affect, and product perception. *International Journal of Human-Computer Interaction*, *31*(8), 530–544.

Huta, V., & Ryan, R. M. (2010). Pursuing Pleasure or Virtue: The Differential and Overlapping Well-Being Benefits of Hedonic and Eudaimonic Motives. *Journal of Happiness Studies*, *11*(6), 735–762.

Jordan, P. (2000). *Designing Pleasurable Products. An Introduction to the New Human Factors.* London, New York: Taylor & Francis.

Karapanos, E., Gouveia, R., Hassenzahl, M., & Forlizzi, J. (2016). Wellbeing in the Making: Peoples' Experiences with Wearable Activity Trackers. *Psychology of Well-Being: Theory, Research and Practice*, *6*(4), DOI: 10.1186/s13612-016-0042-6.

Kuijer, L., Jong, A. D. E., & Eijk, D. V. A. N. (2013). Practices as a unit of design: An exploration of theoretical guidelines in a study on bathing. *Transactions of Computer-Human Interaction*, *20*(4), 21:1–21:22.

Laschke, M., Hassenzahl, M., Diefenbach, S., & Tippkämper, M. (2011). *With a little help from a friend: A Shower Calendar to save water.* Proceedings of the SIGCHI Conference on Human Factors in Computing Systems – Extended Abstracts. (S. 633–645). New York: ACM.

Lenz, E., Diefenbach, S., & Hassenzahl, M. (2014). *Aesthetics of Interaction – A Literature Synthesis.* Proceedings of the NordiCHI Nordic Conference on Human-Computer Interaction. (S. 628–637). New York: ACM.

Lyubomirsky, S. (2007). *The how of happiness: A scientific approach to getting the life you want.* New York: Penguin Press.

Lyubomirsky, S., King, L. A., & Diener, E. (2005). The benefits of frequent positive affect: does happiness lead to success? *Psychological Bulletin*, *131*, 803.

Maslow, A. H. (1954). *Motivation and Personality.* New York: Harper & Row.

Miller, D., & Sinanan, J. (2014). *Webcam.* John Wiley & Sons.

Partala, T. (2011). Psychological needs and virtual worlds: Case Second Life. *International Journal of Human Computer Studies*, *69*(12), 787–800.

Partala, T., & Kallinen, A. (2012). Understanding the most satisfying and unsatisfying user experiences: Emotions, psychological needs, and context. *Interacting with Computers*, *24*(1), 25–34.

Partala, T., & Kujala, S. (2016). Exploring the Role of Ten Universal Values in Using Products and Services. *Interacting with Computers*, *28*(3), 311–331.

Reckwitz, A. (2003). Grundelemente einer Theorie sozialer Praktiken. *Zeitschrift für Soziologie*, *32*(4), 282–301.

Rheinberg, F. (2006). Intrinsische Motivation und Flow-Erleben. In J. Heckhausen & H. Heckhausen (Hrsg.), *Motivation und Handeln* (3. Aufl. S. 331–354). Heidelberg: Springer.

Ryan, R. M., & Deci, E. L. (2001). On Happiness and Human Potential: A Review of Research on Hedonic and Eudaimonic Well-Being. *Annual Review of Psychology*, *52*, 141–166.

Schwartz, S. H., & Bilsky, W. (1987). Toward a universal psychological structure of human values. *Journal of Personality and Social Psychology*, *53*(3), 550–562.

Sheldon, K. M., & Lyubomirsky, S. (2006). Achieving sustainable gains in happiness: Change your actions, not your circumstances. *Journal of Happiness Studies*, *7*, 55–86.

Sheldon, K. M., Elliot, A. J., Kim, Y., & Kasser, T. (2001). What Is Satisfying About Satisfying Events ? Testing 10 Candidate Psychological Needs. *Journal of Personality and Social Psychology*, *80*(2), 325–339.

Shove, E., Pantzar, M., & Watson, M. (2012). *The dynamic of social practice [Kindle Edition]*. SAGE Publications.

Topolinski, S., & Sparenberg, P. (2012). Turning the hands of time: Clockwise movements increase preference for novelty. *Social Psychological and Personality Science*, *3*, 308–314.

Wiseman, R. (2012). *Rip It Up [Kindle Edition]*. Macmillan.

Ästhetik der Interaktion

Sarah Diefenbach, Marc Hassenzahl

© Springer-Verlag GmbH Deutschland 2017
S. Diefenbach, M. Hassenzahl, *Psychologie in der nutzerzentrierten Produktgestaltung,*
Die Wirtschaftspsychologie, DOI 10.1007/978-3-662-53026-9_5

5.1   Neue Freiheiten, neue Verantwortung

Neue Freiheiten in der Interaktionsgestaltung

Der technische Fortschritt der letzten Jahre eröffnet insbesondere der Interaktionsgestaltung ganz neue Möglichkeiten und macht die Interaktion mitunter zum zentralen Merkmal eines Produkts. Für Smartphones und Tablet Computer sind dies Touchgesten, für *Nintendos Wii* und *Microsofts Kinect* Freiformgesten, für *Apples Siri* die Sprach-Ein- und Ausgabe. Diese Vielfalt der Interaktion ist eine relativ neue Entwicklung. Lange Zeit gab es kaum Freiräume, um gestalterisch tätig zu werden. Stattdessen folgte die Art der Interaktion aus den technischen Notwendigkeiten: das Drehen der Wählscheibe als einzig mögliche und damit wahre Interaktionsform zur Eingabe einer Telefonnummer, das Abspielen eines Musikstücks durch Bewegung des Tonarms des Schallplattenspielers. Heute hingegen sind Funktion und Interaktion fast frei kombinierbar. Sowohl für den Telefonanruf als auch für das Musikabspielen bestehen zahlreiche Alternativen der Interaktion, wie Tastendrücken, Berührung eines Displays, Gesten im Raum, Steuerung mittels Sprache oder Geräuschen und vieles mehr (◻ Abb. 5.1).

◻ **Abb. 5.1** Vielfältige Interaktionsformen zum Abspielen eines Musikstücks: *iPod* mit Scrollwheel, *iPod shuffle, iPod touch.* (Quelle: ▶ apple-history.com)

Mit den neuen Freiheitsgraden in der Interaktionsgestaltung stellt sich auch die Frage nach der Ästhetik von Interaktion. Neben der visuellen Ästhetik ist auch die Interaktion als Bestandteil des Nutzungserlebnisses und Gegenstand bewusster Gestaltungentscheidungen zu begreifen. In ▶ Kap. 4 haben wir dies bereits angedeutet und die essenzielle Rolle der Interaktion als formendes Element für Praktiken und letztendlich Wohlbefinden diskutiert. Auch haben wir bereits formuliert, dass aus unserer Sicht die Interaktion zum intendierten Erlebnis passen sollte und dies eine ästhetische Interaktion ausmacht. Das vorliegende Kapitel vertieft diese Überlegungen.

Wir diskutieren zunächst die Rolle spezifischer Technologien (z. B. Touchdisplays) als Rahmen der Möglichkeiten in der Interaktionsgestaltung, die Verantwortung des Interaktionsgestalters sowie die Relevanz psychologischer Expertise. Danach geben wir in ▶ Abschn. 5.2 einen Überblick über verschiedene Ansätze der Ästhetik von Interaktion in der Forschungsliteratur. Unser Ziel ist es hierbei, einen Eindruck der Vielfalt und möglichen Sichtweisen auf Interaktion und ihrer Ästhetik zu liefern und die verschiedenen Ansätze gleichzeitig zu systematisieren und damit für Sie als Leser in ihrer Komplexität begreifbarer zu machen. Es folgt die Vorstellung unserer Perspektive auf die Ästhetik von Interaktion, als Einklang von Interaktion und Erlebnis. Die praktische Umsetzung der erlebnisorientierten Interaktionsgestaltung verdeutlichen wir anhand eines Fallbeispiels. Eine detaillierte Vorstellung von Werkzeugen und Methoden erlebnisorientierter Interaktionsgestaltung folgt dann in ▶ Kap. 6.

Wie auch für die visuelle Erscheinung eines Produkts gilt es auch für die Interaktion, eine schöne, ästhetische oder gute Form zu finden, Gestaltungsentscheidungen im Sinne des gewünschten Ausdrucks zu treffen und eine geeignete Technologie zu wählen. Die Technologie setzt hierbei nur den Rahmen der Möglichkeiten, vergleichbar mit der Verwendung eines Materials bei der formalen Gestaltung eines Produkts. Die Technologie allein ist nicht die Interaktion und keine Garantie für ein positives Nutzungserlebnis. So kann die Interaktion mittels Berührung oder Gesten Technik für Menschen grundsätzlich begreifbarer machen, jedoch sind Feinheiten in der Ausgestaltung entscheidend dafür, ob die Interaktion letztlich als ästhetisch wahrgenommen wird. Ein typisches Beispiel ist die Gestaltung von Scrollgesten mittels Touchdisplay oder Trackpad, die bei vielen Nutzern für Verwirrung sorgten und als „Geschichte voller Missverständnisse" erlebt wurde (Mitra 2011 über die neue Scrollfunktion in *Mac OS X Lion*). Statt purer Begeisterung entstanden erst einmal viele Fragen: In welche Richtung verschiebt sich der Bildinhalt – in Scrollrichtung (von *Apple* im Zuge der Einführung von *Mac OS X Lion* bezeichnet als „natürliche Scrollrichtung") oder in die entgegengesetzte Richtung? Was ist die intuitive, die richtige, die ästhetische Form der Interaktion? Ganz sicher scheinen sich die Gestalter selbst in dieser Frage auch nicht zu sein, so bieten viele Geräte mit Touchdisplay dem Nutzer die Option, die Scrollrichtung einfach selbst festzulegen.

Ein Vorgehen, bei dem die Gestaltung der Interaktion an den Nutzer delegiert wird, sollte immer als Notlösung verstanden werden. Anspruch sollte es sein, den Nutzer bereits im Vorfeld ausreichend einzubeziehen, Gestaltungsentscheidungen explizit zu treffen und dann mit dem Ergebnis überzeugen zu können. Auch hier sehen wir wieder die Möglichkeiten der Psychologie als zentral an. Die Frage nach einer angemessenen Art der Interaktion erfordert wahrnehmungspsychologische Erkenntnisse, Wissen zur Verhaltenssteuerung auf sensomotorischer Ebene, aber auch eine Auseinandersetzung mit Interaktion auf der Bedeutungsebene. Interaktionseigenschaften wie langsam oder schnell sind assoziiert mit Bedeutungen wie vorsichtig oder selbstbewusst und prägen so den wahrgenommenen Charakter einer Interaktion und das gesamte Nutzungserlebnis. Wieder lässt sich dies gut vergleichen mit der visuellen Gestaltung, in der Erkenntnisse der Psychologie beispielsweise für die farbliche Gestaltung von Produkten oder Werbeanzeigen genutzt werden, um einen bestimmten Ausdruck zu erzeugen. Selbstverständlich ist auch in nichttechnischen Bereichen die Gestaltung von Interaktion und Bewegungsmustern ein Mittel des Ausdrucks, beispielsweise bei der Entwicklung von Choreografien in Tanz und Theater. Attribute der Interaktion werden genutzt, um im Zuschauer ein bestimmtes Erlebnis zu erzeugen. Ein Choreograf mit einer Vision und einer guten Vorstellungsgabe fügt dann die Elemente einer Interaktion zu einem Ganzen zusammen. Die Tänzer und das dem menschlichen Körper zur Verfügung stehende Bewegungsrepertoire sind das Material. Diese Sichtweise lässt sich auch auf die Technikgestaltung übertragen: Es braucht eine psychologische und gestalterische Perspektive, um Interaktion im Sinne des entstehenden Erlebnisses, ihrer zeitlichen und sozialen Dynamik begreifen und gestalten zu können, und es braucht eine technische Umgebung und die entsprechende Expertise (z. B. in der Programmierung, in der Mechanik), um ein Interaktionskonzept realisieren zu können.

5.2 Bestehende Ansätze im Forschungsfeld Ästhetik der Interaktion

Die Forschung in Design und Mensch-Technik-Interaktion beschäftigt sich zunehmend mit der Frage nach der Ästhetik von Interaktion (z. B. Ross und Wensveen 2010). Sogar ganze

Konferenzen widmen sich dem Thema, wie beispielsweise die *DeSForM 2015* unter dem Motto „Aesthetics of Interaction: Dynamic, Multisensory, Wise" (▶ www.desform2015.polimi.it/). Ein Blick ins Konferenzprogramm offenbart abermals die vielfältigen Perspektiven und uneinheitlichen Sichtweisen auf das Thema. Die Beiträge reichen von poetischen Ansätzen („Poetry in design"), der Suche nach Balance („Searching for balance in aesthetic pleasure in interaction"), der Schaffung von Ästhetik durch multisensorische Erfahrungen („Experience-driven Multisensory Design") bis hin zu Ansätzen im Kontext psychologischer Konzepte wie Flow („Design for flow in an age of material digitalization"). Auffällig sind die unterschiedlichen Herangehensweisen und Ziele der Ansätze. Einige Forscher bemühen sich vorrangig um normative Vorgaben und Anleitungen für die Gestaltung besonders guter Interaktionsformen. Andere fokussieren sich auf die Beschreibung von Interaktion im Sinne ihrer elementaren Eigenschaften auf motorischer Ebene, wieder andere nähern sich der Interaktionsästhetik anhand von Qualitäten auf der Erlebnisebene. Diese verschiedenartigen Perspektiven machen es zunächst schwer, geeignete Ansatzpunkte für die Berücksichtigung der Ästhetik von Interaktion im Gestaltungsprozess zu identifizieren und Psychologie und Technikgestaltung in dieser Hinsicht sinnvoll zusammenzuführen. Als einen ersten, hilfreichen Schritt sehen wir eine Systematisierung und bewusste Diskussion von Ansatzpunkten zur Beschreibung und Gestaltung der Ästhetik von Interaktion auf unterschiedlichen Ebenen.

Literaturreviews mit dem Ziel der systematischen Sichtung und Kategorisierung von bestehenden Ansätzen zur Beschreibung der Ästhetik, Qualitäten, Dimensionen oder Parameter von Interaktion (Diefenbach et al. 2012; Lenz et al. 2014) zeigten, dass sich drei Ebenen unterscheiden lassen:

1. die normative Ebene,
2. die Erlebnisebene und
3. die motorische Ebene.

Die motorische Ebene entspricht in unserem Modell der wohlbefindensorientierten Gestaltung (vgl. ▶ Kap. 4, ◻ Abb. 4.3) der Ebene der Interaktion bzw. der Wie-Ebene, die Erlebnisebene ist die Warum-Ebene. Eine Ebene der normativen Bewertung ist in unserem Modell nicht vorgesehen, vielmehr ergibt sich die Bewertung aus der Kombination und Passung der verschiedenen Ebenen, d. h. der Abstimmung von Wie und Was auf das intendierte Erlebnis, das Warum. Vertreter normativer Ansätze verfolgen hier einen anderen Ansatz und beschreiben Gestaltungsprinzipien, die besonders gute oder generell wünschenswerte Interaktionsformen hervorbringen, ohne hierbei das intendierte Erlebnis zu diskutieren. Die folgenden Abschnitte nennen jeweils Beispiele für entsprechende Ansätze.

5.2.1   Normative Ebene

Ansätze auf der normativen Ebene beschreiben Gestaltungsprinzipien, die besonders gute oder wünschenswerte Interaktionsformen hervorbringen, betitelt durch Termini wie *rich interaction* (Djajadiningrat et al. 2007) oder *resonant interaction* (Hummels et al. 2003). Beispiele für Attribute auf der normativen Ebene sind *usefulness, relevance, elegance, efficiency* (Löwgren und Stolterman 2004) oder *smart* (Saffer 2008). Zu bemerken ist hierbei, dass viele Autoren, die normative Vorstellungen über Interaktion vermitteln, gleichzeitig auch Beziehungen zu anderen Ebenen herstellen. Saffer (2008) beispielsweise diskutiert neben normativen, aber wenig greifbaren Forderungen an die Interaktionsgestaltung („good for users, for those indirectly affected, for the culture, for the environment", Saffer 2008, S. 21 ff.), auch physikalische Eigenschaften der Interaktion wie *duration* oder *orientation*, welche sich damit auf die motorische Ebene beziehen (▶ Abschn. 5.2.3).

5.2.2 Erlebnisebene

Viele der Ansätze und Attribute auf der Erlebnisebene liefern Termini zur Beschreibung des Interaktionserlebens oder des Interaktionscharakters. Im Fokus stehen hier die Emotionen und der subjektive Eindruck der Interaktion aus Sicht des Nutzers. Attribute auf der Erlebnisebene sind beispielsweise *exciting, unnatural, unordinary* (*magical interaction*, de Jong Hepworth 2007) oder *surprising, inspiring, memorable, tellable* (*excitability*, Christensen 2004). Es handelt sich hierbei nicht um objektiv beschreibbare Qualitäten der Interaktion, sondern um subjektive, temporäre Qualitäten, die sich aus dem individuellen Erfahrungshintergrund des Nutzers ergeben. Löwgren und Stolterman (2004) fassen diese Qualitäten in psychologischen Kategorien zusammen, wie „qualities dealing with the user's creation of meaning", „qualities dealing with motivation" oder „qualities dealing with our immediate experience".

Ein anderer Blickwinkel auf der Erlebnisebene ist die zeitliche Dynamik und entstehende Dramaturgie innerhalb der Interaktion. Löwgren (2009, S. 130) beschreibt die dramaturgische Struktur der Interaktion als „the beauty (or lack thereof) with which the interaction between user and product unfolds over time". Interaktion wird betrachtet als eine sich durch eine Reihe von aufeinander aufbauenden Operationen ergebende Geschichte. Ein von Löwgren (2009) genanntes Beispiel ist die Geschichte des Geldabhebens am Bankautomaten – wobei die Spannungskurve innerhalb dieser Geschichte davon abhängt, zu welchem Zeitpunkt der Automat dem Nutzer mitteilt, ob der gewünschte Betrag auf dem Konto überhaupt verfügbar ist und ausgezahlt werden kann. Die Gestaltung der Interaktion des Geldabhebens ist damit auch das Vorschreiben einer Geschichte im Alltag der Nutzer.

Auch die soziale Dynamik ist ein Aspekt der Beschreibung von Interaktion auf der Erlebnisebene. So betonen viele Autoren neben dem Interaktionserleben aus Sicht des Nutzers auch dessen Bedeutung und Beeinflussung durch den sozialen Kontext, betitelt beispielsweise als *socio-cultural factors* (Petersen et al. 2004), *aesthetics of emergence* (Baljko und Tenhaaf 2008) oder *spectator experience* (Reeves et al. 2005). Dalsgaard und Hansen (2008) betonen die allgegenwärtige Bedeutsamkeit einer (vorgestellten) Anwesenheit anderer und die sich hieraus ergebende Rolle des Akteurs als Darsteller (*performer*). Marti (2010) schließt auch die Technik in den sich ergebenden sozialen Dialog ein und diskutiert, wie intelligente Systeme durch Sensortechnik das Phänomen einer wechselseitigen Wahrnehmung und Reaktion erzeugen können.

Wie auch im Bereich der normativen Ansätze gibt es hier Autoren, die Verbindungen zur motorischen Ebene von Interaktion herstellen oder Zusammenhänge zwischen Erlebnisqualitäten und potenziell relevanten Gestaltungsentscheidungen diskutieren: So beschreibt Landin (2009) wie Relationen zwischen Interaktion und Funktion (*interaction forms*, z. B. *fragile, changeable*) spezifische emotionale Empfindungen hervorrufen können (*expressions of interaction*, z. B. *anxiety, thrill, trust*). Djajadiningrat et al. (2007) diskutieren die Konsequenzen des Wechselspiels zwischen Aktion und Reaktion. Beispielsweise wird eine Interaktion als schüchtern (*shy*) erlebt, wenn die Reaktion verzögert stattfindet, oder als stur (*stubborn*), wenn eine Aktion mit einer Reaktion in die gegensätzliche Bewegungsrichtung beantwortet wird. Für Lundgren (2011) wirkt eine Interaktion mit einem auf Nutzeraktionen wartenden

◻ **Tab. 5.1** Zuordnung von Attributen der Interaktion auf der Erlebnisebene in der Forschungsliteratur zu Bedürfnissen. (Lenz et al. 2014)

Bedürfnis	Attribute in der Forschungsliteratur
Stimulation	Excitability, resolution, unnatural, exciting, unordinary, surprise, fantasy, sensation, discovery, submission, narrative, thrill, magical, illusionary, imagination, alienation, ambiguity, surprise, playability, magical, suspenseful, secretive, playful
Sicherheit	Control, trust, anxiety, anticipation, trustworthy
Kompetenz	Challenge, risk, challenge, transparency, difficulty
Autonomie	Freedom of interaction, identity, control/autonomy, openness, privacy
Verbundenheit	Fellowship, social action space, personal connectedness, company
Bedeutsamkeit	Expression, seductivity
Popularität	– (Nicht vertreten)

System unterwürfig (*submissive*), die Interaktion mit einem System, das Aktionen forciert (z. B. Spiele wie *Tetris*), dominant. Löwgren und Stolterman (2004) diskutieren das Übertragen der physikalischen Eigenschaften materieller Objekte in die digitale Welt als ein Mittel zur Erzeugung eines Eindrucks von Plastizität (*pliability*), der die Interaktion direkter, spielerischer und kognitiv weniger belastend machen soll. Die hierfür genannten Beispiele reichen von der generellen Einführung grafischer Benutzeroberflächen und der Desktopmetapher bis hin zur Simulation von taktilem Feedback bei Touchdisplays.

Es existieren somit innerhalb dieser Ansätze durchaus Vorstellungen über Zutaten und Mittel auf der motorischen Ebene, welche eingesetzt werden können, um ein spezifisches Resultat auf der Erlebnisebene zu erzielen. Die primäre Annäherung an die Ästhetik von Interaktion bleibt jedoch das Erlebnis. So umschreibt beispielsweise Christensen (2004, S. 10) den Fokus des Excitability-Ansatzes mit „why users would use an object rather being occupied with specific [functional] outcomes of the use". Auch Löwgren (2009, S. 133) definiert seine *aesthetic interaction qualities* primär durch das entstehende Erlebnis, nämlich „properties or traits that characterize a user's experience of interacting with a product or service".

Eine Analyse von Attributen auf der Erlebnisebene unter dem Blickwinkel psychologischer Bedürfnisse (Lenz et al. 2014; ◻ Tab. 5.1) zeigte eine deutliche Asymmetrie zwischen den Bedürfnissen. Ausgangspunkt für die Analyse bildeten die sieben Bedürfnisse, die wir im Kontext interaktiver Produkte als besonders relevant identifiziert haben (▶ Kap. 7). Diese fungierten als Kategoriensystem für die verwendeten Attribute zur Beschreibung von Interaktion auf der Erlebnisebene. Als dominantes, häufig adressiertes Bedürfnis zeigte sich hierbei Stimulation, fast die Hälfte (48 %) der Attribute entfielen darauf. Bedeutsamkeit und Popularität wurden durch die analysierten Ansätze kaum bzw. gar nicht thematisiert.

5.2.3 Motorische Ebene

Eine Betrachtung der Ästhetik von Interaktion auf der motorischen Ebene fokussiert auf deren grundlegende Eigenschaften, analog zu einer Beschreibung von Dingen anhand von Form,

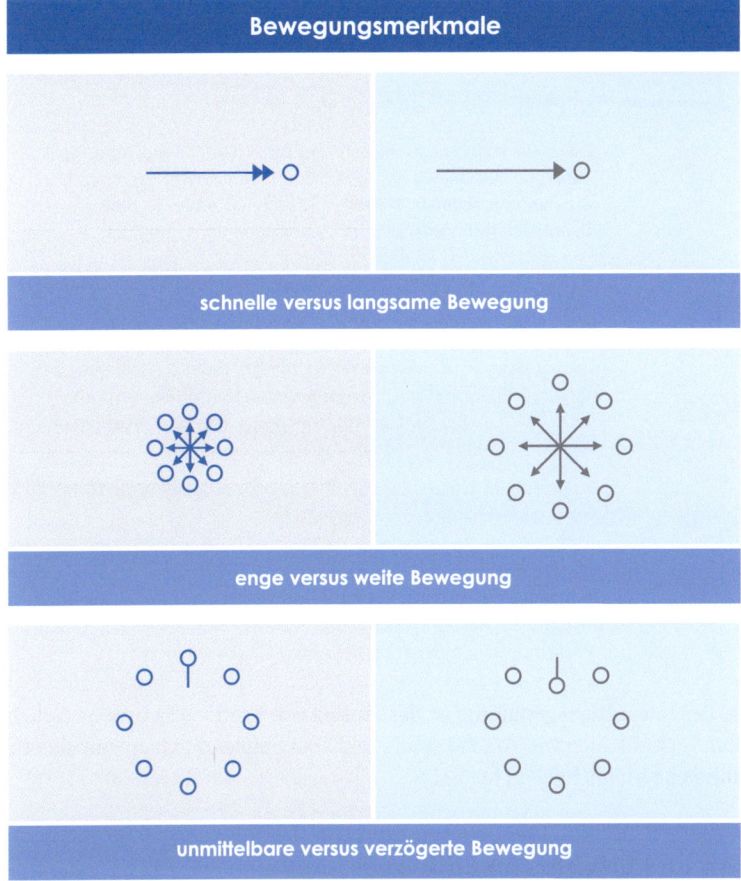

◻ Abb. 5.2 Beschreibung von Interaktion auf der motorischen Ebene: Interaktionsgestalt. *(interaction gestalt attributes*, Lim et al. 2009)

Farbe oder Materialität. Interaktion wird beschrieben durch physikalische Merkmale und Zusammenhänge, wie beispielsweise Dauer (*duration*), Position, Bewegung (*motion*), Druck/ Kraft (*pressure*), Größe (*size*), Ausrichtung (*orientation*) (Saffer 2008), teils auch in Form von Gegensatzpaaren wie *discrete-continuous*, *narrow-wide*, oder *prompt-delayed* (Lim et al. 2007, 2009, ◻ Abb. 5.2). Die verwendeten Notationen zur Beschreibung von Bewegungsmustern stammen nicht allein aus dem technischen Bereich. Beispielsweise nehmen Ross und Wensveen (2010) Bezug auf die von Laban (Laban und Lawrence 1947) vorgeschlagene Notation zur Beschreibung von Bewegungen aus dem Bereich des Tanzes. Alaoui et al. (2011) übertragen die von Emio Greco | PC (2007) vorgeschlagene Bewegungssprache auf die Beschreibung von Touchgesten.

Eine weitere Analyse der in den verschiedenen Ansätzen vorgeschlagenen Attribute zur Beschreibung von Interaktion auf der motorischen Ebene zeigte sechs Kategorien (s. Lenz et al. 2014; ◻ Tab. 5.2). Am häufigsten wurden zeitliche Aspekte beleuchtet, auch Zusammenhänge zwischen Aktion und Reaktion wurden von vielen Autoren diskutiert. Ein vergleichsweise we-

◻ **Tab. 5.2** Kategorisierung von Attributen der Interaktion auf der motorischen Ebene der Forschungsliteratur. (Lenz et al. 2014)

Aspekte der motorischen Ebene	Attribute in der Forschungsliteratur
Zeitlich	Fast-slow, stepwise-fluent, constant-inconstant, timing, movement speed, concurrency, pace, speed, time-depth, rhythm, temporal aspects, interaction flow, live time, real time, unbroken time, sequential time, fragmented time, juxtaposed time, duration
Räumlich	Spatial separation-spatial proximity, jumping, breathing, expanding, spacing, movement range, directness, locality, movement, body attitude, shape qualities, kinespheric reach, orientation, size, position
Aktion-Reaktion	Instant-delayed, apparent-covered, mediated-direct, incidental-targeted, uniform-diverging, response range, pliability, response time, adaptability, robustness, dependency, feedback, freedom of interaction, initiative, sequence, presence
Darstellung	Approximate-precise, resolution, proximity, orderliness, precision, clarity, information order, presentation
Kraft	Gentle-powerful, interaction effort
Meta	Connectivity, input modalities, tasking, output modalities, versatility, external connections, body parts involved, combination/number of touchpoints, number of participants, including objects

nig beachtetes Mittel der Interaktionsgestaltung ist der Einsatz von Kraft – was verwunderlich ist, da gerade populäre Technologien wie Touchdisplays und Touchtables durch entsprechende Sensoren hierfür zahlreiche Möglichkeiten bieten.

5.3   Interaktion und Erlebnis im Einklang

Die Frage der Ästhetik von Interaktion ist in Forschung und Praxis ein noch relativ neues, jedoch äußerst relevantes Thema. Die Gestaltung von Interaktion und der sich hieraus ergebenden Erlebnisse wird mit neuen Technologien zunehmend komplexer, deutlich wird dies auch in der Vielfalt der hier vorgestellten Positionen und Schwerpunkte bei der Beschäftigung mit der Ästhetik von Interaktion. Zunächst erfordert Interaktionsgestaltung immer ein Denken über die Zeit, ein Bewusstsein für die Veränderung des Dialogs zwischen Nutzer und System durch die zeitliche Abfolge von in der Interaktion angelegten Schritten, die Dramaturgie der Benutzerführung (vgl. Löwgren 2009). Die fortschreitende Integration von Technik in die Lebenswelt von Menschen eröffnet zudem Möglichkeiten für ganz neue Geschichten und Dynamiken. So wird die Interaktion mit technischen Systemen zur Performance (vgl. Dalsgaard und Hansen 2008), inspiriert aus Elementen aus Tanz und Theater (vgl. Alaoui et al. 2011), oder auch zur sozialen Interaktion, geprägt von einem Eindruck des wechselseitigen aufeinander Reagierens, das technische Objekte als soziale Wesen erscheinen lässt (vgl. Marti 2010). Dieses Nachdenken über Interaktion auf der Erlebnisebene verdeutlicht die weitreichenden Konsequenzen von Interaktionsgestaltung für das daraus resultierende Nutzungserlebnis und die Bedeutsamkeit psychologischer Betrachtungen. Der eigentliche Kern von Interaktionsgestaltung ist es jedoch, Entscheidungen bezüglich des Wie von Interaktion auf der motorischen Ebene zu treffen. Dies betrifft sowohl die verwendete Technologie als auch die konkrete Ausgestaltung von notwendigen Operationen zur Erzeugung eines spezifischen Effekts.

Wichtig für die Gestaltung einer angemessenen, ästhetischen Interaktion scheint vor allem, das Zusammenspiel von Erlebnisebene und motorischer Ebene näher zu beleuchten und zu verstehen. Weder ein rein deskriptiver Ansatz, der Interaktion im Sinne ihrer konstituierenden Elemente auf der motorischen Ebene beschreiben kann, aber keine Einblicke über die Konsequenzen auf der Erlebnisebene bietet, noch ein rein erlebnisorientierter Ansatz, der Interaktion im Sinne ihrer psychologischen Bedeutung versteht, jedoch keine Orientierung über Möglichkeiten zur Erzeugung eines gewünschten Ausdrucks von Interaktion bietet, scheint hilfreich. Um ihr volles Potenzial zu entfalten, müssen Überlegungen auf der Erlebnisebene auch auf der motorischen Ebene in die Gestaltung einfließen. Vielversprechend scheint daher vor allem eine Beschäftigung mit der Verbindung und Passung dieser beiden Ebenen. In der Literatur existieren bislang wenige Ansätze, welche diese Verbindungen explizit diskutieren (z. B. Landin 2009; Lenz et al. 2014; Lim et al. 2007). Meist jedoch bleiben die Ausführungen zur Verbindung dieser beiden Ebenen vage, oder die Frage nach den grundlegenden Eigenschaften von Interaktion wird gar nicht thematisiert. Dies zeigt auch unsere Erfahrung in Gesprächen mit Praktikern. Es scheint, dass sich Entscheidungen bezüglich des Wie oft einfach durch die Technologie ergeben („Wir wollten was fürs *iPad* machen") und den Rückgriff auf verbreitete Kombinationen von Aktion und Funktion (vgl. Saffer 2008 für Entwurfsmuster im Bereich Gestensteuerung).

Wichtig im Sinne der Ästhetik von Interaktion und auch der Innovation ist es, Entscheidungen bezüglich des Wie bewusst zu treffen und scheinbar naheliegende Lösungen zu hinterfragen: Ist dies insgesamt die angemessenste oder einfach die verbreitete Art der Interaktion? Drückt die Form der Interaktion das aus, was ausgedrückt werden soll? Diese Auseinandersetzung mit der sich aus dem Wie ergebenden Bedeutung ist essenzieller Bestandteil eines Gestaltungsprozesses im Sinne der Ästhetik von Interaktion. Eine stärker theoretisch fundierte, weniger technologiegeprägte Sichtweise auf die Qualität von Interaktion eröffnet bislang ungenutztes Potenzial, um Interaktion auch abseits von Forschungskonzepten und im Bereich der Konsumententechnologie ästhetisch zu gestalten.

Verbindungen von Erlebnis- und Interaktionsqualitäten zu identifizieren, systematisch zu beschreiben und für die Technikgestaltung greifbar zu machen ist somit weiterhin eine aktuelle Aufgabe in Forschung und Praxis, für die psychologische Expertise und Methodik unabdingbar ist. So wird wieder die zentrale Rolle der Psychologie in der Gestaltung interaktiver Produkte offensichtlich. Die Psychologie ist prädestiniert dafür, durch ihr theoretisches Wissen und ihre Methoden einen Beitrag zu leisten zur Gestaltung von Interaktion mit dem Anspruch einer ästhetischen, angemessenen Form, wie es den heutigen technischen Möglichkeiten und der erwarteten Professionalität in der Technikgestaltung entspricht. Im Folgenden skizzieren wir eine mögliche Perspektive und Vorgehensweise der erlebnisorientierten Interaktionsgestaltung, welche den Einklang von Interaktion und Erlebnis betont. Die Vorstellung unterstützender Werkzeuge und Methoden folgt in ▶ Kap. 6.

Im Vordergrund der erlebnisorientierten Interaktionsgestaltung (Experience Design, Hassenzahl 2010) steht zunächst die Beschäftigung mit dem intendierten Erlebnis, den zu erfüllenden Bedürfnissen und der dafür angemessenen Praktik. Ausgehend hiervon folgen dann Überlegungen zu den Eigenschaften der Interaktion, die das intendierte Erlebnis unterstützen. Das Wie von Interaktion wird abgeleitet aus dem Warum. Mögliche Interaktionseigenschaften bilden ein dem Gestalter zur Verfügung stehendes Repertoire, aus dem er eigenverantwortlich wählen muss. Die Interaktion wird hierbei zunächst in abstrakter Form anhand ihrer grund-

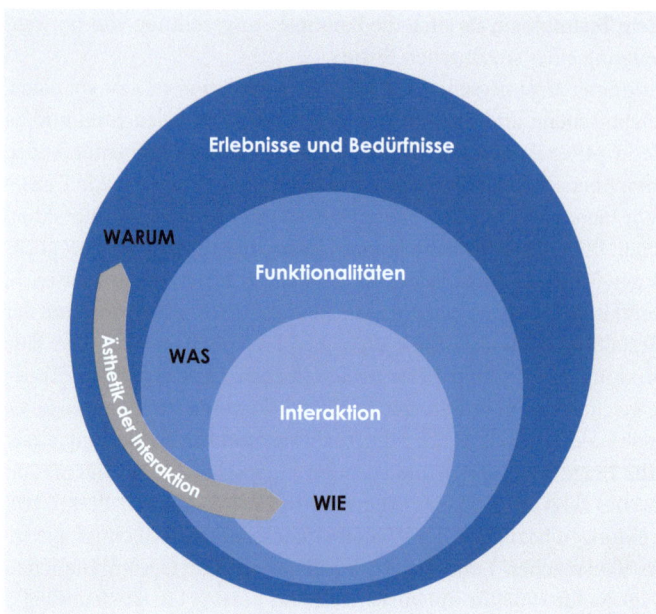

Abb. 5.3 Ästhetik der Interaktion als Passung von Interaktion und Erlebnis

legenden Eigenschaften (z. B. langsam, behutsam) beschrieben. Die Frage nach der konkreten Realisierung und technologischen Umsetzung ist erst der nächste Schritt.

Aus methodischer Sicht wird hierfür zunächst ein technologieunabhängiger Satz von Attributen zur Exploration des Gestaltungsspielraums benötigt. Es geht um eine Bewusstmachung der gesamten Bandbreite zur Verfügung stehender Zutaten auf der motorischen Ebene und deren Kombinationsmöglichkeiten. Dies könnten beispielsweise physikalische Eigenschaften wie die in ☐ Tab. 5.2 aufgelisteten Attribute sein, welche Interaktion unabhängig von einer spezifischen Technologie konstituieren. Der Fokus auf die gesamte Vielfalt von Zutaten und Kombinationsmöglichkeiten in der Interaktionsgestaltung soll allerdings nicht bedeuten, jetzt einfach beliebige, irgendwie neue oder ungewöhnliche Interaktionskonzepte zu generieren. Richtschnur für die Auswahl von Interaktionseigenschaften auf der motorischen Ebene bildet immer das auf der Erlebnisebene definierte Ziel. Für sich allein gesehen sind Eigenschaften auf der motorischen Ebene wertfrei, erst die Passung von Interaktion und Erlebnis bestimmt aus unserer Sicht die Ästhetik der Interaktion (☐ Abb. 5.3).

5.4   Ein Beispiel erlebnisorientierter Interaktionsgestaltung: ein Bilderrahmen mit Geheimversteck

Ein Beispiel für erlebnisorientierter Interaktionsgestaltung ist der Bilderrahmen mit Geheimversteck (s. auch Hassenzahl, 2010, S. 71; Diefenbach et al. 2014, 2016). Im Sinne des im vorherigen Abschnitt beschriebenen Verständnisses der Ästhetik von Interaktion wurde die Interaktion in enger Orientierung am intendierten Erlebnis gestaltet – hier: Freude am Aufdecken und Konsumieren eines kleinen Geheimnisses im Alltag und die Erfüllung von Bedürfnissen nach Autonomie und Privatheit. Hierfür wurden zunächst zum Geheimhalten „passende" Interaktionseigenschaften anhand einer qualitativen Interviewstudie identifiziert und diese Einsichten als Grundlage für die Interaktionsgestaltung zum Aufdecken eines geheimen Bildes in einem digitalen Bilderrahmen verwendet (◘ Abb. 5.6 und 5.7). Die Gegenüberstellung mit einem alternativen Interaktionskonzept in einer Evaluationsstudie (N = 276) zeigte tatsächlich einen bedeutsamen Einfluss der Art und Weise der Interaktion auf das Nutzungserlebnis insgesamt. Die Studienteilnehmer beurteilten die „Geheimhaltungsinteraktion", deren Eigenschaften sich an natürlichen Geheimhaltungspraktiken orientierte, insgesamt als positiver und sahen Bedürfnisse nach Autonomie und Privatheit besser erfüllt (vgl. auch Diefenbach et al. 2016). Hierbei ist zu bemerken, dass die Funktion und das Produktkonzept an sich in beiden Fällen gleich waren – lediglich die konkrete Interaktion zum Aufdecken des geheimen Bildes war unterschiedlich gestaltet. Wir würden sagen, hier zeigt sich der Effekt der Passung von Interaktion und Erlebnis bzw. der Ästhetik der Interaktion.

Das hier vorgeschlagenen Prinzip der Ästhetik der Interaktion ist somit eine Möglichkeit für die Ableitung von Gestaltungsentscheidungen auf der Ebene des Wie im Rahmen unseres Arbeitsmodells für wohlbefindens- und erlebnisorientiertes Gestalten (▶ Kap. 4). Im Folgenden ist das schrittweise Vorgehen der Interaktionsgestaltung am Fallbeispiel des Bilderrahmens mit Geheimversteck näher beschrieben. Die im Fallbeispiel beschriebenen Schritte der Interaktionsgestaltung können genauso auch in anderen Kontexten verwendet und im Sinne eines Leitfadens verstanden werden. Im ▶ Kasten „Leitfaden erlebnisorientierte Interaktionsgestaltung" am Ende dieses Kapitels finden Sie eine entsprechende Zusammenfassung.

■ **Schritt 1: Interessengebiet definieren**

Ausgangspunkt war die Idee, kleine Geheimnisse im Alltag als eine positive Art des Geheimhaltens zu unterstützen. Es geht um die Freude daran, etwas zu tun, zu besitzen oder zu wissen, von dem andere keine Ahnung haben (vgl. auch Hassenzahl 2010, S. 71). Nicht, dass es wirklich schlimm wäre, wenn andere davon wüssten, der Wert liegt im Geheimhalten an sich. Per Definition schließen Geheimnisse andere Personen aus, wodurch Geheimnisse auch immer Autonomiebedürfnisse unterstützen. Diese Abgrenzung stärkt das Ich-Bewusstsein, ist aber auch sozial sanktioniert, was eine Freude am Verbotenen beim Konsumieren von Geheimnissen entstehen lässt. Das geht einher mit dem prickelnden Gefühl von Anspannung bei dem Gedanken daran, entdeckt zu werden, und auch leichten Schuldgefühlen, wenn man Personen etwas verschweigt, die einem nahe stehen. Diese bittersüße Freude am Geheimhalten entsteht auch dann, wenn es sich nicht wirklich um etwas Verbotenes handelt. Unsere Idee war es, diese Art von Freude durch kleine Geheimnisse aufzugreifen und in einen neuen Kontext zu transferieren, mit dem Ziel, auch in sozial regulierten Situationen einen Moment der Autonomie und Privatheit erleben zu können.

Als Kontext haben wir den Arbeitsplatz gewählt. Gerade Großraumbüros bieten kaum Rückzugsmöglichkeiten und wenige Möglichkeiten für die freie Platzierung persönlicher Gegenstände, welche ein Stück Privatheit und Autonomie mit in den Arbeitsalltag bringen könnten. Zwar können private Gegenstände auf einem Schreibtisch platziert werden, allerdings gibt es hier eine Menge an Konventionen zu bedenken, da der Schreibtisch eben auch öffentlich bleibt. Ein Foto des Freundes oberkörperfrei, vom letzten eigenen Auftritt als Travestiekünstler oder in Ritterrüstung beim Liverollenspiel ist unter Umständen keine gute Wahl für den Schreibtisch. Auf der anderen Seite sind es gerade diese geheimen Seiten des eigenen Lebens, die man mit Privatheit verbindet. Für die Entwicklung eines Produkt- und Interaktionskonzepts, das diese Art von Erlebnis unterstützt, sollten zunächst weitere Einblicke zu Geheimhaltungspraktiken im Alltag von Menschen und relevanten Gegenständen und Interaktionen gewonnen werden. Die Leitfragen wurden dementsprechend folgendermaßen beantwortet:

- Interessierendes Phänomen: Autonomieerlebnisse, Gefühle von Privatheit in restriktiveren sozialen Situationen, Geheimhalten.
- Kontext: Autonomie und Privatheit am Arbeitsplatz.
- Annahmen: Geheimhalten ist eine Quelle für positive Gefühle von Autonomie und Privatheit.
- Fragestellungen: Auf welche Art und Weise schaffen sich Personen im Alltag Autonomieerlebnisse und kleine Geheimnisse? Welche Interaktionen entstehen hierbei? Welche Elemente sind wichtig?

- **Schritt 2: Interessengebiet explorieren**

Wir haben sieben halbstrukturierte Interviews zum Thema Autonomie und Geheimnisse von jeweils ca. einer Stunde Dauer geführt. Interviewt wurden fünf Frauen und zwei Männer im Alter von 24 bis 65 Jahren. Zum Einstieg wurde den Teilnehmern das Interessengebiet anhand von kleinen Anekdoten aus dem Alltag verdeutlicht (z. B. ein geheimer Ort, an den man sich zurückzieht, um für sich zu sein; ein geheimer Vorrat an Milch, auf den der Besitzer zurückgreifen kann, falls in der WG einmal die Milch ausgeht). Danach wurden die Interviewteilnehmer gebeten, ähnliche Erlebnisse und Praktiken aus ihrem Alltag zu beschreiben. Im Zentrum standen hierbei folgende Fragen:

- Wert des Fürsichseins/Privatheit/Geheimhaltens, z. B.: In welchen Momenten genießt du es, etwas allein zu tun, für dich zu sein? Was ist das Schöne daran, bestimmte Dinge/Erlebnisse für sich zu behalten?
- Wichtige Bedingungen, z. B.: Was muss gegeben sein, damit dieses Bedürfnis tatsächlich erfüllt wird? Was würde dieses Erlebnis stören?
- Relevante Gegenstände und Interaktionen, z. B.: Was genau hast du in dieser Situation gemacht? Wie hast du das letzte Eis aus der Packung genommen, um das vor deinen Mitbewohnern verborgen zu halten?

Die Interviews wurden transkribiert und mit einem Fokus auf Geheimhalten sowie damit verbundenen Praktiken und Interaktionen analysiert (vgl. auch ◘ Tab. 5.3). Es zeigten sich unterschiedliche Facetten von Geheimhaltungspraktiken als Teil verschiedenster alltäglicher Aktivitäten. Dies waren beispielsweise:

- kleine Sünden oder Belohnungen, die vor dem Partner oder anderen Personen geheim gehalten werden (z. B. Schokolade kaufen/essen, das zehnte Paar Stiefel kaufen),
- eine kleine Auszeit oder verdeckte Aktivitäten am Arbeitsplatz (z. B. Nachrichten lesen, Chatten, Mittagsschläfchen, To-do-Listen schreiben, SMS schreiben),
- unbemerkt Tatsachen schaffen, um Diskussionen/negativen Antworten aus dem Weg zu gehen (z. B. das letzte Eis nehmen, den Kuchen anschneiden),
- private Rituale (Tanzen, Singen zum Stressabbau, Spaziergang an geheimem Ort).

Es ergaben sich außerdem erweiterte Einsichten zum Wert kleiner Geheimnisse im Alltag:

- Geheimhalten ist ein Wert an sich, der spezifische Inhalt des Geheimnisses ist weniger relevant,
- Erwischtwerden ist peinlich, aber nicht dramatisch. Allerdings macht Erwischtwerden das Geheimnis kaputt, danach ist es „verbraucht",

◨ **Tab. 5.3** Interaktionseigenschaften in Geheimhaltungspraktiken. (Diefenbach et al. 2016)

Eigenschaften der Interaktion	Assoziationen	Beispiele
Langsam, behutsam, fließend	Sich vorsichtig nähern, Wertschätzung zeigen, Moment des Aufdeckens „zelebrieren", Vorfreude steigern, sich sanft, aber wahrnehmbar steigernd annähern	Den WG-Mitbewohnern das letzte Eis aus dem Kühlschrank wegschnappen und dann genüsslich im Zimmer verspeisen: „Man isst es dann da halt, so ganz genüsslich, bei verschlossener Tür." Eine besondere Salatschüssel, die man nur für sich alleine nutzt und im Schrank möglichst weit hinten platziert: „Da habe ich dann häufig im Schrank was davor gestellt, damit es nicht so auffällig ist, dass ich die für mich haben will. Das war schon sowas Exklusives für mich, also schon was Besonderes. Ich kam mir gleichzeitig aber auch ein bisschen blöd vor dabei, weil es ja so was Materielles ist, ich hatte auch ein etwas schlechtes Gewissen."
Direkt, räumliche Nähe	Direkte Zuwendung, Bedeutsamkeit, enge Verbindung zu Gedanken und Erinnerungen	Eine geheimen Erinnerungskiste: „Schon die Kiste zu öffnen, den Deckel aufmachen, die Berührung. Die ganzen Erinnerungen sind gleich wieder ganz nah." Tagebuch als geheimer Raum: „Wenn der Stift das Papier berührt, gehen die Gedanken dahin über."
Gezielt	Hohe Bedeutsamkeit, volle Aufmerksamkeit auf die Interaktion (aber: nach außen hin eher beiläufig, keine unnötige Aufmerksamkeit erregen)	Gezielt, aber gespielt beiläufig einen Zettel umdrehen – als wäre es ein Arbeitsdokument und nicht die private To-do-Liste. Entspanntes Auftreten trotz innerer Spannung: „Ich achte auch immer in solchen Situationen extrem darauf, total lässig und unschuldig rüberzukommen, weil es ich es immer so auffällig finde – also die umgekehrte Situation, wenn ich so was beobachte, und man kommt in so 'ne Tür rein, und da wird auf einmal ein Fenster [auf dem Bildschirm] geschlossen."
Verborgen, „unsichtbar"	Unauffällig, keine für andere sichtbaren Hinweise. keine Spuren hinterlassen, keine Aufmerksamkeit erregen	Nutella aus dem Glas essen und danach die Spuren verwischen: „Das darf man ja eigentlich nicht, da mit' m Löffel einmal rein […], man macht das diskret, keiner kriegt das mit und eventuell streicht man die Nutella dann noch so nach, damit es so aussieht, wie wenn da noch gar kein einziger Löffel drin gewesen wäre." Spuren privater Tätigkeiten am Arbeitsplatz verdecken: „Wenn die Tür aufgeht, dann sorge ich natürlich dafür, dass ich schnell irgendwas anklicke, was dann arbeitsrelevant ist und nicht ähm … Ebay."

— Verbündete/Eingeweihte können eine zusätzliche Quelle für positives Erleben sein; allerdings dürfen es nicht zu viele Personen sein, sonst ist es kein Geheimnis mehr,
— gemeinsames Geheimhalten vor einer einzigen Person (z. B. Chef, Werksleiter) kann ein positives Erlebnis sein; in diesem Fall ist Verbundenheit wichtiger als Autonomie.

Die Beschreibungen von mit Geheimhaltung verbundenen Interaktionen lieferten Hinweise zu generellen Anforderungen als auch zu konkreten Eigenschaften der Interaktion auf motorischer Ebene. Eine generelle Anforderung an ein Geheimversteck ist beispielsweise ein gutes Mittelmaß an Sicherheit und Schutz vor Entdeckung: Das Geheimnis sollte einerseits

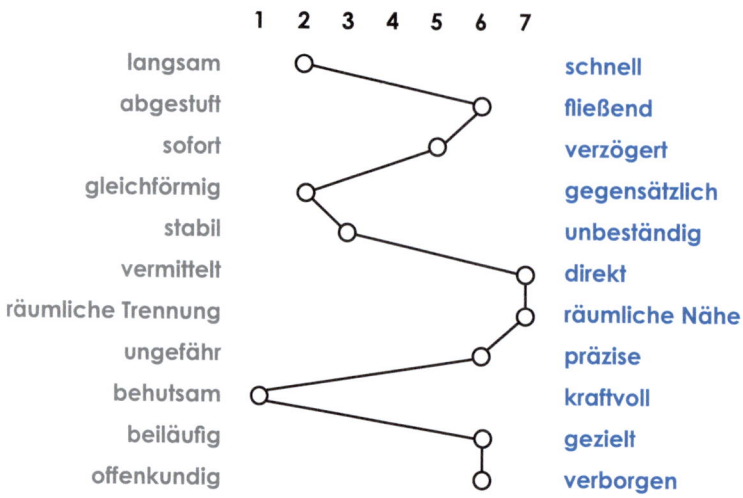

	1 2 3 4 5 6 7	
langsam		schnell
abgestuft		fließend
sofort		verzögert
gleichförmig		gegensätzlich
stabil		unbeständig
vermittelt		direkt
räumliche Trennung		räumliche Nähe
ungefähr		präzise
behutsam		kraftvoll
beiläufig		gezielt
offenkundig		verborgen

-O- Spezifikation ideale Interaktion

■ **Abb. 5.4** Interaktionsprofil „idealer" Eigenschaften im Kontext Geheimhalten

nicht zu leicht oder zufällig aufdeckbar sein, andererseits aber auch nicht durch übertriebene Sicherheitsvorkehrungen geschützt sein. Diese könnten andere erst darauf aufmerksam machen, dass man sich bemüht, etwas geheim zu halten, und würden dem Konsumieren des Geheimnisses im Alltag die Leichtigkeit nehmen, was das Konsumieren weniger reizvoll macht. ■ Tab. 5.3 gibt einen Überblick über typische Interaktionseigenschaften in Geheimhaltungspraktiken und hiermit verknüpfte Assoziationen. Diese bildeten die Basis für die Interaktionsgestaltung.

■   **Schritt 3: Ableitung idealer Eigenschaften der Interaktion**
Entsprechend den in ■ Tab. 5.3 aufgeführten Einsichten zu typischen Interaktionseigenschaften in Geheimhaltungspraktiken wurde ein Profil idealer Interaktionseigenschaften spezifiziert. Die zugrundeliegende Idee ist, dass insbesondere in natürlichen, technologiefreien Praktiken vorkommende Interaktionen Aufschluss geben über passende, dem Erlebnis angemessene Eigenschaften der Interaktion. Dementsprechend sollten die identifizierten typischen Interaktionseigenschaften in Geheimhaltungspraktiken als Blaupause für eine besonders passende, ästhetische Geheimhaltungsinteraktion dienen. Für die Spezifizierung idealer Interaktionseigenschaften nutzen wir das Interaktionsvokabular, ein Set von elf Dimensionen zur Beschreibung von Interaktion durch Gegensatzpaare (■ Abb. 5.4, vgl. auch ▶ Kap. 6). Anhand einer Skala von 1 bis 7 lassen sich relative Ausprägungen von Interaktionseigenschaften für die verschiedenen Dimensionen spezifizieren, Dimensionen mit Extremwerten zeigen so die intendierten charakteristischen Eigenschaften der Interaktion.

Im hier vorliegenden Fall der Interaktion mit einem Geheimnis sind dies folgende Eigenschaften: eher langsam, behutsam und fließend, um hierdurch die allmähliche Annäherung an den Moment des Aufdeckens zu zelebrieren. Die Interaktion sollte direkt sein und sich durch eine hohe räumliche Nähe zwischen Aktion (des Nutzers) und Reaktion (des interaktiven Produkts) auszeichnen, um die direkte Zuwendung und Bedeutsamkeit des Geheimnisses

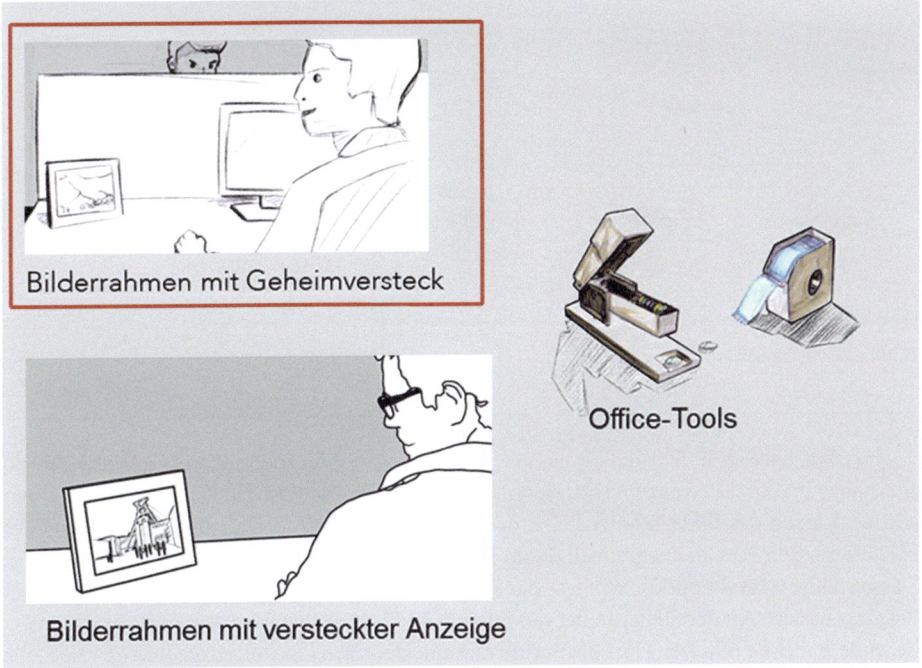

◻ **Abb. 5.5** Alternative Geheimhaltungskonzepte im Bürokontext. (Skizzen: Kai Eckoldt)

zu unterstreichen. Die Interaktion sollte sich eher gezielt und präzise anfühlen, um auch die Wertschätzung und bewusste Zuwendung zum Geheimnis zu betonen. Allerdings sollte die Interaktion nach außen hin eher beiläufig und verborgen wirken, was sich aus der Intention des Geheimhaltens ergibt. Eine weitere Besonderheit im Kontext des Geheimhaltens ist die Unterscheidung zwischen Annäherung an das Geheimnis/Aufdecken/Konsumieren und Zudecken und die unterschiedlichen Anforderungen an die Interaktion in diesen Phasen. Während die Interaktion des Aufdeckens und Konsumierens ganz im Zeichen der Erlebnispassung gestaltet werden kann, ist im Moment des Zudeckens auch die Gefahr des Entdecktwerdens zu berücksichtigen, und die Interaktion sollte für diesen Fall schnell umkehrbar/unsichtbar sein.

▪ **Schritt 4: Interaktionsgestaltung und prototypische Realisierung**
Als Kontext haben wir uns auf die Umgebung eines Großraumbüros festgelegt. Es wurden zunächst alternative Konzepte auf der Was-Ebene, d. h. unterschiedliche Funktionalitäten zur Unterstützung von kleinen Geheimnissen am Arbeitsplatz, skizziert. Dies umfasste beispielsweise Office-Tools in der Tradition des Mimikry, welche sich als im Bürokontext gängige Gebrauchsgegenstände tarnen, jedoch eine andere geheime Funktion erfüllen (z. B. der M&Ms-Tacker oder der Kaugummi-Tesaroller). Ein weiteres Konzept war ein digitaler Bilderrahmen, der als eine versteckte Anzeige für private Kommunikation (Mails, SMS, *WhatsApp*) fungiert. Schleichende Veränderungen auf einem per se unauffälligen Foto signalisieren für den Besitzer bedeutsame Nachrichten, z. B. ein auf dem Bild erscheinender Besucher als Anzeige für eine neue E-Mail. Das letztendlich gewählte Konzept war der Bilderrahmen mit Geheimversteck: ein digitaler Bilderrahmen der neben dem offen sichtbaren Bild ein privates Foto enthält, das nur durch eine bestimmte Interaktion sichtbar wird (◻ Abb. 5.5).

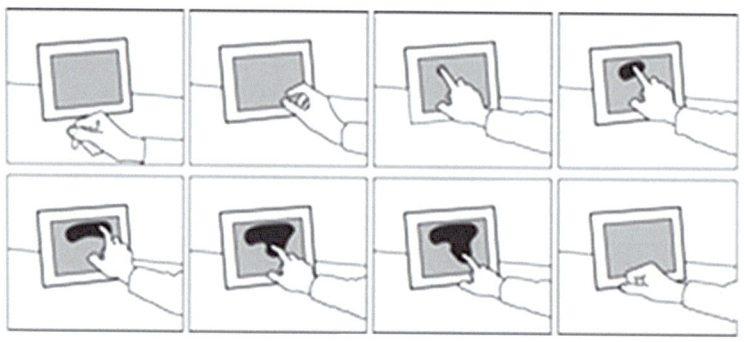

◻ **Abb. 5.6** Freistreicheln. (Skizze: Kai Eckoldt)

Im nächsten Schritt wurden für das gewählte Konzept, Bilderrahmen mit Geheimversteck, alternative Interaktionskonzepte skizziert. Dies waren beispielsweise ein Kippen des Bildes (ein leichtes Kippen des Bilderrahmens lässt das öffentliche Bild ins private Bild umkippen) oder eine Interaktion im Cinemagramstil (beim Berühren des Bildes erwacht das Bild zum Leben). Das gewählte Interaktionskonzept war das Freistreicheln, welches ebenfalls auf Berührung des Displays basiert: An der Stelle, an der das öffentliche Bild berührt wird, legt sich das darunterliegende, geheime Bild frei. Hört die Berührung auf, zieht sich das freigelegte Bild um die Stelle der ersten Berührung herum zurück und verschwindet ganz, ähnlich wie ein Gummiband. Das Interaktionskonzept des Freistreichelns wurde zunächst skizziert (◻ Abb. 5.6) und dann mittels eines Videoprototyps realisiert, der die Interaktion mit dem Bilderrahmen im Büroalltag zeigt (◻ Abb. 5.7; s. auch ▶ https://vimeo.com/103701159).

▪ Schritt 5: Evaluation

In einer Evaluationsstudie mit 276 Teilnehmern wurde das Interaktionskonzept des Freistreichelns einer alternativen Interaktionsform gegenübergestellt, deren Eigenschaften weniger gut mit denen als ideal spezifizierten Interaktionseigenschaften übereinstimmten (Diefenbach et al. 2016). Anstatt mittels Freistreicheln wurde das versteckte Bild mittels Fernbedienung auf- und zugedeckt, ansonsten waren die Videoprototypen identisch (s. auch ▶ https://vimeo.com/103700137). Die Fernbedienung bietet eine pragmatische und effiziente Interaktion zur Erfüllung der gewünschten Funktionalität. Die Eigenschaften auf motorischer Ebene weichen jedoch auf einigen Dimensionen von dem idealen Interaktionsprofil ab: Die Interaktion mittels Fernbedienung ist eher abgestuft als fließend, eher sofort als verzögert, eher vermittelt als direkt, eher kraftvoll als behutsam und eher offenkundig als verborgen. Gemäß des hier vertretenen Verständnisses der Ästhetik von Interaktion sollte sich eine Nichtpassung von Interaktion und intendiertem Erlebnis in der Beurteilung des Nutzungserlebnisses insgesamt niederschlagen.

Wie erwartet zeigte die Beurteilung des Freistreichelns mithilfe des Interaktionsvokabulars eine gute Übereinstimmung mit dem idealen Interaktionsprofil (Profilkorrelation = .72). Die Beurteilung der Fernbedienung hingegen zeigte keine Übereinstimmung (Profilkorrelation = −.03). Der Bilderrahmen mit Freistreichelinteraktion wurde außerdem als das positivere Nutzungserlebnis beurteilt, und auch spezifische Maße bezüglich Autonomie und Privatheit (Privacy Function Rating Scale, Pedersen 1997, 1999) zeigten signifikant höhere Werte. Diese

◘ **Abb. 5.7** Freistreicheln (Videoprototyp)

Ergebnisse verdeutlichen die Relevanz der konkreten Ausgestaltung der Interaktion für die Wahrnehmung und Beurteilung des Produktkonzepts insgesamt und unterstreichen die Relevanz der Passung von Interaktion und Erlebnis (◘ Tab. 5.4).

Fazit

Die Ästhetik der Interaktion ist ein Aspekt, welche in der Gestaltung gleichermaßen Beachtung erfahren sollte wie die Auswahl von Funktionalitäten oder die visuelle Gestaltung. Die hier vorgeschlagene Position und der vorgestellte Ansatz der erlebnisorientierten Interaktionsgestaltung bieten eine Möglichkeit, die Frage der Ästhetik von Interaktion aufzunehmen. Bedeutsamer als die verwendete Technologie ist hiernach für das Nutzungserlebnis die Passung der Interaktion in Hinblick auf das intendierte Erlebnis. Technikvermittelte Momente der Privatheit brauchen auch eine Art der Interaktion, die sich privat anfühlt. Selbstverständlich kann das hier beschriebene Vorgehen auch an die Erfordernisse der jeweiligen Unternehmenspraxis angepasst werden. Zentral für ist aber, dass die Beschäftigung mit dem Erlebnis der Gestaltung der Interaktion vorausgeht und die Interaktion als bewusstes Gestaltungselement begriffen und nicht als von vornherein durch die Technologie determiniert gesehen wird.

Die folgenden Kapitel stellen Werkzeuge und Methoden vor, die den Prozess der Beschreibung, Gestaltung und Bewertung der Ästhetik von Interaktion systematisch unterstützen können. Vorab möchten wir jedoch auch auf die Grenzen modelltheoretischer Überlegungen und standardisierter Werkzeuge hinweisen. Mittel wie das Interaktionsvokabular (► Kap. 6) können Anforderungen und Freiheitsgrade in der Interaktionsgestaltung bewusst machen, psychologische Bedürfnistheorien (► Kap. 7) können einen hilfreichen Rahmen für die Beschreibung und Bewertung von Erlebnissen bieten. Entscheidungen müssen aber weiterhin die Gestalter selbst treffen – die vorgestellten Werkzeuge können helfen, dies fundiert und gut begründet zu tun.

▣ Tab. 5.4 Leitfaden erlebnisorientierte Interaktionsgestaltung

Schritt	Ziele und Vorgehen
Interessengebiet definieren	Grober Umriss des interessierenden Phänomens und offener Fragen. Mögliche Leitfragen: Interessierendes Phänomen: Welche Art von Erlebnis wollen wir erzeugen? Kontext: Interessieren wir uns für einen bestimmten Kontext/eine bestimmte Personengruppe? Annahmen: Was glauben wir, schon über das Erlebnis/den Kontext/relevante Bedürfnisse zu wissen?
Interessengebiet explorieren	Datenerhebung (z. B. qualitative Interviews) zum Phänomen in der Lebenswelt von Menschen. Mögliche Leitfragen: Wert des Erlebnisses, das Positive daran, Gefühle Bedingungen, unterstützende Faktoren und Barrieren Relevante Gegenstände Interaktion, Dynamik der Interaktion Typische Interaktionseigenschaften Wert der verschiedenen Interaktionselemente, z. B.: Was an dieser Interaktion ist das Wichtigste? Muss es unbedingt auf diese Art und Weise sein? Was wäre anders, wenn sich ein bestimmtes Element der Interaktion ändern würde? Wäre das Erlebnis noch das Gleiche?
Ableitung idealer Eigenschaften der Interaktion	Spezifikation idealer Interaktionseigenschaften anhand des Interaktionsvokabulars (▶ Kap. 6). Zweiseitige Herangehensweise: Ausgehend von den Interviewdaten: Spezifikation von Eigenschaften, die sich unmittelbar aus den Einsichten zur Interaktion oder logischen Konsequenzen ableiten Ausgehend von den Dimensionen: für noch offene Dimensionen Spezifikation von Eigenschaften durch weiterführende Überlegungen, ggf. erneutes Scannen der Interviewdaten nach relevanten Hinweisen
Interaktionsgestaltung und prototypische Realisierung	Schrittweise Ausgestaltung von Interaktionskonzepten: Skizzierung alternativer Konzepte auf der Was-Ebene, d. h. Funktionalitäten des Produkts Entscheidung für ein Konzept, ggf. auch Festlegung des Anwendungskontexts Skizzierung alternativer Konzepte auf der Wie-Ebene, d. h. Interaktion zur Umsetzung der Funktion in Orientierung an spezifizierten idealen Interaktionseigenschaften Entscheidung für ein Interaktionskonzept Prototypische Realisierung zwecks Einsatz in Evaluationsstudie: Wahl einer geeigneten Repräsentation, welche Interaktion, Funktion und Erlebnis des Konzepts erfahrbar macht
Evaluation	Überprüfung der intendierten Wahrnehmung der Interaktion und Effekte auf der Erlebnisebene. Mögliche Evaluationsmaße: Interaktionswahrnehmung: Interaktionsvokabular als Fragebogen (▶ Kap. 6) Bedürfniserfüllung: Bedürfnisinventar (▶ Kap. 7) Globale Bewertung, z. B. Schlecht-gut-Item Für den Anwendungskontext relevante Personenvariablen, z. B. individuelle Bedürfnisse nach Autonomie, Zugehörigkeit, Kreativität

Literatur

Alaoui, S. F., Caramiaux, B., & Serrano, M. (2011). *From dance to touch: movement qualities for interaction design*. Proceedings of the SIGCHI Conference on Human factors in Computing Systems. (S. 1465–1470). New York: ACM.

Baljko, M., & Tenhaaf, N. (2008). The aesthetics of emergence: Co-constructed interactions. *ACM Transactions on Computer-Human Interaction, 15*(3), Article 11.

Christensen, M. S. (2004). *Introducing Excitability!* Proceedings of the NordiCHI 2004 Workshop on Aesthetic Approaches to Human-Computer Interaction. (S. 10–13). New York: ACM.

Dalsgaard, P., & Hansen, L. K. (2008). Performing perception – staging aesthetics of interaction. *ACM Transactions on Computer-Human Interaction, 15*(3), 1–33.

Diefenbach, S., Hassenzahl, M., & Lenz, E. (2012). Ansätze zur Beschreibung der Ästhetik von Interaktion. In H. Reiterer & O. Deussen (Hrsg.), *Workshopband Mensch & Computer 2012* (S. 121–127). München: Oldenbourg.

Diefenbach, S., Lenz, E., & Hassenzahl, M. (2014). *Handbuch proTACT Toolbox. Tools zur User Experience Gestaltung und Evaluation*. Essen: Folkwang Universität der Künste.

Diefenbach, S., Hassenzahl, M., Eckoldt, K., Hartung, L., Lenz, E., & Laschke, M. (2016). Designing for wellbeing: A case study of keeping small secrets. *The Journal of Positive Psychology* doi:10.1080/17439760.2016.1163405.

Djajadiningrat, T., Matthews, B., & Stienstra, M. (2007). Easy doesn't do it: skill and expression in tangible aesthetics. *Personal and Ubiquitous Computing, 11*, 657–676.

Greco, E. (2007). *Capturing intention: documentation, analysis and notation research based on the work of Emio Greco*. Amsterdam: Amsterdamse Hogeschool voor de Kunsten.

Hassenzahl, M. (2010). *Experience Design. Technology for all the right reasons*. San Rafael: Morgan & Claypool Publishers.

Hummels, C., Ross, P., & Overbeeke, C. J. (2003). *In search of resonant human computer interaction: Building and testing aesthetic installations*. Proceedings of the 9th international conference on human-computer interaction. (S. 399–406). Amsterdam: IOS Press.

de Jongh Hepworth, S. (2007). *Magical Experiences in Interaction Design*. Proceedings of the DPPI International Conference on Designing Pleasurable Products and Interfaces. (S. 108–118). New York: ACM.

Laban, R., & Lawrence, F. C. (1947). *Effort*. London: MacDonald & Evans.

Landin, H. (2009). *Anxiety and Trust and other expressions of interaction*. Doctoral thesis, Chalmers University of Technology, Gothenburg, Sweden.

Lenz, E., Diefenbach, S., & Hassenzahl, M. (2014). *Aesthetics of Interaction – A Literature Synthesis*. Proceedings of the NordiCHI Nordic Conference on Human-Computer Interaction. (S. 628–637). New York: ACM.

Lim, Y., Stolterman, E., Jung, H., & Donaldson, J. (2007). *Interaction Gestalt and the Design of Aesthetic Interactions*. Proceedings of the DPPI Conference on Designing Pleasurable Products and Interfaces. (S. 239–254). New York: ACM.

Lim, Y. K., Lee, S. S., & Lee, K. Y. (2009). *Interactivity attributes: a new way of thinking and describing interactivity*. Proceedings of the SIGCHI Conference on Human factors in Computing Systems. (S. 105–108). New York: ACM.

Löwgren & Stolterman (2004). *Thoughtful interaction design*. Cambridge: MIT Press.

Löwgren, J. (2009). Towards an articulation of interaction aesthetics. *New Review of Hypermedia and Multimedia, 15*(2), 129–146.

Lundgren, S. (2011). *Interaction-Related Properties of Interactive Artifacts*. Proceedings of Ambience, Bd. 2011 (S. 112–121).

Marti, P. (2010). Perceiving while being perceived. *International Journal of Design, 4*(2), 27–38.

Mitra, R. (2011). Scrollen bei Mac OS X Lion. https://apfelblog.ch/scrollen-bei-mac-os-x-lion/. Zugegriffen: 1. März 2016.

Pedersen, D. M. (1997). Psychological functions of privacy. *Journal of Environmental Psychology, 17*(2), 147–156.

Pedersen, D. M. (1999). Model for types of privacy by privacy functions. *Journal of Environmental Psychology, 19*(4), 397–405.

Petersen, M. G., Iversen, O. S., Krogh, P. G., & Ludvigsen, M. (2004). *Aesthetic interaction: a pragmatist's aesthetics of interactive systems*. Proceedings of the DIS Conference on Designing Interactive Systems. (S. 269–276). New York: ACM.

Reeves, S., Benford, S., O'Malley, C., & Fraser, M. (2005). *Designing the spectator experience*. Proceedings of the SIGCHI Conference on Human factors in Computing Systems. (S. 741–750). New York: ACM.

Ross, P. R., & Wensveen, S. A. G. (2010). Designing Behavior in Interaction: Using Aesthetic Experience as a Mechanism for Design. *International Journal of Design, 4*(2), 3–13.

Saffer, D. (2008). *Designing Gestural Interfaces*. Sebastopol: O'Reilly.

Werkzeuge für Gestaltung und Evaluation auf der Interaktionsebene

Sarah Diefenbach, Marc Hassenzahl

© Springer-Verlag GmbH Deutschland 2017
S. Diefenbach, M. Hassenzahl, *Psychologie in der nutzerzentrierten Produktgestaltung,*
Die Wirtschaftspsychologie, DOI 10.1007/978-3-662-53026-9_6

Interaktionskonzept für einen Heiratsantrag

Wie lässt sich das Gefühl beim Heiratsantrag auch in der Interaktion der Überreichung des Verlobungs-rings ausdrücken – den bedeutsamen Moment betonen, auf die große Frage hinführen? Was wäre eine ästhetische Interaktion für das Öffnen der Ringbox, welche das intendierte Erlebnis unterstreicht? Julia Lackas beschäftigte sich mit dieser Frage im Rahmen eines Designkurses an der Folkwang Universität der Künste.

In Anbetracht des kostbaren Inhalts und der besonderen Bedeutung dieses Moments für die Beziehung von Schenkendem und Beschenktem sollte das Öffnen etwas Vorsichtiges und Respektvolles ausdrü-cken, den feierlichen Moment unterstreichen und ihm eine Struktur verleihen, die es dem Schenkenden ermöglicht, die Überreichung des Ringes mit angemessenen Worten zu begleiten – und dem Beschenk-ten ermöglicht, sich auf die folgende Frage vorzubereiten. Um dies zu erreichen, spezifizierte sie die Interaktion als langsam, behutsam, abgestuft und verzögert. Nachdem die Box behutsam aufgedreht wurde, ertönt zunächst das gemeinsame Lied des Paars. Erst nachdem das Lied verklungen ist, hebt sich der Deckel ein wenig und die Box gibt ihren Inhalt preis (◘ Abb. 6.1). Als unterstützendes Werkzeug für die Auswahl und Ausgestaltung passender Interaktionseigenschaften nutzte Julia das Interaktionsvo-kabular (▶ Abschn. 6.2). Was genau das Interaktionsvokabular ist und wie man damit arbeiten kann, beschreiben wir in den folgenden Abschnitten.

6.1   Vorbemerkungen

Wir verstehen unter der Ästhetik der Interaktion die Passung von Interaktion zu intendiertem Erlebnis. Ausgehend vom dem in ▶ Kap. 4 dargestellten Ebenenmodell lassen sich drei Ebenen unterscheiden: Warum, Was und Wie. Die Was-Ebene beschreibt Interaktion im Sinne von Prak-tiken und Handlungen, z. B. einen Telefonanruf tätigen. Das Wie bezieht sich auf das konkrete Ausführen der Handlungen als gestaltete, sich bedingende Einheit von Handlung und Material, wie das Wählen einer Telefonnummer mittels Wählscheibe, Nummernblock oder Spracheingabe. In einer aufgabenorientierten Interaktionsgestaltung mit dem Ziel der Gebrauchstauglichkeit ori-entiert sich das Wie primär am Was. Erlebnisorientierte Interaktionsgestaltung hingegen fordert eine Orientierung von Wie und Was am Warum, also den Bedürfnissen und Erlebnissen, die die Nutzung bedeutungs- und freudvoll machen. Das Wählen einer Telefonnummer hat an sich keine Bedeutung und macht auch keine Freude. Erst die Möglichkeit, durch einen Telefonanruf ein Bedürfnis nach Verbundenheit oder andere psychischen Bedürfnisse zu erfüllen, macht diesen bedeutsam. Unsere Idee der Ästhetik von Interaktion ist es, dass dieses Warum auch im Wie Ausdruck finden kann und sollte. Dies ist bei einem herkömmlichen Telefon allerdings nicht der Fall: Ungeachtet der Bedeutung und des Bedürfnisses hinter einem Telefonanruf, sei es ein Anruf beim Pizzaservice, beim Chef oder dem Geliebten, bietet die Interaktion keinen Ausdruck und bleibt stets die Gleiche. Beschäftigt man sich aufmerksam mit Interaktion findet man Beispiele, wie die spezifische Gestaltung von Interaktion zur Intensivierung von Bedeutung führt. Das Führen eines wichtigen Telefonats in älteren Filmen beispielsweise spielt mit der ver-zögerten Natur der Interaktion mit Wählscheibe oder Tasten. Die Spannung steigt, während der Protagonist zögernd jede einzelne Ziffer wählt und vor der letzten Ziffer seine Meinung ändert. Heute wählt man die Person aus den gespeicherten Nummern und mit einem Knopfdruck wird die Verbindung hergestellt. Während das einfacher und schneller geht, ist dadurch eine Mög-lichkeit der Dramatik verloren gegangen. Natürlich hat niemand die Wählscheibe gestaltet, nur um das Erlebnis dramatischer Telefonanrufe zu verstärken. Die Botschaft ist aber, dass auch eine verzögerte Interaktion erlebnisrelevanten Nutzen haben kann und dass es dann um die Frage geht, wie man Interaktionen entsprechend gestalten kann.

Eine Geschenkbox

Die Dose wird behutsam aufgedreht

...dann spielt sie unser Lied!

Nachdem das Lied verklungen ist, hebt sich der Deckel

Schließlich gibt die Box ihren Inhalt Preis: Willst du mich heiraten?

■ **Abb. 6.1** Interaktionskonzept für eine Box zur Überreichung des Verlobungsrings: langsam, abgestuft, verzögert, behutsam. (Julia Lackas)

Konzeptionell sind Erlebnis (Warum) und Interaktion (Wie) somit auf unterschiedlichen Ebenen angesiedelt und können unabhängig voneinander beschrieben werden. Eine detaillierte Betrachtung der jeweiligen Ebenen für sich bildet dann den Ausgangspunkt für die erlebnisorientierte Interaktionsgestaltung. Das vorliegende Kapitel befasst sich mit Methoden und Tools zur Beschreibung der Interaktion. Zusammenhänge zur Erlebnisebene werden ansatzweise beleuchtet, eine ausführliche Vorstellung von Methoden und Tools für die Erlebnisebene findet sich im Folgekapitel.

6.2   Das Interaktionsvokabular

Ein häufiges Phänomen bei der Interaktionsgestaltung ist, dass diese bereits gebunden an eine bestimmte Technologie (z. B. Touchdisplays, Spracheingabe) stattfinden. Diese technikgetrie-

langsam	schnell
abgestuft	fließend
sofort	verzögert
gleichförmig	gegensätzlich
stabil	unbeständig
vermittelt	direkt
räumliche Trennung	räumliche Nähe
ungefähr	präzise
behutsam	kraftvoll
beiläufig	gezielt
offenkundig	verborgen

◧ **Abb. 6.2** Das Interaktionsvokabular

bene Art lässt kaum Raum für ein Nachdenken über die psychologische Bedeutsamkeit von Interaktion. Bevor das Wissen der Psychologie über menschliche Bedürfnisse und Routinen für die Interaktionsgestaltung genutzt werden und eine im Erlebnissinne ideale Interaktion spezifiziert werden kann, ist schon sehr vieles festgelegt. Gerade aus einer psychologischen Perspektive ist es daher wünschenswert, auch ein technologieunabhängiges Nachdenken über Interaktion zu ermöglichen. An dieser Stelle setzt unser Interaktionsvokabular an. Das Interaktionsvokabular schlägt elf Dimensionen, bzw. bipolare Adjektivpaare zur Interaktionsbeschreibung vor ◧ Abb. 6.2. Diese sind als wertfrei beschreibende, technologieunabhängige Attribute zu verstehen. Interaktionseigenschaften werden also als neutrale Zutaten der Interaktionsgestaltung verstanden, mit denen der Designer experimentieren kann. Wie in der visuellen Gestaltung Form, Farbe und Symmetrie in bestimmter Weise kombiniert werden, um einen bestimmten Ausdruck zu erzeugen, lässt sich so auch eine Interaktion bewusst gestalten. Genau wie rot oder blau sind auch Eigenschaften der Interaktion (vgl.: langsam oder schnell) zunächst wertfrei. Eine Bewertung lässt sich erst vornehmen, wenn Attribute zu einer Gestalt kombiniert werden und man dann die Passung von entstehender Interaktion zum gewünschten Erlebnis einschätzt. All diese Elemente finden sich im Interaktionsvokabular wieder. Den Ausgangspunkt bilden die elf Eigenschaften, die vom Designer spezifiziert werden und gemeinsam ein spezifisches Profil bildend. Auf dieser Basis wird nun im Rahmen der gegebenen technischen Möglichkeiten eine konkrete Interaktion gestaltet, die das Profil möglichst gut abbildet.

Der Wert des Interaktionsvokabulars liegt somit vor allem darin, dass es unabhängig von Technologien eine wertneutrale Beschreibungssprache für Interaktion liefert. Zudem basiert es auf einer systematischen Herleitung, basierend auf einer Analyse aller Wie-Unterschiede innerhalb einer Reihe von alternativen Interaktionsformen für eine gleiche Funktion (▶ Exkurs „Wie ist das Interaktionsvokabular entstanden und wie gut ist es als Beschreibungsinstrument?"). Dies ist ein Unterschied zu anderen Ansätzen der Beschreibung von Interaktion, welche ein bestimmtes Set von Eigenschaften vorschlagen, ohne dass nachvollziehbar wäre, woher diese Auswahl kommt oder warum gerade diese als relevant erachtet wird. Ein weiteres Problem bestehender Ansätze ist, dass die im Experience Design wichtige Unterscheidung von Interaktion und Erlebnis verloren geht. So beschreiben die von Lim et al. (2009) vorgeschlagenen Interactivity Attributes überwiegend physikalische Eigenschaften auf der Wie-Ebene (z. B. *slow-fast, narrow-wide, concurrent-sequential*), teils aber auch den individuellen Erfahrungshintergrund, um damit die Bedeutungsebene (*expected-unexpected*) explizit zu machen.

Exkurs: Wie ist das Interaktionsvokabular entstanden und wie gut ist es als Beschreibungsinstrument?

Ausgangspunkt der Entwicklung des Interaktionsvokabulars war der Wunsch nach einer wertneutralen, universellen, technologiefreien Beschreibungssprache für Interaktion auf der Ebene grundlegender Eigenschaften. Es sollten Adjektive gefunden werden, mit denen sich beschreiben lässt, worin der Unterschied zwischen zwei Interaktionsformen mit gleichem Effekt besteht (z. B. das Anschalten einer Lampe durch einen Schalter an der Wand oder das Klatschen in die Hände). Grundlage für die Auswahl der Interaktionsdimensionen war daher eine systematische Analyse von über hundert Interaktionsformen und deren zentrale Unterschiede. In einem Expertenworkshop wurden die Unterschiede zwischen den Interaktionskonzepten diskutiert und als Gegensatzpaare formuliert, wie beispielsweise das Gegensatzpaar „abgestuft – stufenlos" zur Unterscheidung zwischen Kippschalter und Dimmer oder die Dimension „behutsam – kraftvoll" zur Unterscheidung des Anstreichelns versus Anboxens einer Lampe mit Berührungssensor. In einem mehrstufigen Prozess wurden die Dimensionen auf Wertneutralität, Eindeutigkeit und Redundanz geprüft, einzelne Begriffe ausgeschlossen oder überarbeitet und schließlich die oben genannten Dimensionen identifiziert. In mehreren Validierungsstudien wurden die Dimensionen auf Wertneutralität, Eindeutigkeit und Redundanz geprüft. In einer ersten Studie (Diefenbach et al. 2010) interessierte uns beispielsweise, ob die Dimensionen geeignet sind, Unterschiede zwischen Interaktionsformen aufzudecken und ob verschiedene Beurteiler zu zufriedenstellenden Übereinstimmungen kommen. Hierfür wurden fünf Beurteilern jeweils 29 verschiedene Interaktionsformen vorgelegt, die anhand der Dimensionen des Interaktionsvokabulars beschrieben werden sollten. Es zeigte sich, dass die Dimensionen insgesamt gut geeignet sind, zwischen den Interaktionsformen zu trennen. Für die meisten Dimensionen ergaben sich signifikante Beurteilungsunterschiede zwischen den Interaktionsformen.

Um Interaktionseigenschaften zuverlässig erheben zu können, sollten die Dimensionen des Vokabulars außerdem eindeutig und allgemein verständlich sein. Das heißt, die Unterschiede zwischen den Urteilen der verschiedenen Personen in Bezug auf die gleiche Interaktionsform sollten relativ klein und die Unterschiede der Beurteilungen zwischen den verschiedenen Interaktionsformen relativ groß sein. Diese beiden Werte werden bei der Intra-Class-Correlation (ICC) ins Verhältnis gesetzt. ICC ist ein Maß der Inter-Rater-Übereinstimmung, das Werte im Bereich −1 bis +1 annehmen kann, je höher der Wert, umso reliabler die Beurteilung. Für die meisten Dimensionen des Interaktionsvokabulars liegen die ICC-Werte im zufriedenstellenden Bereich von .52 bis .82. Anfangs problematische Dimensionen wurden entsprechend überarbeitet.

Die erste Version des Interaktionsvokabulars wurde im Rahmen des BMBF-Projekts Fun-ni (Fun of Use with Natural Interactions, FKZ 01IS09007, 2009–2010) entwickelt. Zwischenzeitlich gesammelte Erfahrungen zum Einsatz des Interaktionsvokabulars in Gestaltung und Evaluation sind in die Überarbeitung des Vokabulars im Rahmen des BMBF-Projekts proTACT (User Experience Prototyping for tangible Interaction, FKZ 01IS12010F, 2012–2014) eingeflossen.

Wir sehen das Interaktionsvokabular in erster Linie als hilfreich für Interaktionsdesigner, da es Ansatzpunkte für die Interaktionsgestaltung aufzeigt und die Kommunikation über intendierte Eigenschaften erleichtert. Darüber hinaus kann das Interaktionsvokabular auch in der Forschung und Evaluation als Fragebogen zur Erfassung der von Nutzern wahrgenommenen Interaktionseigenschaften eingesetzt werden. Hierfür geben Nutzer ihren Eindruck der Interaktion mit Hilfe von Gegensatzpaaren (semantisches Differenzial) an. Die verschiedenen Einsatzmöglichkeiten des Interaktionsvokabulars und unterstützende Tools sind in ▶ Abschn. 6.3 näher beschrieben.

Bei der Verwendung des Interaktionsvokabulars in Forschung, Praxis und Lehre wurden wir oft nach näheren Definitionen für die verwendeten Begriffe gefragt. ◻ Tab. 6.1 zeigt Alltagsbeispiele, welche die einzelnen Interaktionseigenschaften näher erläutern. Es handelt sich hierbei bewusst um möglichst einfache Beispiele, die für jeden vorstellbar sind. Wichtig ist außerdem, dass es sich nicht um absolut trennscharfe Definitionen handelt. Ein gewisses Maß an Freiheit in der Interpretation der Interaktionsdimensionen ist erlaubt und gewünscht. Ziel des Vokabulars ist in erster Linie, den zur Verfügung stehenden Gestaltungsraum aufzuspannen und bewusst zu machen.

◨ **Tab. 6.1** Alltagsbeispiele zur Verdeutlichung der Interaktionseigenschaften

Alltagsbeispiel	Interaktion		Alltagsbeispiel
Langsam: Zahncreme aus der Tube auf die Zahnbürste drücken	Langsam	Schnell	Schnell: eine Salatschleuder betätigen
Abgestuft: einen Kippschalter betätigen	Abgestuft	Fließend	Fließend: einen Schieberegler betätigen
Sofort: Reaktion folgt sofort auf die Aktion Herd einschalten. Die Leuchte zeigt sofort nach dem Einschalten an, dass der Herd an ist	Sofort	Verzögert	Verzögert: Reaktion auf die Aktion Herd einschalten folgt verzögert. Die Herdplatte wird erst einige Zeit nach dem Einschalten heiß
Gleichförmig: Aktion und Reaktion sind in ihrer Form direkt aneinander gekoppelt. Beispielsweise eine Tür zuziehen: Wenn meine Bewegung (Aktion) kraftvoll ist, bewegt sich auch die Tür (Reaktion) entsprechend kraftvoll	Gleich-förmig	Gegen-sätzlich	Gegensätzlich: Aktion und Reaktion sind in ihrer Form nicht aneinander gekoppelt und können gegensätzliche Formen annehmen. Beispielsweise jemanden anrufen: Egal wie kraftvoll ich beim Wählen der Telefonnummer die Tasten drücke (Aktion), das Klingeln des Telefons (Reaktion) bleibt unverändert kraftvoll
Stabil: Solange keine erneute Aktion des Subjekts erfolgt, bleibt der Zustand des Objekts stabil. Beispielsweise eine Lampe, die durch einen Schalter gesteuert wird: Das Licht bleibt solange an, bis es wieder ausgeschaltet wird	Stabil	Unbe-ständig	Unbeständig: Obwohl keine (erneute) Aktion des Subjekts erfolgt verän-dert sich der Zustand des Objekts. Beispielsweise eine Laterne, die durch Helligkeitssensoren gesteuert wird: Das Licht geht an und aus, ohne dass eine Aktion erfolgt
Vermittelt: Ansprache/Manipula-tion eines zwischengeschalteten Objekts, das die Aktion an das Ziel-objekt vermittelt. Beispielsweise: die Küchenmaschine anschalten, damit sich der Knethaken bewegt und den Teig knetet	Vermittelt	Direkt	Direkt: Direkte Ansprache/Manipula-tion des Zielobjekts. Beispielsweise mit den Händen Teig kneten
Räumliche Trennung: Aktion und Reaktion erfolgen an unterschied-lichen Orten. Beispielsweise mit der Schreibmaschine schreiben: Man drückt die Tasten, aber die Schrift erscheint auf dem Papier	Räumliche Trennung	Räumliche Nähe	Räumliche Nähe: Aktion und Reaktion erfolgen am selben Ort. Beispielsweise schreiben von Hand: Dort, wo der Stift aufgesetzt wird, erscheint auch die Schrift
Ungefähre Aktion: Angabe der ge-wünschten Geschwindigkeit durch Treten des Gaspedals	Ungefähr	Präzise	Präzise Aktion: Angabe der ge-wünschten Geschwindigkeit über den Tempomat
Behutsam: ein Glas spülen	Behutsam	Kraftvoll	Kraftvoll: einen (verdreckten) Topf spülen
Beiläufig: Durch das Vorbeilaufen einer Person wird eine Werbefläche erleuchtet. Die Reaktion wurde aus-gelöst, ohne dass die Aktion darauf ausgerichtet war	Beiläufig	Gezielt	Gezielt: Händetrocknen unter einem Warmlufthändetrockner. Die Aktion (Hände unter den Trockner halten) dient allein der Auslösung der Reaktion (warme Luft)

☐ **Tab. 6.1** *(Fortsetzung)*		
Alltagsbeispiel	**Interaktion**	**Alltagsbeispiel**
Verborgener Mechanismus: Der Wirkmechanismus zwischen Aktion und Reaktion ist nicht ersichtlich. Beispielsweise Autofahren: Die Übertragung der Aktion (Gaspedal treten) auf die Reaktion (Bewegung der Räder) ist nicht beobachtbar	Verborgen — Offenkundig	Offenkundiger Mechanismus: Der Wirkmechanismus zwischen Aktion und Reaktion ist ersichtlich. Beispielsweise Fahrradfahren: Die Übertragung der Aktion (Pedale treten) auf die Reaktion (Bewegung der Räder) ist offen beobachtbar

Ein nächster wichtiger Schritt war die Analyse von Zusammenhängen zwischen spezifischen Interaktionseigenschaften und Erlebnisqualitäten (s. auch Lenz et al. 2013). Forschungsstudien im Bereich von Alltagsinteraktionen lassen darauf schließen, dass es typische Verbindungen zwischen den Eigenschaften der Interaktion und resultierenden Erlebnisqualitäten gibt. Die Kenntnis dieser Verbindungen erlaubt es dann, das Interaktionsvokabular noch bewusster als Gestaltungswerkzeug einzusetzen: Die Interaktion wird als eher langsam angelegt, um dadurch einen Ausdruck von Wertschätzung, Sorgfalt und besonderer Bedeutsamkeit zu erzeugen. Oder die Interaktion wird als eher schnell angelegt, um dadurch einen Ausdruck von Effizienz und Willensstärke zu unterstützen. ☐ Tab. 6.2 gibt einen Überblick über in Forschungsstudien gesammelten typischen Erlebnisqualitäten für die einzelnen Interaktionseigenschaften. Die aufgeführten Verbindungen sind jedoch eher als Faustregeln zu verstehen. Auch entspricht die Auflistung von mit einzelnen Interaktionseigenschaften assoziierten Erlebnisqualitäten nicht dem, wie wir einer Interaktion im Alltag begegnen – nämlich in ihrer aus der Gesamtheit der Interaktionseigenschaften entstehenden Interaktionsgestalt. Es ist gut möglich, dass bestimmte Erlebnisqualitäten gerade aus der Kombination mehrerer Interaktionseigenschaften entstehen. Dieser Aspekt muss in zukünftigen Studien noch näher beforscht werden. Dennoch bildet die hier vorliegende Sammlung bereits eine hilfreiche Basis, welche das Interaktionsvokabular als kreatives Werkzeug noch wertvoller macht.

6.3 Einsatzmöglichkeiten des Interaktionsvokabulars

6.3.1 Inspiration und Reflexion

In erster Linie ist das Interaktionsvokabular zur Unterstützung des Gestaltungsprozesses gedacht. Je nach Intention können Interaktionsdesigner eine Auswahl angemessener Eigenschaften treffen und diese im Rahmen der Gegebenheiten realisieren. In dem Beispiel des Bilderrahmens mit Geheimversteck waren beispielsweise die Eigenschaften verzögert, behutsam und räumliche Nähe für das Aufdecken und Konsumieren des Geheimnisses zentral. Wie diese nun im Kontext eines digitalen Bilderahmens mit Touchscreen durch konkrete Interaktionen mit dem Ding entstehen, ist die Aufgabe des Gestalters. Hier kann es keine allgemeingültigen Rezepte geben. In diesem Sinne hält das Interaktionsvokabular ein Repertoire an Interaktionseigenschaften bereit, das mögliche Alternativen aufzeigen kann. Als unterstützendes Werkzeug bietet sich hierfür das Interaktionsvokabularkartenset an (▶ Abschn. 6.4.1) sowie für die Spezifikation gewählter Interaktionseigenschaften das Interaktionsprofil (▶ Abschn. 6.4.3).

⬛ **Tab. 6.2** Interaktions- und Erlebnisqualitäten

Erlebnisqualität	Interaktion		Erlebnisqualität
Wertschätzung, Interaktion an sich bedeutsam, Signalcharakter, Bedeutsamkeit des Moments, beruhigend, Sorgfalt, Geduld, Aufwertung der Handlung/des Produkts	Langsam	Schnell	Effizienz, Fokus auf das Ziel danach, Ausdruck von Willensstärke (Da will ich hin! Das will ich ganz schnell erreichen!), anregend, stimulierend, aktivierend
Ritualcharakter, jeder Schritt hat Bedeutung, belohnend, Betonung des Prozesses, des Fortschritts und Vorankommens, dem Ziel immer ein Stückchen näher kommen, klare Struktur, man wird durch den Prozess geleitet	Abgestuft	Fließend	Autonomie, kontinuierlicher Einfluss (ich muss mich nicht an vorgegebene Stufen des Systems halten), keine Barrieren, fließendes Einfügen in den Arbeitsablauf, nicht aufhalten sondern beflügeln
Kompetenz, man hat immer Einfluss, das gibt Sicherheit, man sieht, was man tut, ermöglicht sofortiges Eingreifen und Korrekturen, nichts ist dazwischen, man erlebt, was man tut, Probleme direkt an der Wurzel anpacken	Sofort	Verzögert	Kein direktes Erfolgserlebnis, unbefriedigend, irritierend
Intuitiver Weg der Einflussnahme, Kontrolle (z. B. je stärker man drückt, umso stärker schlägt es auch)	Gleichförmig	Gegensätzlich	Ungewöhnlich, aufmerksamkeitserregend, unnatürlich, amplifiziert
Sicherheit	Stabil	Unbeständig	Lebendigkeit, Spannung, man kann sich nicht darauf einstellen, unzuverlässig, Zufall als Ideengenerator
Unklarheit, Magie, Verantwortung abgeben (Interaktion findet irgendwo anders statt), es steckt weniger von mir selbst drin (Ich habe nicht selbst Energie reingesteckt)	Vermittelt	Direkt	Bedeutsamkeit des eigenen Tuns, persönlicher Kontakt, Verbundenheitserleben, selbst gemacht, enge Bindung zum Produkt, ein Gefühl ständiger Kontrolle
Ich bin weniger Teil davon, distanziertere Beziehung	Räumliche Trennung	Räumliche Nähe	Persönlicher Kontakt, Verbundenheitserleben
Tiefere Auseinandersetzung erforderlich, Raum für Abweichungen = Raum für Kompetenz, Raum für neue Ideen, Exploration	Ungefähr	Präzise	Sicherheit, keine Abweichungen = Raum für Aufmerksamkeit/Kompetenz auf anderen Gebieten, exakte Vorstellung vom Ergebnis, immer genau gleich, erhebt den Anspruch, es so genau wie möglich zu machen
Vorsicht, Achtsamkeit, Wertschätzung, mit dem Ding eine Beziehung eingehen (sanft zu ihm sein), man fühlt sich ein, wird Teil davon, Aufwertung der Handlung	Behutsam	Kraftvoll	Archaische Auseinandersetzung, Ausdruck von Stärke, Power, Wirksamkeit (Man fühlt dass da richtig, was passiert!)
Geringe Anforderungen, kein Raum für Kompetenz, kein Raum für Verbesserung, wird zur Nebensache, wird egal	Beiläufig	Gezielt	Wertschätzung, Bedeutsamkeit der Interaktion, aufmerksamkeitswürdig, hohe Anforderungen, Konzentration, Kompetenz

◨ **Tab. 6.2** (Fortsetzung)

Erlebnisqualität	Interaktion		Erlebnisqualität
Magie, Spannung, Exploration, Actionmode, geheimnisvoll, Zauberei, andere beeindrucken	Verborgen	Offenkundig	Bewusstheit über Bedeutsamkeit des eigenen Tuns, Vertrauen, Sicherheit, Goalmode, total einfach („Jeder kann das"), sehen, was passiert (Man weiß, man hat alles richtig gemacht), expressiv

6.3.2 Kommunikation

Die Beschreibung von Interaktionen anhand von elementaren Attributen ist ungewohnt und daher schwierig. Das Interaktionsvokabular hilft hierfür Worte zu finden und Interaktionseigenschaften gezielt und genau zu beschreiben. Dies kann sowohl in der Kommunikation mit Nutzern als auch in Designteams hilfreich sein. Auch hierfür bieten sich das Interaktionsvokabularkartenset (▶ Abschn. 6.4.1) und das Interaktionsprofil (▶ Abschn. 6.4.3) als unterstützende Werkzeuge an.

6.3.3 Evaluation in Praxis und Forschung

Um Aussagen darüber treffen zu können, ob die intendierten Interaktionseigenschaften durch eine konkrete Umsetzung vermittelt werden, kann man eine Interaktion durch Nutzer mithilfe des Interaktionsvokabulars in Fragebogenform (▶ Abschn. 6.4.2) beschreiben lassen. So lässt sich die von den Benutzern wahrgenommene Interaktion mit der vom Designer intendierten Interaktion vergleichen. Starke Abweichungen der Profilkurven können Verbesserungspotential aufzeigen.

Auch für den Vergleich verschiedener Interaktionsformen bietet sich der Einsatz des Interaktionsvokabulars an. So können beispielsweise mehrere alternative Realisierungen gewünschter Interaktionseigenschaften gegenübergestellt werden, oder es können kritische Unterschiede zwischen zwei Interaktionsformen identifiziert werden.

Mit der Fragebogenform des Interaktionsvokabulars kann man auch Zusammenhänge zwischen der Wahrnehmung von Interaktionseigenschaften und dem Erleben (Emotionen, Bedürfnisse, Produktwahrnehmung) untersuchen. Auch können die Konsequenzen von Unterschieden im Interaktionskonzept für weitere Erlebnismaße beforscht werden (vgl. auch ▶ Abschn. 5.4, Evaluation zweier alternativer Interaktionskonzepte für den Bilderrahmen mit Geheimversteck).

6.4 Werkzeuge zum Arbeiten mit dem Interaktionsvokabular

Die im Folgenden beschriebenen Werkzeuge können die praktische Arbeit mit dem Interaktionsvokabular unterstützen (s. auch Diefenbach et al. 2013). Diese sind bewusst einfach gehalten, um ohne lange Instruktionen und Einarbeitungszeiten beispielsweise in Workshops eingesetzt werden zu können. Die Werkzeuge sind ein Ergebnis des BMBF-Projekts proTACT (User Experience Prototyping for Tangible Interaction, FKZ 01IS12010F, 2012–2014) und Teil der proTACT-Toolbox, die auch in Gänze bei den Autoren bestellt werden kann.

■ **Abb. 6.3** Nutzung der Interaktionskarten

6.4.1   Das Interaktionsvokabular als Kartenset

Die Interaktionskarten (■ Abb. 6.3) erleichtern den Einsatz des Vokabulars in der Interaktionsgestaltung. Jede Karte zeigt gegensätzliche Eigenschaften auf Vorder- und Rückseite. Das Ablegen einer Karte auf die eine oder andere Seite steht dabei für die Entscheidung für die entsprechende Eigenschaft. Sind alle elf Karten abgelegt, hat man das vollständige Interaktionsprofil vor sich liegen.

Um den Interaktionsdesigner bei seiner Entscheidung zu unterstützen und die Interaktion auf das gewünschte Nutzungserlebnis hin auszurichten, informieren die Karten zusätzlich über potenziell damit verbundene Bedeutungen, Erlebnisse und Emotionen. So lässt sich das Kartenset auf zwei Arten anwenden: Ausgehend von der Interaktion oder ausgehend von dem Erlebnis. Im ersten Fall beschreibt man eine bestehende oder vorgestellte Interaktion anhand ihrer Interaktionseigenschaften und liest dann ab, welche Konsequenzen sich auf der Erlebnisebene ergeben könnten. Im zweiten Fall wäre das Vorgehen entsprechend der Philosophie des erlebnis- bzw. wohlbefindensorientierten Gestalten: Man wählt die gewünschten Erlebnisse und liest dann an den Interaktionseigenschaften ab, welche Anforderungen sich an die Interaktion ergeben.

6.4.2   Das Interaktionsvokabular als Fragebogen

Zur Abfrage der wahrgenommenen Interaktionseigenschaften kann das Interaktionsvokabular als Fragebogen ■ Abb. 6.4 eingesetzt werden. Die Eigenschaften werden als elf Gegensatzpaare präsentiert (semantisches Differenzial). Nutzer können ihren Eindruck der Interaktion durch ein Kreuz an entsprechender Stelle ausdrücken. Es sei hierbei nochmals darauf hingewiesen, dass das Interaktionsvokabular an sich keine Bewertung, sondern eine Wahrnehmung abfragt. Das Ergebnis einer Erhebung mit dem Interaktionsvokabularfragebogen liefert keine Hinweise

Beschreiben Sie bitte <u>Ihren Gesamteindruck</u> der Interaktion mithilfe der folgenden Wortpaare.

Ein Beispiel:

langsam ◯ ◯ ◯ ◯ ◯ ⊗ ◯ schnell

Diese Bewertung bedeutet, dass für Sie die Interaktion eher schnell ist.

	1	2	3	4	5	6	7	
langsam	◯	◯	◯	◯	◯	◯	◯	schnell
abgestuft	◯	◯	◯	◯	◯	◯	◯	fließend
sofort	◯	◯	◯	◯	◯	◯	◯	verzögert
gleichförmig	◯	◯	◯	◯	◯	◯	◯	gegensätzlich
stabil	◯	◯	◯	◯	◯	◯	◯	unbeständig
vermittelt	◯	◯	◯	◯	◯	◯	◯	direkt
räumliche Trennung	◯	◯	◯	◯	◯	◯	◯	räumliche Nähe
ungefähr	◯	◯	◯	◯	◯	◯	◯	präzise
behutsam	◯	◯	◯	◯	◯	◯	◯	kraftvoll
beiläufig	◯	◯	◯	◯	◯	◯	◯	gezielt
offenkundig	◯	◯	◯	◯	◯	◯	◯	verborgen

◻ Abb. 6.4 Interaktionsvokabular als Fragebogen

auf eine grundsätzlich gute oder schlechte Art der Interaktion. Was aber möglich ist, ist die Gegenüberstellung von Nutzerwahrnehmungen und Spezifikation der Designer. Gibt es hier nur wenig Übereinstimmung, sollte dies als Ausgangspunkt genommen werden, um die Gründe dafür zu verstehen und gegebenenfalls zu korrigieren oder aber die Spezifikation zu überdenken.

6.4.3 Das Interaktionsprofil

Um ein Profil der durchschnittlichen Wahrnehmung einer Interaktionsform durch verschiedene Nutzer zu erhalten, wird für jedes Gegensatzpaar ein Mittelwert berechnet. Auch die Analyse der Standardabweichungen für die unterschiedlichen Dimensionen kann aufschlussreich sein. Besonders hohe Standardabweichungen weisen auf Uneinigkeit unter den Befragten bezüglich einer bestimmten Interaktionseigenschaft hin. Für die Analyse der mit dem Interaktionsvokabular erhobenen Daten müssen keine Items umgepolt und keine Skalenwerte berechnet werden. Im Profil der Interaktionseigenschaften ◻ Abb. 6.5 können die Mittelwerte der einzelnen Dimensionen eingetragen werden. Hier sind vor allem die Extremwerte interessant, sie liefern Hinweise auf besonders charakteristische Eigenschaften der Interaktion. Werden die Ergebnisse der Beurteilung mehrerer Produkte bzw. mehrerer Interaktionsformen eingetragen, liefern Abweichungen zwischen den Profilkurven Hinweise auf charakteristische Unterschiede zwischen den Interaktionsformen.

Interaktionsprofil

	1	2	3	4	5	6	7	
langsam	○	○	○	○	○	○	○	**schnell**
abgestuft	○	○	○	○	○	○	○	**fließend**
sofort	○	○	○	○	○	○	○	**verzögert**
gleichförmig	○	○	○	○	○	○	○	**gegensätzlich**
stabil	○	○	○	○	○	○	○	**unbeständig**
vermittelt	○	○	○	○	○	○	○	**direkt**
räumliche Trennung	○	○	○	○	○	○	○	**räumliche Nähe**
ungefähr	○	○	○	○	○	○	○	**präzise**
behutsam	○	○	○	○	○	○	○	**kraftvoll**
beiläufig	○	○	○	○	○	○	○	**gezielt**
offenkundig	○	○	○	○	○	○	○	**verborgen**

Abb. 6.5 Interaktionsprofil

Das Interaktionsprofil kann jedoch nicht nur zur Darstellung von Evaluationsdaten, sondern auch bereits in der Interaktionsgestaltung zur Spezifikation intendierter Interaktionseigenschaften genutzt werden. Der Designer kann anhand des Profils die gewählten Interaktionseigenschaften markieren. Das Kontinuum zwischen den beiden Polen einer Dimension bietet Raum für eine unterschiedliche Gewichtung der Dimensionen. Eine extreme Spezifikation wäre ein Hinweis auf eine zentrale Dimension, bei der sich der Designer sicher ist, dass die spezifizierte Eigenschaft dem zu erzeugenden Erlebnis generell angemessener ist als der Gegenpol (z. B. die Interaktion soll eindeutig langsam sein). Eine Spezifikation im mittleren Bereich bedeutet, dass die Dimension aus Sicht des Designers weniger zentral scheint und/oder nicht mit Bestimmtheit entschieden werden kann, ob/welcher der beiden Pole dem zu erzeugenden Erlebnis generell angemessener scheint.

6.5   Anwendungsbeispiele

6.5.1   Das Interaktionsvokabular in der Unternehmenspraxis

Durch seine technologieunabhängige Ausrichtung lässt sich das Interaktionsvokabular in unterschiedlichsten Domänen in Industrie und Forschung einsetzen.

In einem Projekt mit einem Automobilhersteller wurden anhand des Interaktionsvokabulars verschiedene Touchgesten zur Steuerung von Navigations- und Infotainmentsystem evaluiert und deren zentralen Eigenschaften und Unterschiede gegenübergestellt. Die Bewusstmachung des Interaktionscharakters, der jeweiligen Gesten, diente hierbei als Entscheidungshilfe für die Auswahl passender Gesten und deren Zuordnung zu Funktionalitäten.

Die Firma D-LABS, ein Design- und Beratungsunternehmen mit Fokus auf digitale Produkte und Services, nutzte das Interaktionsvokabular im Rahmen des bereits erwähnten Forschungsprojekts proTACT zur Entwicklung der *iPad-App Sales@D-LABS* zur Unterstützung von Vertriebsmitarbeitern im Kundengespräch. Ziel der App ist die dynamische Darstellung des Leistungsspektrums, Methoden und Referenzen von D-LABS. Der Mitarbeiter sollte hierbei auf individuelle Interessen des Kunden eingehen können und gleichzeitig sicherstellen, dass alle zentralen Inhalte/Kompetenzen präsentiert werden. Es sollte möglich sein, flexibel zwischen verschiedenen Präsentationsinhalten hin- und herspringen zu können, bei der Navigation zwischen den Inhalten aber gleichzeitig immer einen guten Überblick zu behalten. Die Präsentation sollte vom Kunden nicht als Verkaufsshow, sondern eher als vertrauensvolles, gemeinsames Erkunden der Inhalte erlebt werden. Dabei sollte aber die Führung klar beim Mitarbeiter bleiben, keinesfalls sollte der Vertriebsmitarbeiter irgendwann zwischen den eigenen Inhalten verloren wirken. Mithilfe des Interaktionsvokabularkartensets wurden von D-LABS Interaktionseigenschaften spezifiziert, welche den gewünschten Gesamteindruck der Präsentation im Vertriebsgespräch unterstützen. Die zentralen gewählten Interaktionseigenschaften waren: fließend, sofort, stabil, räumliche Nähe, gezielt. Realisiert wurden diese zunächst anhand eines Prototypen mithilfe der Präsentationssoftware *Prezi*. Eine interne Evaluation prüfte die Wahrnehmung bei der Interaktion mit dem Prototypen. Die Gegenüberstellung von Wahrnehmung und Spezifikation ergab mit einer Profilkorrelation von $r = .84$ insgesamt eine gute Übereinstimmung, zeigte jedoch auch Abweichungen auf einzelnen Dimensionen. Die Ursachen für diese Abweichungen konnten anhand von Interviews näher ergründet und für die Weiterentwicklung der App berücksichtigt werden. Teils war auch die prototypische Realisierung der intendierten Interaktionseigenschaften noch zu weit weg von der später intendierten Interaktionswahrnehmung. Beispielsweise wurden Teilschritte der Interaktion als eher abgestuft statt fließend wahrgenommen, da die Zoomfunktion im Prototypen noch nicht so umgesetzt war.

In einem Workshop mit einem Hersteller von Verpackungen (z. B. für die Lebensmittelindustrie) diente das Interaktionsvokabular zur Reflexion über das gewünschte Erlebnis beim Auspacken verschiedener Produkte. Je nach Art der Verpackung und der hierdurch implizierten Interaktion lassen sich unterschiedliche Geschichten des Auspackens und verbundene Emotionsqualitäten erzeugen. Beispielsweise betont ein eher langsames und behutsames Auspacken die Wertschätzung des Inhalts. Speziell im Lebensmittelbereich könnte dies mit Vorfreude auf den nun folgenden Genuss assoziiert sein. Der Vorgang des Auspackens wird hier bewusst abgestuft und verzögert, das Auspacken wird zu einem Ritual. Ein Aspekt hierbei ist auch, dass die abgestufte Interaktion den Prozess des Auspackens gemeinsam erlebbar macht. Das Auspacken kann gemeinsam zelebriert werden und die freudvolle Spannung noch gesteigert. Dies könnte beispielsweise das gemeinsame Auspacken von Pralinen sein, die innerhalb einer Pappschachtel nochmals unter mehreren Deckeln und Abdeckungen versteckt sind.

Andere Güter hingegen implizieren eher eine schnelle, sofortige Interaktion. Dies wäre bei Lebensmitteln der Fall, die gezielt für den schnellen Konsum unterwegs gemacht sind, eventuell sogar direkt aus der Packung konsumiert werden können: aufreißen, reinbeißen, fertig. Auch für Produkte im medizinischen Bereich gelten ähnliche Überlegungen. Ein Pflaster muss im Notfall schnell zur Hand sein, niemand ist dann daran interessiert, den Moment des Auspackens zu zelebrieren.

6.5.2 Das Interaktionsvokabular in Design-Workshops und Lehre

Das Thema der durch verschiedene Arten von Verpackungen und deren Interaktionseigenschaften implizierten Geschichten und Erlebnisse haben wir auch bereits mehrfach in der Lehre beleuchtet. Im Rahmen von Kursen mit Designern und Psychologen, in unserer eigenen Lehre sowie auch der von Kollegen (z. B. in Finnland, Niederlande, China) bekamen Studierende die

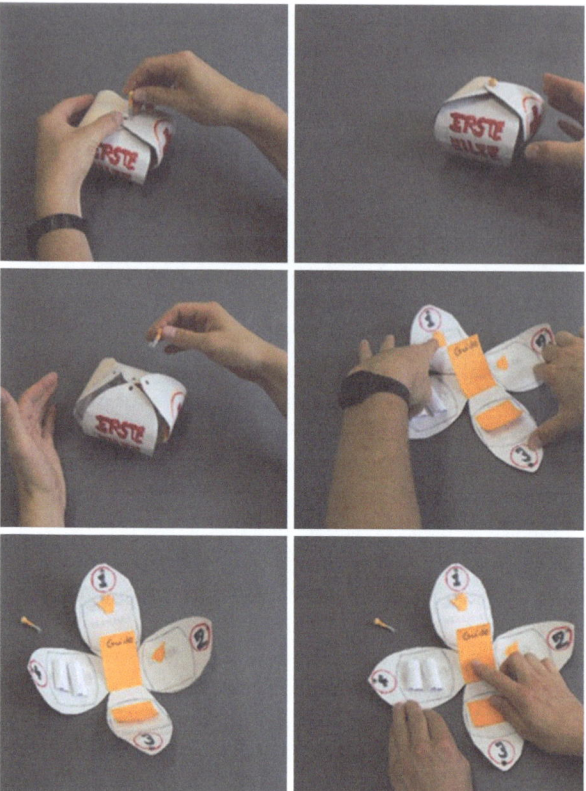

Abb. 6.6 Interaktionskonzept für eine Erste-Hilfe-Box: schnell, sofort, stabil, direkt, präzise, offenkundig. (Sebastian Dukat und Florian Krohm)

Aufgabe gestellt, ein Interaktionskonzept für das Öffnen einer Kiste zu gestalten, welche den Inhalt der Kiste und den Kontext des Überreichens/Öffnens berücksichtigt. Es zeigen sich für die gleiche Funktion (Kiste öffnen) ganz unterschiedliche Interaktionsprofile und Überlegungen zu geeigneten Interaktionseigenschaften:

Die Notfallbox von Sebastian Dukat und Florian Krohm lässt sich mittels schneller, sofortiger und direkter Interaktion öffnen. Um ein Gefühl von Sicherheit zu unterstützen, ist die Interaktion präzise, stabil und gezielt. Die Spezifikation auf der Dimension behutsam-kraftvoll liegt im mittleren Bereich. Auf der einen Seite, so die Überlegung der Studierenden, sollte ein gewisses Maß an Kraftaufwand die im Notfall erforderliche resolute und entschlossene Aktion unterstützen. Auf der anderen Seite sollte die Interaktion auch nicht zu kraftvoll sein, um ausreichend Sorgfalt beim Umgang mit dem empfindlichen Inhalt (Verbandszeug etc.) zu garantieren. Um dem Nutzer eine schnelles Zugreifen ohne Zögern zu ermöglichen („Jeder kann das") ist der Öffnungsmechanismus offenkundig und direkt zugänglich gestaltet. Zeigt die Umsetzung des Interaktionskonzepts mittels Papierprototyp. Das Herausziehen eines einzelnen Pins in der Mitte der Box führt zur Öffnung dieser. Wie eine sich öffnende Blüte entfaltet der Inhalt sich vor dem Nutzer. Zur Sicherheit leitet ein Step-by-Step-Guide den Nutzer durch die verschiedenen Schritte der ersten Hilfe (■ Abb. 6.6).

Das zu Anfang dieses Kapitels beschriebene Interaktionskonzept für eine Box zur Überreichung des Verlobungsrings von Julia Lackas ist ein weiteres Beispiel (Fallstudie „Interaktionskonzept für einen Heiratsantrag"). Ihr vorrangiges Ziel war es, die Bedeutung des Moments für die Beziehung von Schenkendem und Beschenktem zu unterstreichen und dem feierlichen Moment

Für ein schnelles Öffnen ist die Box perforiert.

Das Geräusch des Reißens von Karton bietet eine akustische Untermalung kraftvoller Interaktion

Es ist sofort klar, was zu tun ist…

Einfach kraftvoll nach dem Lichtschwert greifen!

In Sekundenschnelle gibt die Box ihren Inhalt preis!

Abb. 6.7 Interaktionskonzept für eine Box zum Überreichen des Geburtstagsgeschenks für einen Fünfjährigen: schnell, stufenlos, sofort, kraftvoll. (Selina Maleska)

eine angemessene Struktur zu verleihen. Die Interaktion selbst sollte Raum schaffen, das Überreichen des Ringes mit angemessenen Worten zu begleiten und Zeit für die Vorbereitung auf die große Frage bieten. Daher spezifizierte sie die Interaktion als langsam, behutsam, abgestuft und verzögert.

Auch Selina Maleska gestaltete ein Interaktionskonzept für eine Geschenkbox. Die gewählten Interaktionseigenschaften waren jedoch ganz andere als für die Verlobungsringbox. Die Box von Selina diente dem Überreichen des Geburtstagsgeschenks an den fünfjährigen Neffen: des langersehnten *Lego*-Raumschiffs aus der Star-Wars-Edition. Das Öffnen der Raumschiffgeschenkbox sollte schnell, stufenlos, sofort und kraftvoll erfolgen. Anders als bei der Überreichung des Verlobungsrings ist hier nicht das Ziel, den Moment des Auspackens zu verzögern, sondern – zumindest aus Sicht des Beschenkten – möglichst schnell an den Inhalt der Box zu gelangen. In Anlehnung an das Thema Star Wars ist die Box mit einem Lichtschwert ausgestattet. Die Perforation ermöglicht ein schnelles, kraftvolles und stufenloses Öffnen. Sofort gibt die Box ihren Inhalt preis (**Abb. 6.7**).

Fazit

Eine wichtige Unterscheidung bei der Gestaltung interaktiver Produkte ist die Differenzierung zwischen Erlebnis (Warum) und Interaktion (Wie). Beide Ebenen können unabhängig voneinander adressiert und beschrieben werden. Eine Möglichkeit für die Erlebnisbeschreibung ist der Bedürfnisansatz (► Kap. 4, 7). Eine Möglichkeit zur Beschreibung von Interaktion ist das in diesem Kapitel vorgestellte Interaktionsvokabular.

Für das Interaktionsvokabular bieten sich verschiede Einsatzmöglichkeiten: Als Mittel der Inspiration und Reflexion in der Gestaltung, als ein Vokabular für die Kommunikation in Nutzerstudien und Designteams sowie als Erhebungsinstrument in der Evaluation und Forschung. Werkzeuge zum Arbeiten mit dem Interaktionsvokabular sind die Interaktionskarten, das Interaktionsvokabular in Fragebogenform sowie das Interaktionsprofil.

Das Interaktionsvokabular ist ein rein beschreibendes Werkzeug, es nimmt keine Wertung vor. Interaktion und Erlebnis können isoliert voneinander beschrieben werden, aber nicht unabhängig voneinander bewertet werden. Die Beurteilung der Interaktion als gut oder ästhetisch erfordert immer eine gemeinsame Betrachtung von Erlebnis- und Interaktionsebene. Dies folgt aus unserem im vorherigen Kapitel (► Kap. 5) beschriebenen Verständnis der Ästhetik der Interaktion als Passung von Interaktion (Wie) und Erlebnis (Warum).

Literatur

Diefenbach, S., Hassenzahl, M., Kloeckner, K., Nass, C., & Maier, A. (2010). Ein Interaktionsvokabular: Dimensionen zur Beschreibung der Ästhetik von Interaktion. In H. Brau, S. Diefenbach, K. Göring, M. Peissner & K. Petrovic (Hrsg.), *Usability Professionals* (Bd. 2010, S. 27–32). Stuttgart: German Chapter der Usability Professionals' Association e. V..

Diefenbach, S., Lenz, E., & Hassenzahl, M. (2013). *An Interaction Vocabulary. Describing The How Of Interaction*. Proceedings of the SIGCHI Conference on Human factors in Computing Systems – Extended Abstracts. (S. 607–612). New York: ACM.

Lenz, E., Diefenbach, S., & Hassenzahl, M. (2013). *Exploring Relationships Between Interaction Attributes and Experience*. Proceedings of the DPPI International Conference on Designing Pleasurable Products and Interfaces. (S. 126–135). New York: ACM.

Lim, Y. K., Lee, S. S., & Lee, K. Y. (2009). *Interactivity attributes: a new way of thinking and describing interactivity*. Proceedings of the SIGCHI Conference on Human factors in Computing Systems. (S. 105–108). New York: ACM.

Werkzeuge für Gestaltung und Evaluation auf der Erlebnisebene

Sarah Diefenbach, Marc Hassenzahl

© Springer-Verlag GmbH Deutschland 2017
S. Diefenbach, M. Hassenzahl, *Psychologie in der nutzerzentrierten Produktgestaltung*,
Die Wirtschaftspsychologie, DOI 10.1007/978-3-662-53026-9_7

Eieraufschlagen als Kompetenzerlebnis

Eine Tätigkeit, bei der es vor allem für Kinder oftmals schwer ist, sich kompetent zu fühlen, ist das Eieraufschlagen beim gemeinsamen Backen. Eieraufschlagen ist kompliziert, entweder das Ei zerbricht komplett, oder es gelingt einigermaßen, aber es gerät doch ein Stück Schale in den Teig. Gleichzeitig lieben Kinder das Hantieren mit Eiern. Ein Elternteil muss nun die Nähe zum Kind und die Qualität des Kuchens gegeneinander abwägen oder aber dem Kind das Eieraufschlagen einfach abnehmen. Das Konzept *Eierplatsch* von Annabell Meierkord und Luisa Dursun will das ändern und das Eieraufschlagen auch für jüngere Kinder zum uneingeschränkten Kompetenzerlebnis machen: Das Ei wird an einer speziellen Kante aufgeschlagen und sein Inhalt auf den *Eierplatsch* gegeben, der wie ein Deckel stabil auf die Rührschüssel gelegt wird. Eiweiß und -dotter rutschen dann wie von Zauberhand durch ein Loch in die Schlüssel – ohne dass ein Stückchen Schale in den Teig gerät (◘ Abb. 7.1). Der Erwachsene assistiert nur noch durch das Halten des *Eierplatsches*. Ausgangspunkt war hier also das Erlebnis des Kindes (unterstützt durch ein Elternteil) und nicht die Notwendigkeit, Eier möglichst effizient zu öffnen.

◘ **Abb. 7.1** Eierplatsch. (Annabell Meierkord und Luisa Dursun)

7.1   Vorbemerkungen

Kompetenz (Fallstudie „Eieraufschlagen als Kompetenzerlebnis") ist nur eines von verschiedenen psychischen Bedürfnissen, die bei einer erlebnis- und wohlbefindensorientierten Gestaltung im Vordergrund stehen können. Wie in ► Kap. 4 beschrieben, stellt das wohlbefindens- und erlebnisorientierte Gestalten die bewusste Auseinandersetzung mit dem intendierten Erlebnis in den Vordergrund. Psychische Bedürfnisse, die wir im Arbeitsmodell als Quellen von Freude und Bedeutung identifiziert haben, bilden eine gute Möglichkeit zur Beschreibung und Bewertung von Erlebnissen. Auf dieser Basis haben wir in diesem Kapitel eine Reihe von Werkzeugen zusammengestellt, die die gestalterische Arbeit und die Evaluation von Konzepten auf der Erlebnisebene unterstützen können (s. auch Diefenbach et al. 2014). In den folgenden Abschnitten diskutieren wir Einsatzmöglichkeiten im Kontext der Gestaltung und Evaluation interaktiver Produkte und präsentieren Anwendungsbeispiele aus Industrie und Forschung. Dabei ist es uns wichtig, dass die präsentierten Werkzeuge nicht als fertig, vollständig oder validiert verstanden werden. Wir können und müssen sie in der Praxis erproben und im Rahmen des präsentierten Ansatzes unter Berücksichtigung von psychologischem Methodenwissen diskutieren und weiter entwickeln. Dazu sind Sie als Praktikerin oder Praktiker herzlich eingeladen.

7.2   Einsatzmöglichkeiten des Bedürfnisansatzes

Die psychischen Bedürfnisse stellen ein wichtiges Element der wohlbefindens- und erlebnisorientierten Gestaltung dar. Durch ihre universelle Natur haben sie allerdings den Nachteil, die

Frage nach der eigentlichen Gestaltung nur bedingt beantworten zu können. Zu betonen, dass es bei einem Erlebnis beispielsweise um Verbundenheit gehen soll, löst noch lange nicht die Frage, wie diese Verbundenheit erzeugt werden soll. Will man lediglich die Anwesenheit des anderen spüren oder expliziert kommunizieren? Will man etwas zusammen tun, beispielsweise kochen, oder gemeinsam in Erinnerungen schwelgen? Die möglichen Wege, Verbundenheit zu schaffen, sind mannigfaltig. Allerdings erinnert das Fokussieren auf ein Bedürfnis – egal wie abstrakt es sein mag – den Gestalter daran, dass das Befriedigen des Bedürfnisses, das Erzeugen des Gefühls von Nähe und damit Wohlbefinden, der eigentliche Gegenstand der Gestaltungsbemühungen ist. Dazu kommt, dass sich die universelle Natur der Bedürfnisse und die Tatsache, dass die Intensität von Bedürfnisbefriedigung in der Psychologie schon seit einiger Zeit auch gemessen wird (z. B. Sheldon et al. 2001), gut dazu eignen, quantitative Beurteilungen von Erlebnissen durchzuführen. Die gestalterische Frage, wie Verbundenheit in einem bestimmten Kontext mit einer bestimmten Technologie erreicht werden kann, ist also nur schwer standardisiert zu beantworten. Benutzer während oder nach der Nutzung eines Konzeptes zu befragen, in welchem Ausmaß Verbundenheit erlebt wurde, ist hingegen standardisiert möglich.

Im Gestaltungsprozess können Bedürfnisse daher verschiedene Rollen einnehmen. Sie können eher als Wegweiser dienen, als Quellen für Inspiration oder als formaler Rahmen für das Erheben von Anforderungen und der Evaluation von Konzepten.

7.2.1 Bedürfnisse als Wegweiser

Eine Möglichkeit der Nutzung der Bedürfnisse im Gestaltungsprozess ist es, sie als Wegweiser zu verstehen. Dabei werden ausgehend von einem oder mehreren Bedürfnissen Funktionalitäten und Interaktion eines Produkts so angelegt und gestaltet, dass sie zur Bedürfniserfüllung führen. Jede Entscheidung für oder gegen eine bestimmte Funktionalität ist auch eine Entscheidung für oder gegen ein Bedürfnis. Im Idealfall sollte dabei nicht primär bereits in physischen Produkten gedacht werden (z. B. es geht um ein Telefon), sondern es sollte das Bedürfnis im Vordergrund stehen (z. B. die Gestaltung eines Verbundenheitserlebnisses). Während des Gestaltungsprozesses wird dann festgelegt, mit welcher Art von Aktivität ein solches Erlebnis erzeugt werden könnte und welche Funktionalitäten ein entsprechendes Produkt besitzen sollte, um die Aktivität und das Erlebnis zu erzeugen und zu formen. Das jeweilige Bedürfnis wird zum Gestaltungziel, und Konzepte und Gestaltungsdetails können unter Bezugnahme auf das jeweilige Bedürfnis kritisch reflektiert werden. Bedürfnisse sind sozusagen der Lackmustest eines jeden Konzepts: Fällt es schwer, ein durch das Konzept zu befriedigendes, psychisches Bedürfnis beim Benutzer zu benennen, besteht die Gefahr, ein Produkt zu gestalten, dessen Rolle im Alltag sich nur mühsam erschließt. In der Gestaltung von Technik wird zwar viel von Bedürfnissen geredet, oft ist aber eine technische Funktion gemeint. Um ganz deutlich zu sein: „Benutzer möchten Fotos in der Cloud ablegen", ist kein Bedürfnis, sondern eine technische Möglichkeit. Dass aber Menschen im Alltag die Praktik entwickeln, Fotos zu teilen, um sich einander näher zu fühlen, ist eine Kombination von Bedürfnis (Verbundenheit) und einer durch die Cloud-Technologie ermöglichten Praktik. Die Cloud an sich interessiert nicht. Nun kann man entgegnen, dass es ja genug Nutzer gibt, die sich einfach nur dafür interessieren, Cloud-Services als Infrastruktur zur Verfügung zu haben. Diese haben aber lediglich schon alleine bedeutsame oder freudvolle Praktiken identifiziert, die sie uns als Gestalter leider nicht mitteilen. Auch in diesem Falle wäre es besser, Bedürfnisse zu kennen, um nicht ganz aus Versehen unnötig wirkenden Teilfunktionalitäten wegzugestalten, die vielleicht in den unbekannten Praktiken der Nutzer eine zentrale Rolle spielen. Egal wie skeptisch man hier sein mag, ein klares Verständnis davon, mit welchen Praktiken, Erlebnissen und Bedürfnissen die Nutzung eines Produkt verbunden sein soll oder bereits ist, ist aus unserer Sicht essenziell.

Die von uns erarbeiten Bedürfniskarten (▶ Abschn. 7.3.1) bieten einen Überblick über zentrale Aspekte und Charakteristika eines im Fokus stehenden psychischen Bedürfnisses. Sie repräsentieren ein Bedürfnis in kondensierter Form, um es so im Auge zu behalten und die Diskussion über die Bedeutung eines Konzeptes im Alltag anzuregen. Das Vorgehen ist folglich mit dem in der nutzerzentrierten Gestaltung populären Persona-Ansatzes vergleichbar (z. B. Chang et al. 2008; Cooper 1999; Pruitt und Grudin 2003). Personas sind personifizierte Beschreibungen prototypischer Nutzer der Zielgruppe, meist in Form von Steckbriefen. Die Personas sollen während der Gestaltung die eigentlichen Nutzer präsent halten und die Kommunikation in Designteams erleichtern („Was würde Julia zu diesem Feature sagen?"). In diesem Sinne können Bedürfniskarten auch den Ausgangspunkt für detailliertere Erlebnissteckbriefe darstellen.

7.2.2   Bedürfnisse als Inspiration

Bedürfnisse können auch inspirieren. Aus der Kombination einer bestimmten Technologie oder Funktion mit einem Bedürfnis können neue Interaktionen und Produkte entstehen. Man kann sich dann beispielsweise die Frage stellen: Wie sieht die Zubereitung eines Kaffees aus, wenn man dabei ein Gefühl von Popularität erzeugen möchte? (Ein entsprechendes Gestaltungsbeispiel s. ▶ Abschn. 7.4.2.) Dies ist ein interessanter Weg, neue Ideen zu generieren, da immer noch der Löwenanteil der Innovation im Feld interaktiver Produkte technikgetrieben ist. Typischerweise sucht eine technische Neuerung nach einer sinnvollen Anwendung. Kombiniert man bestehende Technik mit in einem Bereich typischerweise nicht so stark berücksichtigten Bedürfnis, entstehen aber Innovationen, die meist recht einfach sogar mit bestehender Technik umgesetzt werden können. Dies sind dann eher Nutzungsinnovationen, also neue Wege, Dinge zu tun. Anstatt neue Nutzungen primär durch neue Technik zu inspirieren, kann auch der umgekehrte Weg beschritten werden: Neukonfigurationen von Produkten durch Visionen positiver Nutzung zu inspirieren.

Auch für diesen Einsatzzweck bieten sich die Bedürfniskarten (▶ Abschn. 7.3.1) als unterstützendes Werkzeug an. Als greifbare Repräsentation der verschiedenen Bedürfnisse können die Karten zur spielerischen Exploration genutzt werden und die Entdeckung neuer Kombinationen von Funktion und Bedürfnis unterstützen. Als eine Einstiegsübung können beispielsweise Alltagsgegenstände mit feststehender Funktion (z. B. Zahnbürste, Kompass, Lampe) mit verschiedenen psychischen Bedürfnissen kombiniert und Gestaltungsideen skizziert werden. Die Gegenüberstellung von Konzepten aus unterschiedlichen Produktdomänen, die aber das gleiche Bedürfnis bedienen, zeigen oftmals Gemeinsamkeiten in den psychologischen und gestalterischen Mechanismen, wohingegen sich Konzepte mit gleicher Funktion, aber unterschiedlichem Bedürfnis im Vordergrund stark unterscheiden. Es kann so auf spielerische Art und Weise ein Gefühl für die Gestaltung mit und für psychische Bedürfnisse entstehen.

Dieser grundlegende Ansatz, Funktion und Bedürfnis neu zu kombinieren, kann selbstverständlich auf jeden interessierenden Kontext angepasst werden. In der Automobilindustrie könnten beispielsweise verschiedene Funktionalitäten den momentan vorrangig adressierten Bedürfnissen zugeordnet werden und dann mit anderen Bedürfnissen neu gepaart werden. Der Einsatz des Bedürfnisansatzes als Mittel für Inspiration und Innovation bietet sich vor allem in der Anfangsphase der Gestaltung an, um Ideen zu explorieren, und kann dann später,

◼ **Abb. 7.2** Die Bedürfniskarten

nach der Entscheidung für ein bestimmtes Bedürfnis, in den bereits beschriebenen Einsatz von Bedürfnissen als Wegweiser (▶ Abschn. 7.2.1) überführt werden.

7.2.3 Bedürfnisse in der Anforderungsanalyse und Evaluation

Zur formalere Anforderungsanalyse, aber ganz besonders zur Evaluation, können die Bedürfnisse als Ausgangspunkt für Interviews, Fokusgruppen oder schriftliche Befragungen genutzt werden, um mehr über ein bestimmtes Bedürfnis oder Kriterien für die Bedürfniserfüllung in einem bestimmten Kontext zu erfahren. Bei einer Anforderungsanalyse (Was wünschen sich Personen? Was fehlt?) können die Bedürfnisse als Schablonen für die Datenanalyse eingesetzt werden. Dabei kann der Kern eines positiven Erlebnisses beleuchtet werden (Was genau macht die Interaktion mit Technik in einem bestimmten Kontext zu einem positiven Erlebnis?) oder eine Übersicht über die dominanten Bedürfnisse in einem bestimmten Kontext und Anwendungsfall erstellt werden. Auch für diese Anwendungsfälle können die Bedürfniskarten (▶ Abschn. 7.3.1) als Ausgangspunkt für die Erläuterung eines Bedürfnisses anhand von typischen Situationen und Zitaten dienen.

Im Anschluss an die erste Gestaltungsphase und die Erstellung von Prototypen kann das Erlebnis bzw. die wahrgenommene Bedürfniserfüllung bei der Nutzung eines Produkts evaluiert werden. Ein Instrument zur Abfrage der Bedürfniserfüllung ist das Bedürfnisinventar (▶ Abschn. 7.3.2).

7.3 Werkzeuge zum Arbeiten mit dem Bedürfnisansatz

7.3.1 Die Bedürfniskarten

Die Bedürfniskarten sind ein Set von sieben Karten, auf denen jeweils ein Bedürfnis definiert wird (◼ Abb. 7.2).

Neben einer kurzen Beschreibung finden sich auf den Karten typische Gefühle und Zitate im Zusammenhang mit dem jeweiligen Bedürfnis und eine Liste von Gefühlen und Assoziationen, welche ein Produkt im Nutzer auslösen kann, wenn es dieses Bedürfnis anspricht. Auf der Rückseite der Karten ist jeweils eine Szene abgebildet, die das Bedürfnis illustriert (z. B. Kompetenz: der Moment, in dem man den Gipfel eines Berges erklommen hat, vgl. auch ▶ Kap. 4, ◼ Abb. 4.1). Beschreibungen sowie eine Auswahl von typischen Gefühlen, Assoziationen und Zitaten im Zusammenhang mit den Bedürfnissen finden Sie in ◼ Tab. 7.1. Die Bedürfniskarten

🔹 Tab. 7.1 Sieben Bedürfnisse: Beschreibungen, typische Gefühle und Assoziationen und Zitate

Bedürfnis	Beschreibung	Gefühle, Assoziationen	Zitate
Autonomie	Das Gefühl, gemäß eigener Vorstellungen zu handeln	Freiheit, Eigenständigkeit, Schrankenlosigkeit, Selbstständigkeit, Unabhängigkeit, Ideale	„Keiner redet mir rein" „Einfach loslegen"
Kompetenz	Das Gefühl, fähig und effektiv zu handeln	Kontrolle, Wirksamkeit, Leistungsfähigkeit, Zutrauen	„Ich habe alles im Griff" „Kein Problem für mich"
Verbundenheit	Das Gefühl, regelmäßigen intimen Kontakt mit anderen Menschen zu haben, denen man etwas bedeutet	Gemeinsamkeit, Zusammenhalt, Vertrautheit, Gemeinschaft, Verbindung	„Zusammen ist es immer schön" „Wir verstehen und blind"
Stimulation	Das Gefühl, Neues zu entdecken und ausreichend Anregung zu bekommen	Neuheit, Überraschung, Faszination, Begeisterung, Entdeckung, Vielseitigkeit	„Wie aufregend!" „Das will ich mir genauer ansehen!"
Popularität	Das Gefühl, gemocht und respektiert zu werden und mit dem eigenen Verhalten andere Menschen zu beeinflussen	Einfluss, Würdigung, Anerkennung, Interesse, Wertschätzung, Respekt	„Das kam gut an" „Die zählen auf mich"
Sicherheit	Das Gefühl, angenehme Gewohnheiten und Routinen zu haben und sicher vor Unheil zu sein	Behaglichkeit, Vorhersehbarkeit, Ruhe, Gelassenheit, Struktur, Stabilität, Vertrautheit	„Hier kenne ich mich aus" „Alles hat seinen Platz"
Bedeutsamkeit	Das Gefühl, bedeutsame Momente bewusst zu erleben, persönliche Entwicklung oder neue Einsichten zu erlangen	Sinnentfaltung, Einsicht, Selbsterkenntnis, Erfüllung, Selbstverwirklichung	„Das war genau mein Ding" „Da habe ich meine wahre Bestimmung gefunden"

sind ein Ergebnis des BMBF-Projekts proTACT (User Experience Prototyping for Tangible Interaction, FKZ 01IS12010F, 2012–2014) und Teil der proTACT-Toolbox, die auch in Gänze bei den Autoren bestellt werden kann.

7.3.2   Bedürfnisinventar

Das Bedürfnisinventar ist ein Instrument zur Erfassung des Ausmaßes der Erfüllung von Bedürfnissen in einer Episode bzw. durch eine Aktivität. Nutzer geben ihre Zustimmung zu verschiedenen Aussagen, z. B. „… hatte ich das Gefühl, schwierige Aufgaben erfolgreich abzuschließen", auf einer Skala von 1 „gar nicht" bis 5 „äußerst" an. Das Ausmaß der Erfüllung der zuvor beschriebenen 7 Bedürfnisse wird im Bedürfnisinventar jeweils durch 2 Items abgefragt, der Fragebogen hat somit 14 Items.

Der hier vorliegende Fragebogen (🔹 Abb. 7.3) wurde in Anlehnung an das Bedürfnisinventar nach Sheldon et al. (2001) entwickelt. Es handelt sich hierbei um eine Kurzform des

Beschreiben Sie bitte _Ihr Erleben_ mit Hilfe der folgenden Aussagen.
Während XX (Erlebnis, Tätigkeit) hatte ich das Gefühl, ...

	gar nicht				äußerst
schwierige Aufgaben erfolgreich abzuschließen	○	○	○	○	○
mit Menschen, die ich mag, und die mich mögen, verbunden zu sein	○	○	○	○	○
mich selbst zu finden	○	○	○	○	○
Neues zu erleben	○	○	○	○	○
ein gut strukturiertes Leben zu führen	○	○	○	○	○
jemand zu sein, dessen Meinung von anderen geschätzt wird	○	○	○	○	○
Dinge auf meine eigene Art und Weise tun zu können	○	○	○	○	○
mich großen Herausforderungen zu stellen und sie zu bewältigen	○	○	○	○	○
Menschen, die mir wichtig sind, nahe zu sein	○	○	○	○	○
ein tieferes Verständnis von mir selbst zu entwickeln	○	○	○	○	○
etwas Neues, Reizvolles entdeckt zu haben	○	○	○	○	○
angenehme Gewohnheiten und Routinen zu haben	○	○	○	○	○
mit meinem Verhalten auch andere zu inspirieren	○	○	○	○	○
durch meine Entscheidungen mein „wahres Ich" zum Ausdruck bringen zu können	○	○	○	○	○

◘ **Abb. 7.3** Fragebogen in Anlehnung an das Bedürfnisinventar. (In Anlehnung an Sheldon et al. 2001; s. Hassenzahl et al. 2010)

Originalfragebogens, welche diejenigen Bedürfnisse und Items enthält, die sich im Kontext interaktiver Produkte als besonders relevant erwiesen haben (Hassenzahl et al. 2010). Darüber hinaus wurden Formulierungen einzelner Items angepasst. Je nach Fragestellung lassen sich aber auch einzelne Items der interessierenden Skalen einsetzen. Natürlich können auch

Bedürfnisprofil

Tragen Sie in die Profilvorlage die jeweiligen Mittelwerte der sieben Bedürfnisskalen ein. Eintragungen für die Beurteilung mehrerer Produkte zeigen die kritischen Dimensionen, auf denen sich diese Produkte unterscheiden.

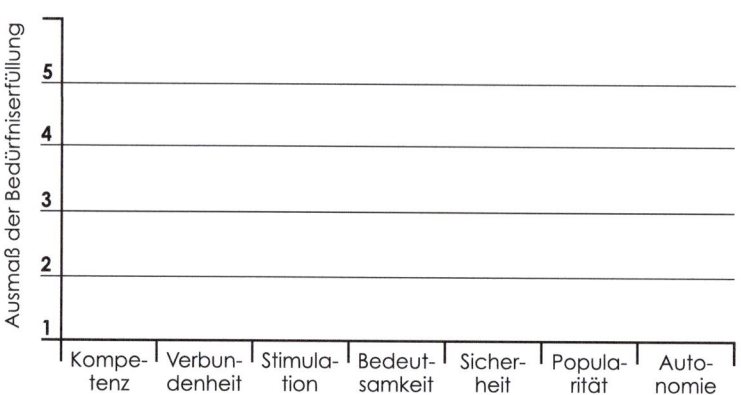

■ **Abb. 7.4** Bedürfnisprofil

alle 10 Bedürfnisse des Originalinventars von Sheldon et al. (2001) eingesetzt werden. Allerdings müssten Sie dafür eine eigene Übersetzung vornehmen und die neuen Skalen selbst kritisch erproben.

Die Skalenmittelwerte für jedes der Bedürfnisse werden berechnet, indem die Urteile hinsichtlich der Items einer Skala gemittelt werden. Die Buchstabenkürzel ganz rechts hinter jedem der auf der vorherigen Seite aufgeführten Items geben Aufschluss über die Skalenzugehörigkeit. Es ist immer hilfreich, zwei grundlegende Überprüfungen vorzunehmen, bevor man Items mittelt und die Ergebnisse der einzelnen Skalen wie unten beschrieben darstellt und interpretiert. Zum einen sollten die jeweils zu mittelnden Items ein gewisses Maß an Zusammenhang zeigen, z. B. per Cronbachs Alpha repräsentiert. Auch sollten die Skalenmittelwerte dann nicht allzu hoch miteinander korrelieren. Das bedeutet, dass die Bedürfnisse, die als unterschiedlich konzipiert sind, auch tatsächlich unterschiedlich sind. In der Praxis korrelieren Bedürfnisse natürlich. Ein gemeinsame Konzerterlebnis mit Freunden kann gleichermaßen stimulierend (die Musik) und verbindend sein (die Freunde). Wichtig ist, dass Sie sich bei der Anwendung einen Überblick über die Zusammenhänge verschaffen und vorsichtig interpretieren, wenn zwei Bedürfnisse extrem hoch miteinander korrelieren.

Nach der Beschreibung eines Erlebnisses anhand des Bedürfnisinventars lassen sich durch Berechnung der jeweiligen Mittelwerte für die einzelnen Skalen Rückschlüsse auf die in dieser Situation erfüllten Bedürfnisse ziehen. Der Vergleich der relativen Ausprägung der Skalenwerte zueinander sowie der Vergleich der Skalenwerte für verschiedene Erlebnisse bzw. die Interaktion mit verschiedenen Produkten liefern zudem Hinweise auf die charakteristischen Eigenschaften eines Erlebnisses.

Eine hilfreiche Veranschaulichung hierfür ist eine Profildarstellung (■ Abb. 7.4). Im Bedürfnisprofil können die Mittelwerte für die einzelnen Bedürfnisse eingetragen werden. Hier

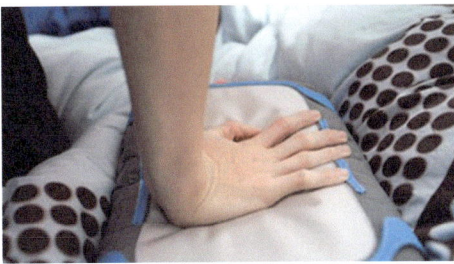

Abb. 7.5 *linked* – ein Verbundenheitserlebnis für Jungs. (Laschke et al. 2010)

sind vor allem die Extremwerte interessant, sie liefern Hinweise auf besonders charakteristische Eigenschaften des mit dem Bedürfnisinventar beurteilten Produkts. Auch hier können die Ergebnisse der Beurteilung mehrerer Produkte eingetragen werden. Die Stellen, an denen die Profilkurven voneinander abweichen, liefern Hinweise auf charakteristische Unterschiede zwischen den Produkten.

7.4 Anwendungsbeispiele

In den vorherigen Kapiteln finden sich bereits zahlreiche detaillierte Darstellungen von Produktkonzepten, bei denen das Erlebnis und das anzusprechende psychologische Bedürfnis den Ausgangspunkt für Gestaltungsentscheidungen bildete (z. B. *Mo*, ▶ Kap. 1). Bei der Darstellung der folgenden Anwendungsbeispiele zum Arbeiten mit dem Bedürfnisansatz liegt der Fokus auf der Verdeutlichung des in den vorherigen Abschnitten beschriebenen Einsatzzwecks und weniger auf den Produktkonzepten im Detail.

7.4.1 Bedürfnisse als Wegweiser: Eierplatsch, linked

Für das zu Anfang dieses Kapitels beschriebene Konzept *Eierplatsch* (Annabell Meierkord und Luisa Dursun) war das wegweisende Bedürfnis die Kompetenz (Fallstudie „Eieraufschlagen als Kompetenzerlebnis"). Das Eieraufschlagen wird in einer Weise modifiziert, die es auch jüngeren Kindern erlaubt, das Eieraufschlagen als Erfolg zu erleben. Wie von Zauberhand gleitet das Ei durch den *Eierplatsch* in die Rührschlüssel – ohne dass ein Stückchen Schale in den Teig gerät. Damit verwandelt *Eierplatsch* eine kritische Phase im Backprozess, die sonst oft für Missmut und Streit gesorgt hatte, da gerade jüngere Kinder ausgeschlossen wurden („Das mache ich jetzt mal alleine – das kannst du noch nicht"), in ein Kompetenzerlebnis und stärkt gleichzeitig auch die Verbundenheit zwischen Eltern und Kindern. Das Backen kann durchgehend als gemeinsame Aktivität erlebt werden (vgl. auch Hassenzahl 2010, S. 63).

Das Konzept *linked* (Laschke et al. 2010) wählt einen anderen Weg für die Unterstützung von Verbundenheit. Ziel war es, speziell für das Bedürfnis nach Verbundenheit auch unter Jungs im Teenageralter eine angemessene Ausdrucksform finden. Typische Rituale und Gesten zum Ausdruck von Verbundenheit unter Mädchen wie Händchenhalten oder sich durch die Haare streichen kommen für die meisten Jungs nicht infrage – ihr Ausdruck von Verbundenheit ist kraftvoller, wilder, direkter, für Außenstehende sieht es manchmal sogar aus wie Streit, wenn sie sich balgen und knuffen. Mit *linked* wurde eine Kommunikationsinfrastruktur geschaffen,

◘ **Abb. 7.6** *Coffee Shaker* – die Zubereitung eines Kaffees als Popularitätserlebnis. (Severin Luy)

mit der sich Jungen im Alter zwischen 11 und 14 Jahren über die Distanz hinweg kabbeln können, um sich so nahe zu fühlen (◘ Abb. 7.5). Auch hier steht das zu erzielende Gefühl von Verbundenheit im Mittelpunkt. Ausgehend davon wurde eine Praktik der Intimität, das Kabbeln, identifziert, die für Jungs im entsprechenden Alter akzeptiert und angenehm ist. Auf dieser Basis wurde ein Produktkonzept bis in die Interaktion und Materialität hinein entworfen, das es Jungs ermöglicht, sich auch über die Ferne nah zu sein.

7.4.2   Bedürfnisse als Inspiration: Coffee Shaker

Das Konzept *Coffee Shaker* von Severin Luy ist ein Ergebnis des Experimentierens mit neuen Kombinationen von Funktion und Bedürfnis. Statt Sicherheit und Routine sollte bei der Zubereitung eines Kaffees das Bedürfnis Popularität im Vordergrund stehen. Vollautomatische Kaffeemaschinen machen es schwer, bei der Zubereitung eines Kaffees Stolz zu empfinden. Die Zubereitung eines Cocktails hingegen ist oft eine wahre Darbietung. Luy kombinierte das funktionale Ziel der Zubereitung eines Kaffees mit dem Bedürfnis nach Popularität und dem Bild des Barkeepers: Die Kaffeebohnen werden in den Shaker gefüllt und mithilfe eines Gewichts (und dem richtige Werfen des Shakers!) gemahlen. Das Wasser wird mithilfe von sogenannten Heißwürfeln erhitzt. Ergebnis der Performance ist ein wohlschmeckender Kaffee (◘ Abb. 7.6) – zumindest theoretisch.

7.4.3   Die Bedürfniskarten in der Bedarfsanalyse – Beispiel aus der Medizintechnik

In einem Workshop mit der Firma *iSOFT* im Rahmen des BMBF-Projekts proTACT kamen die Bedürfniskarten beim Redesign einer Software für Radiologen zum Einsatz. Interviews mit Nutzern ergaben, dass ein Teil der Software (der *DemoNavigator*) vor allem in Meetings mit anderen Spezialisten zum Einsatz kommt. Der Radiologe präsentiert den Kollegen in diesen Meetings Befunde anhand der Bilder. In dieser Situation stehen aus Erlebnissicht andere Ziele im Vordergrund als beim Einsatz der Software zum eigentlichen Befunden. Die wichtigsten Bedürfnisse in der Demonstrationssituation wurden mithilfe der Bedürfniskarten identifiziert. Sie sind:

- Kompetenz: Fachkundige Diagnosen präsentieren. Bei Nachfragen von Kollegen kompetent reagieren können. Alles im Überblick haben, schnell und gezielt zwischen den Bildern navigieren können, immer die passende Antwort/das passende Bild parat.
- Sicherheit: Exakte Einsichten, Diagnosen anhand der Bilder treffend herleiten können. Es geht um die Zukunft eines Patienten. Ernsthaftigkeit/Gewichtigkeit sollte auch in der Interaktion mit der Software zum Ausdruck kommen.

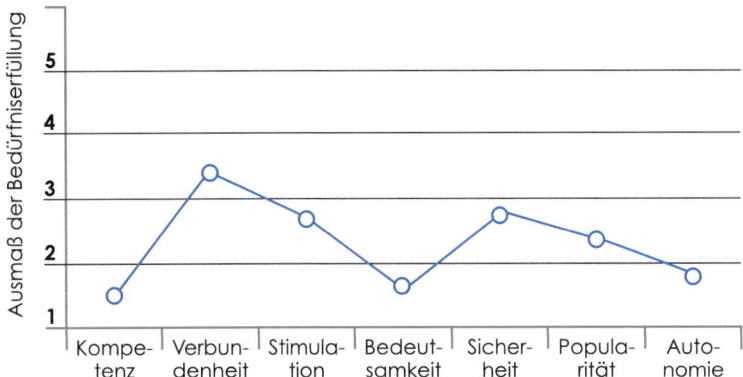

■ **Abb. 7.7** Bedürfnisprofil des Flüsterkissens. (Diefenbach et al. 2013)

— Popularität: Das Demonstrationsmeeting ist die große Show des Radiologen. Die Kollegen mit den eigenen Diagnosefähigkeiten beeindrucken. Mehr in dem Bild sehen als andere. Übernatürliche Fähigkeiten demonstrieren.

In einem nächsten Schritt wurden hieraus Anforderungen an die Gestaltung der Interaktion abgeleitet, zum Einsatz kam hierbei das in ▶ Kap. 6 vorgestellte Interaktionsvokabularkartenset. Es wurde deutlich, dass für den DemoNavigator-Bereich der Software andere Anforderungen an die Interaktion gelten als für Businesssoftware oftmals üblich. Auch die besondere Nutzungssituation, in der zwischen Perspektive des Nutzers (Radiologe) und Zuschauern (Medizinerkollegen) unterschieden werden kann, muss berücksichtigt werden. Während ein hoher Fokus auf Effizienz und Leistung typischerweise schnelle und offensichtliche Interaktion impliziert, ist in der Demonstrationssituation auch das Popularitätsbedürfnis zu berücksichtigen. Dies impliziert eher eine verdeckte Interaktion, welche die Aktionen des Radiologen für andere noch magischer erscheinen lässt. Die Interaktion mit den Röntgenbildern als Sinnbild für die Arbeit am Patienten und der Fokus auf dessen Wohlergehen impliziert auf der Erlebnisebene eine bedächtige, aber bestimmte Interaktion, was auf der Ebene der Interaktionseigenschaften durch eine Kombination von langsam und kraftvoll erreicht werden könnte.

7.4.4 Evaluation: das Bedürfnisinventar im Kontext von Kommunikationstechnologien

Das Nutzungserlebnis des bereits in ▶ Kap. 1 vorgestellten Konzept des *Flüsterkissens* wurde mithilfe des Bedürfnisinventars (▶ Abschn. 7.3.2) evaluiert. Das *Flüsterkissen* von Wei-Chi Chien et al. (2013) ist ein Objekt zum Hinterlassen von Sprachnachrichten an den Partner (▶ Kap. 1). Das Kissen hat eine Tasche, in die man eine Nachricht an die/den Liebste(n) flüstern kann. Mit dem Einflüstern der Botschaft bläst sich das Kissen auf und zeigt so an, dass es eine Botschaft enthält. Öffnet man die Tasche, spielt das Kissen die Botschaft ab und entleert sich. Die Idee des Kissens ist die Schaffung eines spezifischen Nachrichtenkanals für emotional ausdrucksstarke Botschaften zwischen Liebenden, unabhängig von alltäglichen Kommunikationsmitteln.

Eine Evaluation des Konzepts des *Flüsterkissens* in einer Onlinestudie mit 370 Teilnehmern (Diefenbach et al. 2013) anhand des oben beschriebenen Bedürfnisinventars zeigte, dass insbesondere das Bedürfnis nach Verbundenheit gut erfüllt wurde (◘ Abb. 7.7). Das *Flüsterkissen* konnte das intendierte Erlebnis von Verbundenheit unter Paaren schaffen. Ebenfalls gut erfüllt ist das Bedürfnis nach Stimulation, was den innovativen Charakter des Produktkonzepts widerspiegelt – in ein Kissen sprechen ist sicherlich für die meisten Personen ein neues Erlebnis. Die anhand des Bedürfnisinventars erlangten Einsichten decken sich dabei gut mit den Ergebnissen einer Feldstudie, in der sechs Paare das Kissen über einen Zeitraum von zwei Wochen in ihrem Alltag nutzten (Chien et al. 2013). Auch hierbei zeigten sich Praktiken, die vor allem Verbundenheit erzeugen (Austausch von Nachrichten als Ausdruck für Emotionen, Romantik), als auch Praktiken, die das Kissen als Mittel für neuartige Erlebnisse und Stimulation nutzen (gemeinsame Nutzung des Kissens im Sinne eines Spiels, witzige Nachrichten einsprechen oder einsingen, Nachrichten gemeinsam abhören und über die lustige Stimme des Partners lachen).

Fazit

Bedürfnisse sind für eine wohlbefindens- und erlebnisorientierte Gestaltung interaktiver Produkte zentral. Dabei können sie ganz unterschiedlich eingesetzt werden:

- Sie können als Gestaltungsziele verstanden werden, die es gilt, während des Gestaltungsprozesses im Auge zu behalten.
- Sie können als Inspiration verstanden werden, indem man bestehende oder neue Technologien und Aktivitäten mit ungewöhnlichen Bedürfnissen kombiniert.
- Sie können ein Vokabular sein, um leichter mit Nutzern über Potenziale für freudvolle und bedeutungsvolle Erlebnisse im Alltag zu sprechen, z. B. im Rahmen einer Bedarfsanalyse.
- Sie können Messgrößen für die Qualität und Zielerreichung eines Produktes sein, z. B. bei der Evaluation durch die Produktnutzung entstehender Erlebnisse.

Als praktische Werkzeuge für die Arbeit mit dem Bedürfnisansatz stehen die Bedürfniskarten und das Bedürfnisinventar zur Verfügung. Die Bedürfniskarten helfen dabei, über Bedürfnisse zu sprechen und sie nicht zu vergessen. Sie sollten immer wieder im Rahmen des Gestaltungsprozesses als Ausgangspunkt für kritische Gespräche untereinander und mit den Nutzern eingesetzt werden. Das Bedürfnisinventar erlaubt die formellere, strukturierte Beschreibung und Bewertung von Erlebnissen im Rahmen empirischer Studien im Feld, im Labor oder virtuell.

Literatur

Chang, Y. N., Lim, Y. K., & Stolterman, E. (2008). *Personas: from theory to practices*. Proceedings of the NordiCHI Nordic Conference on Human-Computer Interaction. (S. 439–442). New York: ACM.

Chien, W.-C., Diefenbach, S., & Hassenzahl, M. (2013). *The Whisper Pillow. A Study of Technology-Mediated Emotional Expression in Close Relationships*. Proceedings of the DPPI International Conference on Designing Pleasurable Products and Interfaces. (S. 51–59). New York: ACM.

Cooper, A. (1999). *The inmates are running the asylum: Why high-tech products drive us crazy and how to restore the sanity*. Bd. 261. Indianapolis: Sams.

Diefenbach, S., Chien, W.-C., Lenz, E., & Hassenzahl, M. (2013). Prototypen auf dem Prüfstand. Bedeutsamkeit der Repräsentationsform im Rahmen der Konzeptevaluation. *i-com. Zeitschrift für interaktive und kooperative Medien*, *12*(1), 53–63.

Diefenbach, S., Lenz, E., & Hassenzahl, M. (2014). *Experience Design Tools. Ansätze zur Interaktionsgestaltung aus dem Blickwinkel psychologischer Bedürfnisse*. Usability Professionals, Bd. 2014. Stuttgart: German UPA e. V.

Hassenzahl, M. (2010). *Experience design: Technology for all the right reasons*. San Rafael: Morgan Claypool.

Hassenzahl, M., Diefenbach, S., & Göritz, A. (2010). Needs, affect, and interactive products – Facets of user experience. *Interacting with Computers*, *22*(5), 353–362.

Laschke, M., Hassenzahl, M., & Mehnert, K. (2010). *linked.: a relatedness experience for boys*. Proceedings of the Nordi-CHI Nordic Conference on Human-Computer Interaction. (S. 839–844). New York: ACM.

Pruitt, J., & Grudin, J. (2003). *Personas: practice and theory*. Proceedings of the 2003 conference on Designing for user experiences. (S. 1–15). New York: ACM.

Sheldon, K. M., Elliot, A. J., Kim, Y., & Kasser, T. (2001). What is satisfying about satisfying events? Testing 10 candidate psychological needs. *Journal of Personality and Social Psychology*, *80*(2), 325–339.

Werkzeuge für Prototyping und Konzeptevaluation

Sarah Diefenbach, Marc Hassenzahl

© Springer-Verlag GmbH Deutschland 2017
S. Diefenbach, M. Hassenzahl, *Psychologie in der nutzerzentrierten Produktgestaltung,*
Die Wirtschaftspsychologie, DOI 10.1007/978-3-662-53026-9_8

8.1   Rollen und Einsatzmöglichkeiten von Prototypen

Drei verschiedene Rollen von Prototypen: Exploration, Demonstration, Evaluation

Prototypen sind vereinfachte Repräsentationen eines Produkts. Diese können von abstrakten Darstellungen erster Ideen bis hin zu konkreten, greifbaren Artefakten reichen (z. B. Coughlan et al. 2007). Im Unterschied zu einem unfertigen Produkt wird ein Prototyp gezielt als vereinfachte Repräsentation erstellt. Insbesondere für innovative, neuartige Konzepte ist das Erstellen von Prototypen, also das Prototyping, eine wichtige Voraussetzung für die Evaluation von Nutzungserlebnissen. Bereits in frühen Phasen der Produktentwicklung können so Einschätzungen zum Erfolgspotenzial einer Produktidee erlangt werden. Einsichten zu vielversprechenden und weniger vielversprechenden Ideen sowie möglichen technischen Realisierungen helfen dabei, Entwicklungsrisiken und damit -kosten zu reduzieren. Neben dem Einsatz in der Evaluation dienen Prototypen auch der Demonstration von Designentscheidungen und möglicher Gestaltungsalternativen sowie der Exploration und Ideengenerierung in der Gestaltung (s. auch Kohler und Diefenbach 2015). Damit bietet Prototyping aus Unternehmenssicht großes Potenzial. Es ist eine zentrale Aktivität im Rahmen der Produktentwicklung.

typen dienen hierbei sowohl als Mittel der Exploration, der Demonstration und der Evaluation (► Kasten „Drei verschiedene Rollen von Prototypen"). Die in diesem Buch beschriebene Erlebnisperspektive auf interaktive Produkte, also eine erweiterte Sicht, welche nicht nur die Funktion (Was), Form und Interaktion (Wie), sondern auch die hierdurch vermittelten Erlebnisse (Warum) berücksichtigt, stellt neue Herausforderungen an das Prototyping. Wie auch in der Gestaltung interaktiver Produkte allgemein lag der Fokus beim Einsatz von Prototypen in Praxis und Forschung lange Zeit auf Fragen der Gebrauchstauglichkeit (z. B. McCurdy et al. 2006; Virzi et al. 1996; Walker et al. 2002). Die Frage, wie sich Erlebnisse durch Prototypen darstellen lassen, wird zwar bereits schon länger diskutiert (z. B. Buchenau und Suri 2000), insgesamt sind jedoch Ansätze des Erlebnisprototypings und deren spezifische Konsequenzen noch wenig beforscht.

Das vorliegende Kapitel beleuchtet Prototyping als Mittel der Exploration, Demonstration und Evaluation und diskutiert hierbei insbesondere die Erweiterungen, die durch eine Erlebnisperspektive notwendig werden (► Abschn. 8.2). Weitere Schwerpunkte sind die Fragen der Validität von Prototypen (► Abschn. 8.3) und allgemeine Ableitungen und Leitfragen für den erfolgreichen, zielgerichteten Einsatz von Prototyping in Forschung und Praxis (► Abschn. 8.4).

Unsere Einblicke zum Einsatz von Prototyping in der Unternehmenspraxis, beispielsweise im Rahmen von Workshops auf der Usability-Professionals-Konferenz mit Praktikern aus Technologie- und Designunternehmen, zeigen generell eine hohe Akzeptanz und Verbreitung von Prototyping als gestalterische Aktivität. Ein Problem ist jedoch der routinemäßige Einsatz spezifischer Prototypingwerkzeuge oder -methoden, ohne ausreichendende Auseinandersetzung mit deren Eignung für den jeweiligen Einsatzzweck (Exploration, Demonstration, Evaluation) oder der spezifischen Fragestellung, die mithilfe des Prototypen beantwortet werden soll. Dabei können Prototypen bei der Beantwortung von Fragen zu ganz unterschiedlichen Aspekten des Nutzungserlebnisses helfen: Von der Ebene der Interaktion (Welche Touchscreenempfindlichkeit ist geeignet für einen Tap auf dem Smartphone?) bis hin zur Exploration komplexer Erlebnisse und Emotionen (Wie beeinflusst es mein Kommunikationsverhalten, wenn der andere sehen kann, dass seine Nachricht gelesen wurde?). ◻ Tab. 8.1 zeigt Beispiele für Fragestellungen auf verschiedenen Ebenen, die sich mithilfe von Prototypen beantworten lassen.

◘ Tab. 8.1 Beispiele für Fragstellungen auf verschiedenen Ebenen des Nutzungserlebnisses, die sich mit Hilfe von Prototypen beantworten lassen

Erlebnisse (Warum)	Emotionen: Wie wird sich der Nutzer während der Interaktion mit dem Produkt fühlen (z. B. aufgeregt, ärgerlich, frustriert, gelangweilt)?
	Bedürfnisse: Welche Bedürfnisse spricht das Produkt an (z. B. Kompetenz, Sicherheit, Verbundenheit)? Wie gut werden diese erfüllt?
	Soziale Interaktion: Wie beeinflusst die Nutzung des Produkts die Interaktion mit anderen Personen oder die Wahrnehmung des Nutzers durch andere Personen? Ist es beispielsweise für eine gemeinsame Nutzung geeignet? Unterstützt das Produkt den Kontakt mit anderen? Ist die Nutzung vor anderen peinlich/störend?
	Identität: Welches Image verbreitet das Produkt? Kann sich der Nutzer mit dem Produkt identifizieren? Repräsentiert das Produkt den Nutzer so, wie er wahrgenommen werden möchte?
Funktionalitäten, instrumentelle Ziele (Was)	Funktionsumfang: Stellt das Produkt alle Funktionen bereit, die der Nutzer sich wünscht? Bietet das Produkt alle für die Aufgabenerfüllung notwendigen Funktionen?
	Effektivität: Ist die Umsetzung der Funktionen so, dass der Nutzer seine Aufgaben erfolgreich erledigen kann?
	Effizienz: Ist die Umsetzung der Funktionen so, dass der Nutzer seine Aufgaben effizient erledigen kann (z. B. keine überflüssigen Interaktionspfade)?
	Verständlichkeit: Ist für den Nutzer ersichtlich, welche Interaktionsschritte auszuführen sind, um eine Funktion zu nutzen? Sind die Konsequenzen einer Aktion für den Nutzer nachvollziehbar und verständlich?
Form und Interaktion (Wie)	Interaktionswahrnehmung: Wie fühlt sich die Interaktion für den Nutzer an (z. B. langsam, kraftvoll, direkt)?
	Formale Gestaltung: Wie bewerten Nutzer die äußere Form des Produkts? Welchen Ausdruck vermittelt die Form (z. B. elegant, praktisch)?
	Farbwahrnehmung: Wie bewerten Nutzer die farbliche Gestaltung des Produkts? Welchen Ausdruck vermittelt die farbliche Gestaltung (z. B. aufregend, kühl, aggressiv)?

Natürlich soll ein Prototyp so gestaltet sein, dass die interessierende Fragestellung im Fokus ist. Andersherum gesagt: Welche Fragestellung seitens des Betrachters/Nutzers in den Fokus rückt, hängt auch von der Art des Prototypen ab. So lassen sich Prototypen auch als Filter verstehen, welche den Fokus auf spezifische Qualitäten oder Aspekte eines Produktkonzepts lenken (Lim et al. 2008). Der ▶ Kasten „Prototypen als Filter" zeigt ein Beispiel. Die Aufgabe des Gestalters ist es, die Qualitäten herauszufiltern, die im Fokus der Betrachtung stehen sollen (vgl. auch Kohler et al. 2013). Der Prototyp muss zur Fragestellung passen und möglichst keine Fragen aufwerfen, die nicht im Fokus stehen. Um ein einfaches Beispiel zu geben: Interessiert lediglich das Layout der Benutzungsoberfläche eines Softwareprodukts, könnte eine ausgefallene Farbgebung dazu führen, dass Benutzer Farben statt Layout begutachten und den Prototypen wegen der Farbigkeit besonders negativ oder positiv bewerten, obwohl die Farbigkeit noch gar keine Rolle spielt. Ein erster, wichtiger Schritt zur optimalen Nutzung des Prototyping ist es, sich die Vielfalt der Einsatz-

möglichkeiten und Fragestellungen bewusst zu machen und je nach Motivation geeignete
Prototypen zu wählen.

Prototypen als Filter: Verschiede Prototypen im Gestaltungsprozess von Mo

Die Gestaltung des bereits in ▶ Kap. 1 vorgestellten Musikplayers *Mo* umfasste auch die Erstellung
verschiedener Prototypen. Diesen dienten jeweils der Beantwortung spezifischer Fragestellungen
zu verschiedenen Zeitpunkten des Gestaltungsprozesses. Dies waren unter anderem Prototypen zur
Exploration verschiedener Möglichkeiten der Musiksteuerung (zentral vs. dezentral, ◘ Abb. 8.1a),
teilfunktionale Prototypen zum Ausprobieren der konkreten Interaktion (◘ Abb. 8.1c), Designmodelle
zur Kommunikation der formalen Gestaltung (◘ Abb. 8.1d) sowie ein Videoprototyp zur Kommunikation
des Nutzungsszenarios (◘ Abb. 8.1e).

◘ **Abb. 8.1** Verschiedene Formen des Prototyping im Gestaltungsprozess von Mo. (Eva Lenz)

8.2   Prototypingansätze für die Erlebnisebene

Die folgenden Abschnitte beschreiben Beispiele für Prototypingansätze mit einem Fokus auf
der Erlebnisebene. Zusammengenommen illustrieren die aufgeführten Ansätze zwei zentrale
Aspekte, welche einen Unterschied zu vielen gängigen Prototypingtechniken darstellen:

— Weg vom Produkt, hin zum Erlebnis: Ansätzen wie Invisible Design (▶ Abschn. 8.2.1),
   UX Stories und textuellen Prototypen (▶ Abschn. 8.2.3) und auch die Verwendung von
   Platzhalterprototypen (▶ Abschn. 8.2.2) für die frühe Konzeptevaluation im Alltag stellen
   allesamt das Erlebnis in den Mittelpunkt. Die formale Erscheinung des Produkts ist bei
   diesen Ansätzen nicht definiert – es zählt allein das, was Personen mit diesem Produkt
   erleben könnten.

— Raus aus dem Labor, rein in den Alltag: Für eine realistische Abschätzung der Qualität von
   Nutzungserlebnisse im Lebensalltag von Menschen benötigt man Prototypen, die in der
   realen Umgebung genutzt werden können, idealerweise sogar über einen längeren Zeit-
   raum hinweg. Durch die Beobachtung des Alltags mit dem Prototyp entstehen ganz andere
   Einsichten, als sie mittels einer Evaluation von Produktkonzepten im Rahmen einer kurzen
   Konfrontation im Labor möglich gewesen wären. Zahlreiche Beispiele hierfür liefert das

Projekt Nähe auf Distanz (▶ http://naeheaufdistanz.com/), welches sich mit der Entwicklung von Technologien zur Vermittlung von Nähe zwischen Familien und Verwandten über die Ferne beschäftigt (s. auch Lenz et al. 2016). Prototypingansätze, welche die Betrachtung der realen Umgebung in den Vordergrund stellen, sind Experience Prototyping (▶ Abschn. 8.2.4), Designimprovisation (▶ Abschn. 8.2.5), die Einbettung des Produkts in Szenarien mittels Videoprototyping oder Performance (▶ Abschn. 8.2.6). Auch die Verwendung von Platzhalterprototypen (▶ Abschn. 8.2.2) zur Anregung und Dokumentation der antizipierten User Experience beleuchtet bewusst den Lebensalltag von Nutzern.

8.2.1 Invisible Design

Der Prototypingansatz des „Invisible Design" (Briggs et al. 2012) stellt eine Sonderform des Videoprototyping (▶ Abschn. 8.2.6) dar. Invisible Design fokussiert auf die Darstellung des Szenarios und der sich ergebenden Interaktion zwischen Menschen bei der Nutzung eines interaktiven Produkts. Das Produkt selbst wird für den Zuschauer jedoch nicht sichtbar. Das Produktkonzept und dessen Funktionalitäten werden durch die Interaktion und Dialoge zwischen den Charakteren vermittelt, Ideen zur visuellen Gestaltung werden jedoch noch nicht präsentiert. Das materielle Produkt, mit dem die Charaktere interagieren, bleibt immer außerhalb des Bildrands.

Invisible Design eignet sich somit besonders für die frühe Phase der Produktentwicklung, um generelle Konzeptideen zu präsentieren und deren Resonanz bei Nutzern zu testen. Ein Beispiel hierfür ist die Präsentation des Konzepts *Smart Money* – eine Form intelligenter elektronischer Geldscheine, welche nur für zuvor autorisierte Personen und an zuvor definierten Orten nutzbar ist. Der Videoprototyp erläutert anhand eines Gesprächs zwischen zwei Charakteren das generelle Produktkonzept der intelligenten Geldscheine, funktionale Möglichkeiten sowie Assoziationen und mögliche Vorbehalte (s. auch ▶ https://www.youtube.com/watch?v=SL2LZ38ihPk). Wie genau das intelligente Geld aussehen könnte, wird hierbei bewusst der Vorstellungskraft des Zuschauers überlassen. Der Fokus bleibt somit auf der konzeptuellen Bewertung, d. h. der Ebene von Erlebnis und Funktion. Gestaltungsentscheidungen zur konkreten Form und Interaktion rücken erst zu einem späteren Zeitpunkt in den Vordergrund.

8.2.2 Platzhalterprototypen für die Konzeptevaluation im Alltag

Der von Sproll et al. (2010) vorgeschlagene Prototypingansatz stellt die Bewertung einer Produktidee und deren Nutzen im Alltag in den Vordergrund. Wie Sproll et al. (2010) betonen, lässt sich das reale Nutzungserlebnis anhand von Laborstudien nur schwer vorhersehen, und es braucht Methoden, um Produktideen im Kontext der Lebenswirklichkeit von Personen, ihrer täglichen Routinen und relevanten Einflussfaktoren, greifbar zu machen. Dies ist besonders zu Beginn des Produktentwicklungszyklus eine große Herausforderung, da Produkte nur als abstrakte Ideen existieren und im Alltag noch nicht real genutzt werden können. Sproll und Kollegen nutzen daher Objekte, die man als Platzhalterprototypen bezeichnen könnte. Ein kleiner Gegenstand (z. B. ein Stein) repräsentiert eine zuvor erläuterte Produktidee und begleitet Teilnehmer durch ihren Alltag. Anhand des Platzhalters reflektieren Teilnehmer über Möglichkeiten zur Nutzung des Produkts und dokumentieren ihre Eindrücke und fiktionalen Nutzungserlebnisse. Das von Sproll et al. (2010) beschriebene Vorgehen der Nutzung von Platzhalterprototypen umfasst mehrere Stufen (▶ Kasten „Platzhalterprototypen zur Feldevaluation von Produktkonzepten im Ideenstadium"), die zentrale Phase, in welcher der Platzhalterprototyp Nutzer durch ihren Alltag begleitet, bezeichnen Sproll und Kollegen als Field Experience.

Platzhalterprototypen zur Feldevaluation von Produktkonzepten im Ideenstadium

Sproll et al. (2010) beschreiben drei aufeinander aufbauende Phasen, welche die Präsentation, die vorgestellte Nutzung und die retrospektiven Bewertung von Produktkonzepten umfassen:

- Concept Briefing: In der Phase des Concept Briefing wird den Teilnehmern/potenziellen Nutzern das Produktkonzept vorgestellt. Hierbei können wiederum verschiedenartige Prototypingtechniken wie Storyboards, funktionale Prototypen oder Produktvorstellungen in Form von Theater oder Videos (▶ Abschn. 8.2.6) eingesetzt werden. Anschließend erhalten die Teilnehmer einen kleinen Gegenstand, der für die folgenden Tage zum Repräsentanten der Produktidee wird.
- Field Experience: Die Teilnehmer verfolgen ihren üblichen Tagesablauf und dokumentieren hierbei Situationen, in denen sie das Produkt hätten nutzen können. Die vorgestellten Nutzungserlebnisse werden anhand vorher festgelegter Methoden festgehalten (z. B. Aufnahme von Sprachnachrichten, Tagebücher, Onlinefragebögen). Zusätzlich zur Repräsentation durch den Platzhalterprototypen können E-Mails oder Chatnachrichten eingesetzt werden, um Teilnehmer an die regelmäßige Produkt-„Nutzung" und -evaluation zu erinnern.
- Retrospektive Interviews: Nach dem „Erproben" des Produkts im Feld folgen Interviews mit den einzelnen Teilnehmern, in denen die Eindrücke und Evaluationen der „Nutzung" des Produkts im Alltag nochmals zusammenfassend reflektiert werden und spezielle Situationen, Bedürfnisse sowie weitere Ideen der Teilnehmer (z. B. zu zusätzlichen Produktfunktionalitäten) tiefergehend diskutiert werden.

8.2.3   UX Stories und textuelle Prototypen

UX Stories (z. B. Gruen et al. 2002) können als Form des textuellen Prototyping verstanden werden. UX Stories beschreiben die Nutzung eines interaktiven Produkts und stellen hierbei insbesondere die Erfüllung von Zielen und Bedürfnissen der Nutzer in den Vordergrund. Idealerweise beinhalten UX Stories detailreiche Beschreibungen der Charaktere und der jeweiligen Situation, Ziele der Protagonisten (und mögliche Hindernisse bei der Zielerreichung; Gruen et al. 2002). Wie für alle Formen des Geschichtenerzählens spielen auch für UX Stories dramaturgische Elemente eine wichtige Rolle. Dies können beispielsweise Angaben zu den Optionen des Handelnden (z. B. Aktionen oder Werkzeuge, die zur Zielerreichung genutzt werden können) oder zeitliche Restriktionen sein (z. B. bis wann muss ein Handlungsziel erreicht sein, was passiert sonst). Textuelle Prototypen offenbaren, dass die Elemente, die es braucht, um eine überzeugende Geschichte zu erzählen, oftmals die gleichen sind, die es braucht, um ein nützliches und überzeugendes interaktives Produkt zu gestalten (Gruen et al. 2002). In diesem Sinne ist das Gestalten von Produktkonzepten eine spezielle Version des Geschichtenerzählens.

Ein großer Vorteil textueller Prototypen ist, dass sie schnell und kostengünstig erstellt werden können. Es gibt keine inhaltlichen Grenzen. Produktkonzepte aller Domänen und Technologien können in Stories eingebettet präsentiert werden. Wie auch beim Invisible Design (▶ Abschn. 8.2.1) liegt der Fokus dieser Form des Prototyping auf der Erlebnisebene, für die detaillierte Präsentation und Evaluation von Form und Interaktion sind textuelle Prototypen weniger geeignet.

8.2.4 Experience Prototyping

Der Begriff des Experience Prototyping wurde geprägt von Buchenau und Suri (2000). Experience Prototyping beschreibt die Simulation eines Nutzungserlebnisses durch aktive Einbindung der Nutzer. Der Schwerpunkt liegt hierbei auf der eigenen Erfahrung aus erster Hand und dem realen Erleben der Konsequenzen und Einflüsse des Produkts in einer konkreten Situation, beispielsweise der Nutzung eines neuen Systems zum Fahrkartenkauf auf einer Zugreise.

Experience Prototyping schafft somit eine Art Erlebnisparcours, anhand dessen eine Produktidee zum Leben erweckt wird und Teilnehmer eine Idee von der Nutzung, sich ergebenden Interaktionen und möglichen Hindernissen erhalten und durch ihre Rückmeldung zur Weiterentwicklung des Konzepts beitragen. Hierbei können verschiedene Arten von Requisiten zum Einsatz kommen. Im von Buchenau und Suri (2000) geschilderten Beispiel einer Designimprovisation im Kontext des Fahrkartenkaufs im Zug erhielten die Teilnehmer Instruktionen zu Handlungszielen (z. B. „Kaufe eine Fahrkarte für dich und ein Kind") sowie relevante Kontextbedingungen (z. B. „Der Automat nimmt nur Münzen, keine Scheine" oder „Es ist kalt, du trägst Handschuhe"). Im Fokus steht wie auch bei den zuvor beschriebenen Prototypingansätzen die Frage, wie sich eine Produktidee auf der Erlebnisebene ausspielt, wobei je nach Requisiten/Ergänzung durch greifbare Prototypen auch Usabilityaspekte und Fragestellungen der Interaktionsgestaltung beleuchtet werden können.

8.2.5 Designimprovisation

Ähnlich wie der Ansatz des Experience Prototyping (▶ Abschn. 8.2.4) zielt auch der Ansatz Designimprovisation (s. auch Laurel 2003) auf das Erlebbarmachen von Konzepten durch aktives Ausprobieren und die Interaktion zwischen den Akteuren/potentiellen Nutzern ab. Wie im Improvisationstheater erhalten die Akteure spezifische Rollen, welche für die Nutzung des Produkts vom Designer als relevant erachtet werden. Bei der Erprobung des Konzepts des sozialen Musikplayers *Mo* von Eva Lenz (s. auch ▶ Kap. 1) waren relevante Rollen beispielsweise, die des Gastgebers, der zur Party einlädt, sowie die der Gäste, welche ihre mit Musik beladenen *Mos* mit zur Party bringen. Das Produkt selbst ist in der Designimprovisation typischerweise durch greifbare Artefakte repräsentiert, welche jedoch formal noch nicht ausgestaltet sind. Dies könnten zum Beispiel Papierprototypen sein oder auch Alltagsgegenstände, die als Platzhalter fungieren. In einer Designimprovisation zum Konzept *Mo* waren dies beispielsweise Pappröhren (⬛ Abb. 8.2). Das primäre Ziel einer Designimprovisation ist es, durch die Beobachtung der sich ergebenden Interaktion zwischen den Akteuren ein tieferes Verständnis der Konsequenzen einer Produktidee auf der Erlebnisebene und relevanten sozialen Praktiken zu erlangen. Im Beispiel von *Mo* war dies unter anderem die Frage: Wie

◘ **Abb. 8.2** Designimprovisation
zum Konzept *Mo.* (Eva Lenz)

beeinflusst es den Verlauf einer Party, wenn die Musik zentral an einem Ort gesteuert ist oder
wenn dies dezentral von verschiedenen Einheiten aus möglich ist? Exploriert wurde dies anhand von verschiedenen Pappprototypen, welche im Rahmen der Designimprovisation ins
Spiel gebracht wurden (s. auch ◘ Abb. 8.1a).

8.2.6 Videoprototyping/-performance

Ein Videoprototyp erklärt ein Produktkonzept anhand eines in einem Video dargestellten Nutzungsszenarios. Alternativ zu einem Video könnte auch eine Livevorstellung des Szenarios
durch Schauspieler das Konzept erläutern (Performance). Das dargestellte Szenario zeigt in
der Regel die intendierten Situation, typische Nutzer und relevante Rollen sowie Emotionen
und Konsequenzen für die beteiligten Akteure. Beispielsweise erläutert ein Videoprototyp das
Konzept *Sparpflanze* (Braun et al. 2016) anhand der Geschichte des Protagonisten Frank, der
auf ein neues Snowboard sparen möchte. Seine WG-Mitbewohnerin möchte ihn bei der Errei-
chung seines Sparziels unterstützen und schenkt ihm daher eine *Sparpflanze*, eine Art lebendige
Spardose. Es handelt sich hierbei um eine reale Pflanze in einem interaktiven Blumentopf.
Dabei wird die Pflanze nur bewässert, wenn Frank diese täglich mit einer definierten Menge
an Münzen füttert. Ist das Sparziel erreicht, gibt der Topf die Pflanze frei, und sie kann auf
herkömmliche Art gegossen und gepflegt werden. Der Videoprototyp zeigt die Nutzung der
Sparpflanze über mehrere Wochen in Form eines Videotagebuchs und gibt hierbei Berichte
und Emotionen in Verbindung mit verschiedenen Szenen aus dem Alltag des Protagonisten
wieder (z. B. Stolz über Fortschritt, Aufbau einer Beziehung zur *Sparpflanze*, Reflexion über
Möglichkeiten zu sparen, wie weniger rauchen, weniger Coffee to go) (s. auch ► https://www.
youtube.com/watch?v=j6rQ13By_o8).

Im Unterschied zu den in den vorherigen Abschnitten diskutierten Prototypingansätzen,
bei denen potenzielle Nutzer eine aktive Rolle einnehmen, ist der Fokus von Videoprototyping
primär die Kommunikation eines Produktkonzepts, und nicht das Generieren von Einsichten
durch Interaktion mit dem Konzept. Ein praktischer Vorteil von Videoprototyping in der
Evaluation ist selbstverständlich, dass ein Video mittels Weblink leicht verbreitet werden kann
und sich so mit geringen Ressourcen viele Teilnehmer für die Konzeptevaluation (z. B. mittels
Onlinefragebogen) gewinnen lassen. Neben der Präsentation einer Konzeptidee im Sinne
von Geschichten auf der Erlebnisebene bietet Videoprototyping auch gute Möglichkeiten auf

der Ebene von Produktfunktionalitäten. So lassen sich mittels Video auch visionäre, innovative und technisch anspruchsvolle Ideen präsentieren, beispielsweise durch nachträgliche Videobearbeitung/Bildbearbeitung oder sogenannten Wizard-of-Oz-Techniken, d. h. Vortäuschen einer Aktion-Reaktions-Verknüpfung durch verdeckte Ausführung der Systemreaktion durch eine Person. Schon im frühen Entwicklungsstadium kann die Illusion eines funktionalen Produkts erzeugt und beispielsweise auch durch Visionen zur Verbreitung des Produkts im Alltag oder dessen Vermarktung präsentiert werden. Neben der Kommunikation einer Konzeptidee an ein externes Publikum bietet Videoprototyping auch eine gute Möglichkeit, eine Konzeptidee innerhalb eines Designteams zu vermitteln und zu diskutieren. Obwohl der fertige Videoprototyp primär der Demonstration und Evaluation dient, sollte man die klärende, explorierende Wirkung des Anfertigens eines Videoprototypen nicht unterschätzen. Das Konzipieren eines solchen Videos ist ein gestalterischer Akt, der dazu anregt, sich intensiv mit den eigenen Erwartungen und möglichen Situationen, Erlebnissen, Funktionen und Interaktionen zu beschäftigen.

8.3 Zur Validität von Prototypen

Die Ergebnisse aus Prototypentests sind oft maßgeblich für die weitere Ausgestaltung von Produkten und bilden damit eine wichtige Basis für den späteren Erfolg. Eine wichtige Voraussetzung für angemessene Ableitungen aus Prototypentests ist jedoch ein in Hinblick auf die Evaluationsfragestellung gültiger, also valider, Prototyp, der die Konzeptidee hinreichend vermittelt (vgl. auch Diefenbach et al. 2010).

Die Frage nach der Validität ist gerade in Evaluationsstudien in der Psychologie selbstverständlich. Im Fokus stehen hier allerdings die eingesetzten Erhebungsinstrumente (z. B. Fragebögen); der Bericht von Evaluationsergebnissen umfasst standardmäßig auch die Angabe von Werten zur Reliabilität der verwendeten Instrumente (z. B. Cronbachs Alpha als Maß für die interne Konsistenz von Fragebogenskalen). Ebenso wichtig im Rahmen der Gestaltung interaktiver Produkte ist die Frage nach der Validität des jeweiligen Beurteilungsgegenstands selbst: Ermöglicht die gewählte Form der Konzeptrepräsentation dem Beurteilenden die Einblicke, die er benötigt, um hilfreiche Einschätzungen hinsichtlich der Evaluationsfrage zu treffen? In welchen Fällen beispielsweise ist ein Papierprototyp ein valides Objekt der Konzeptevaluation? Um tatsächlich valide und hilfreiche Einsichten erwarten zu können, muss ein Prototyp die Konzeptidee ausreichend erfahrbar machen, trotz der reduzierten (weil gefilterten) Darstellung.

Zusammenfassend verstehen wir die Validität von Prototypen als Passung von Prototyp (die Repräsentation, um das Konzept erfahrbar zu machen, definiert durch Artefakt und Methode der Konfrontation von Teilnehmern mit dem Artefakt) und Motivation (Einsatzzweck – warum Prototyping? Inhaltlicher Fokus – wozu erhofft man sich Einsichten?) (◘ Abb. 8.3). Im Folgenden sind die einzelnen Elemente von Prototyp und Motivation näher erläutert.

▪ Prototyp

Seitens des Prototypen spielt sowohl das eingesetzte Artefakt eine Rolle (z. B. Papier, Video und die hierdurch realisierte Reichhaltigkeit bzw. Fidelity, sozusagen der Stoff der Erfahrbarkeit) als auch die spezifische Konfrontationsmethode: Verschiedene Prototypingansätze involvieren Teilnehmer in unterschiedlicher Art und Weise, z. B. eher passiv (Video ansehen) oder aktiv (Rollenspiel, direkt mit Artefakten interagieren). Reales Ausprobieren eines Prototyps

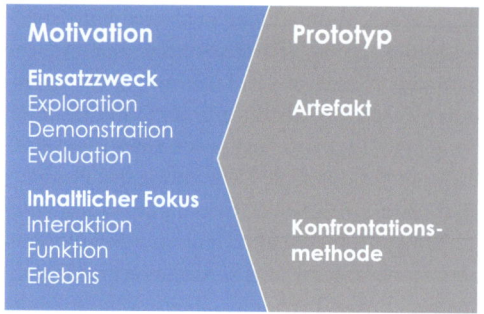

▣ **Abb. 8.3** Validität von Prototypen als Passung von Prototyp und Motivation. (Diefenbach et al. 2013; Kohler und Diefenbach 2015)

kann andere Einsichten generieren, als wenn dieser nur präsentiert wird oder man zusehen kann, wie andere damit agieren. Insbesondere die Aspekte, die im Zentrum noch zu treffender Gestaltungsentscheidungen stehen, müssen durch die Repräsentation gut erlebbar sein. Eine wichtige Frage wäre demnach, inwieweit die Beurteilung interaktiver Produkte tatsächlich eine Interaktion erfordert oder ob sich das Potenzial eines Interaktionskonzepts auch anhand eines Videos oder gar einer rein textlichen Beschreibung abschätzen lässt. Auch die Frage nach einem möglichen Zuviel an Informationen durch einen Prototyp hinsichtlich eines spezifischen inhaltlichen Fokus wäre ein Aspekt der Prototypenvalidität.

■ **Motivation**

Hinsichtlich der Motivation müssen neben dem inhaltlichen Fokus (z. B. Emotionen, Usability) auch die aktuelle Rolle des Prototypen im Gestaltungsprozess berücksichtigt werden (▶ Abschn. 8.1, 8.4): Wird Prototyping als ein Mittel eingesetzt, um mehr Ideen zu explorieren, zu demonstrieren, oder geht es bereits um den Vergleich und die Bewertung alternativer Ideen? In der Evaluation erhofft man sich durch die Konfrontation von anderen mit dem Konzept tatsächlich kritisches Feedback und neue Einsichten zu möglichen Schwachstellen des Konzepts. In anderen Fällen/Demonstration geht es vorrangig um das Überzeugen und Beeindrucken und die Betonung des Potenzials des Konzepts. Ohne Klarheit darüber, welche Rolle der Prototyp einnehmen soll, lässt sich auch die Frage der Validität nicht beantworten.

In der Unternehmenspraxis scheint das Bewusstsein für den zielgerichteten Einsatz von Prototyping oder die Frage nach validen Ansätzen zu verschiedenen Zeitpunkten im Gestaltungsprozess noch wenig diskutiert zu sein. Viele Teilnehmer des oben genannten Workshops zum Einsatz von Prototyping in der Unternehmenspraxis berichteten, dass einfache, LoFi-Prototypen zu Beginn des Gestaltungsprozesses bereits viele hilfreiche Einsichten offenbaren, andererseits aber spätere kostspielige, reifere Form des Prototypen keinen erkennbaren Mehrwert lieferten, oder dass bestimmte Fragestellungen in der im Unternehmen etablierten Abfolge von Prototypen (z. B. Skizze, Papierprototyp, Click-Dummy) keinen ausreichenden Raum finden. Ein mehrfach genanntes Beispiel war die Frage der Identifikation mit dem visuellen Design. Im Papierprototyp spielt dies noch keine Rolle, der Fokus liegt auf den Systemzuständen und Aktions-Reaktions-Verknüpfungen. Der Prototyp wird durch die Brille der Funktionalität und Gebrauchstauglichkeit bewertet. Eine Prototypenstufe reifer sieht das Produkt schon fertig aus – und oft anders, als man es sich vorgestellt hätte. Die Folge ist ein genereller Ausdruck von Unzufriedenheit bei der internen Präsentation des Prototypen. Entwickler und Designer sind frustriert – sie haben doch alle Funktions- und Nutzungsprobleme erfolgreich gelöst, und trotzdem ist das ganz anders als erwartet geworden. Aus experimental-psychologischer Sicht könnte man sagen: Es handelt sich um eine Konfundierung mehrerer Variablen, die gleichzeitig manipuliert werden. Der Prototyp wird auf mehreren Ebenen reichhaltiger (Interaktion, Gestaltung von Form und Farbe) und die Evaluationsergebnisse erlauben keine Rückschlüsse mehr, welche Variable den Ausschlag für eine positive oder negative Beurteilung gegeben hat. Im genannten Beispiel fehlt eine Zwischenstufe, bei der das mit einem bestimmten visuellen Design verknüpfte Image, isoliert von Fragestellungen der Usability, bewertet werden kann.

Die bisherige Forschung zum systematischen Vergleich von Prototypen unterschiedlicher Reichhaltigkeit und Konsequenzen für Evaluationsergebnisse fokussierte vor allem auf Einsichten bezüglich Funktionalitäten und Gebrauchstauglichkeit, beispielsweise die Zahl identifizierter Nutzungsprobleme (z. B. McCurdy et al. 2006; Virzi et al. 1996; Walker et al. 2002). Wenige Arbeiten haben bislang die Konsequenzen verschiedener Prototyping-Ansätze mit einem Fokus auf die Erlebnisebene beleuchtet.

Eine erste eigene Studie (Diefenbach et al. 2013) untersuchte dies am Beispiel des bereits vorgestellten Konzepts des *Flüsterkissens* (▶ Kap. 1), welches anhand verschiedener Prototypen bzw. Darstellungsformen präsentiert wurde.

Dies umfasste das reale Ausprobieren eines Funktionsprototyps in einer Laborsituation, die Repräsentation des Produktkonzepts mittels Video, Comic-Animation, Foto-Story, Comic-Story sowie ein textueller Prototyp. Variiert wurden hiermit die Faktoren Bebilderung (textuell vs. bildhaft), Dynamik (statische vs. bewegte Bilder) und Abstraktionsgrad (gezeichnet vs. realitätsgetreu). Die Beurteilungen des Konzepts durch 370 Teilnehmer mit verschiedenen Maßen zeigten hierbei einige systematische Tendenzen, welche auch generelle Hinweise zur Auswahl geeigneter Prototypen sowie zur Einordnung von Evaluationsergebnissen bieten (▶ Kasten „Erste Einsichten zur Bedeutsamkeit der Art des Prototypen in der Konzeptevaluation", s. auch Diefenbach et al. 2013; 2014). Hierbei erwiesen sich in der Darstellung besonders detaillierte und reichhaltige Prototypen (z. B. Video) nicht unbedingt als überlegen, was die Reichhaltigkeit von Einsichten zum Konzept angeht. Die Betrachtungen der Studienteilnehmer verlieren sich dabei möglicherweise in irrelevanten Details, wohingegen reduzierte Darstellungen (z. B. Comic-Story) den Fokus zuverlässiger auf die zentralen Aspekte des Konzepts richten.

Erste Einsichten zur Bedeutsamkeit der Art des Prototypen in der Konzeptevaluation

▬ Vorstellungskraft: Schon einfache Darstellungsformen wie textuelle Konzeptbeschreibungen bieten hilfreiche Einsichten für die weitere Ausgestaltung. Bereits auf Basis reduzierter Darstellungen können Personen eine gute Vorstellung des Konzepts entwickeln, verstehen, welche Bedürfnisse angesprochen werden und äußern ähnliche Überlegungen wie bei reichhaltigeren Darstellungsformen. Auch grundlegende Nutzungsprobleme können anhand von abstrakten Darstellungen überraschend gut antizipiert werden. Deutliche Unterschiede zeigen sich erst auf der Ebene konkreter motorischer Elemente. Die Konzeptevaluation scheint also bereits im Ideenstadium sinnvoll und bietet die Möglichkeit, mit vergleichsweise geringem Aufwand externe Rückmeldungen einzuholen.

▬ Idealisierungstendenzen: Reduzierte Formen der Konzeptdarstellung und darin enthaltene Freiheitsgrade werden zur gedanklichen Ausgestaltung des Konzepts nach persönlichen Vorstellungen genutzt. Solch eine idealisierte Sicht schlägt sich dann typischerweise in einer generell positiveren Bewertung des Konzepts nieder. Diese Tendenz, den in einer Konzeptdarstellung vorhandenen Freiraum eigenen Vorstellungen entsprechend auszufüllen, muss bei der Interpretation von Evaluationsergebnissen berücksichtigt werden. Dies ermöglicht aber auch differenzierte Einsichten zur Bewertung unterschiedlicher Anteile des Konzepts.

Während komplexere Darstellungsformen, wie eine Videodarstellung, einen Gesamteindruck abfragen und sich Eindrücke der Konzeptidee, der formalen Produktgestaltung, und
Sympathien für die im Video gezeigten Charaktere vermischen, lassen sich durch reduzierte
Darstellungsformen gezielter einzelne Aspekte evaluieren, wie hier die reine Bewertung der
grundsätzlichen Idee des Konzepts anhand der textuellen Konzeptbeschreibung.

— Aktive Auseinandersetzung: Eine häufige Annahme ist, dass Prototypen alle Details
möglichst ausführlich darstellen müssen, um ein Konzept für Testteilnehmer erschließ-
bar zu machen. Tatsächlich können komplexe, detailreiche Darstellungen jedoch schnell
erschlagend wirken, wohingegen reduzierte Darstellungen motivierender wirken und eher
eigene Überlegungen und aktive Auseinandersetzung fördern. So kommentierte ein Teilnehmer an der oben genannten Forschungsstudie: „Bei der langen Darstellung sieht man
vielleicht Details genauer. Aber man muss erst so oft klicken, bis man versteht, um was
es geht. Und wenn man nicht gleich versteht, um was es geht, ist die Frage, ob man dann
überhaupt noch motiviert ist, das Konzept zu verstehen, oder ob man sich dann einfach so
durchklickt, ohne sich die Bilder genauer anzuschauen." Es muss somit abgewogen werden
zwischen der Notwendigkeit der Darstellung von Details für das Konzeptverständnis und
der hieraus für den Rezipienten entstehenden Belastung.

— Falscher Fokus durch unklare Grenzen des Prototypen: Ein weiteres Problem von zu viel
Informationen im Prototyp kann sein, dass die Grenzen des Prototypen für die Teilnehmer
nicht klar ersichtlich sind. Prototypen müssen erkennen lassen, was bereits ausgestalteter
Teil des Konzepts und was noch Platzhalter für Unfertiges ist. Sonst kann es passieren,
dass Teilnehmer ihre Aufmerksamkeit auf die falschen Details richten, und die für die
Beantwortung der zentralen Fragestellung relevanten Details außer Acht lassen. Wichtig
für die Angemessenheit einer Repräsentationsform ist daher auch die bewusst reduzierte
Darstellung von noch nicht ausgestalteten Aspekten.

8.4   Zielgerichtetes Prototyping

Der zielgerichtete Einsatz von Prototyping umfasst eine Abfolge von aufeinander aufbauenden
Schritten, an deren Ende der Prototyp die gewünschte Einsicht und Gestaltungsentscheidung
ermöglicht (◘ Abb. 8.4; s. auch Kohler und Diefenbach 2015). Aufbauend auf den in den vorherigen Abschnitten geschilderten Überlegungen zu möglichen Rollen von Prototypen sowie
zur Validität von Prototypen als Mittel der Repräsentation einer Konzeptidee, beinhaltet der
hier dargestellte idealtypische Prototypingprozess eine bewusste Auswahl von Prototypingwerkzeugen, Materialien und Methoden im Hinblick auf die spezifische Prototypingmotivation.
Wir sehen diese Auseinandersetzung als wichtige Aufgabe und Chance für Unternehmen. Die
Verwendung valider, passender Prototypen ermöglicht eine Beschleunigung des Gestaltungsprozesses sowie eine Minimierung des Innovationsrisikos und stellt damit nicht nur eine interessante Forschungsfrage, sondern auch einen äußerst relevanten wirtschaftlichen Aspekt dar.

Wie bereits zu Beginn des Kapitels ausgeführt, ist Prototyping in vielen Unternehmen eta-
blierter Teil des Produktentwicklungszyklus. Die dahinterliegenden Motivationen werden aber
selten explizit formuliert und fließen somit nicht bewusst in die Wahl des Prototypen ein.
Stattdessen ergibt sich dies oft aus den im Unternehmen etablierten Werkzeugen oder Entwick-
lungsschritten. Dies kann sogar so weit führen, dass falsche Schlussfolgerungen gezogen werden

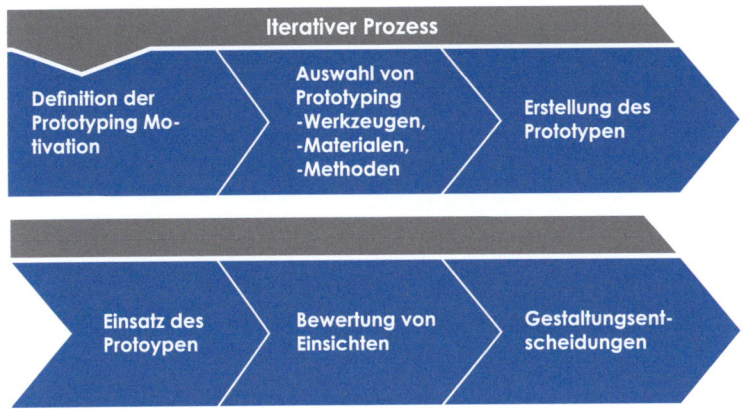

◻ Abb. 8.4 Idealisierter Prototypingprozess

oder ein weiterer, kostspieliger Prototyp keine weiteren Einsichten liefert. Die Sorgfalt in den ersten beiden Stufen des idealisierten Prototypingprozesses sind maßgeblich für den Erfolg der weiteren Schritte, nämlich den Einsatz des Prototypen und die hieraus ableitbaren Einsichten und Gestaltungsentscheidungen.

Die im ► Kasten „Leitfragen für zielgerichtetes Prototyping" aufgeführten Punkte fassen die bisher diskutierten Aspekte zusammen und können die Wahl des passenden Prototypen hinsichtlich einer spezifischen Motivation und relevanten Fragestellungen im Gestaltungs- prozess unterstützen. Eine Auseinandersetzung mit der Frage der Validität von Prototypen kann den Einsatz von Prototypen systematischer und erfolgreicher machen. Festzuhalten bleibt allerdings, dass es sich hierbei um eine vorläufige Sammlung von Leitfragen handelt, welche im Rahmen weiterer Einsichten aus Forschung und Praxis noch ergänzt und erweitert werden können. Das Thema zielgerichtetes Prototyping bildet somit einen weiteren Aspekt innerhalb des breiteren Gestaltungsfelds interaktiver Produkte, in dem die Psychologie inhaltlich und methodisch wichtige Beiträge leisten kann.

Leitfragen für zielgerichtetes Prototyping

Einsatzzweck von Prototyping
Was ist der vorrangige Einsatzzweck des Prototypen? Exploration, Demonstration oder Evaluation?
Prototyping kann für die Exploration des Gestaltungsspielraums, für die Demonstration einer Konzeptidee sowie auch für die (vergleichende) Evaluation erarbeiteter Lösungen eingesetzt werden. In der Phase der Ausgestaltung wird der Gestaltungsspielraum erweitert. In Anleh- nung an Buxton (2007) und Laseau (2000) lassen sich diese verschiedenen Einsatzmöglichkei- ten entlang des Gestaltungsprozesses den Phasen der Ausgestaltung und Selektion zuordnen (◻ Abb. 8.5).
In der Phase der Ausgestaltung (von Buxton (2007) und Laseau (2000) bezeichnet als Elabo- ration bzw. Opportunity-Seeking) wird der Gestaltungsspielraum erweitert. Vorrangiges Ziel ist das Generieren neuer Ideen, Bewertungen stehen noch nicht im Vordergrund. Prototypen

dienen als Ideengeber und lassen dementsprechend viel Raum für die weitere Ausgestaltung – sie erscheinen offen. Die mit den Prototypen konfrontierten Personen sind oft ebenfalls Mitglieder des Designteams oder andere Unternehmensinterne.

Beim Einsatz von Prototypen als Mittel der Demonstration werden eine oder mehrere Ideen externer Personen außerhalb des Designteams präsentiert (z. B. Kunden). Prototypen repräxxsentieren hier konkrete Vorschläge und dienen der Kommunikation von Gestaltungsentscheidungen. In der Phase der Selektion kommt es zur Evaluation erarbeiteter Lösungen. Designlösungen werden nicht nur präsentiert, sondern auch bewertet. Es wird eine Entscheidung für eine aus der Vielzahl der elaborierten Ideen getroffen (von Buxton (2007) und Laseau (2000) bezeichnet als Reduction bzw. Decision-Making).

Prototyping als Mittel der ...

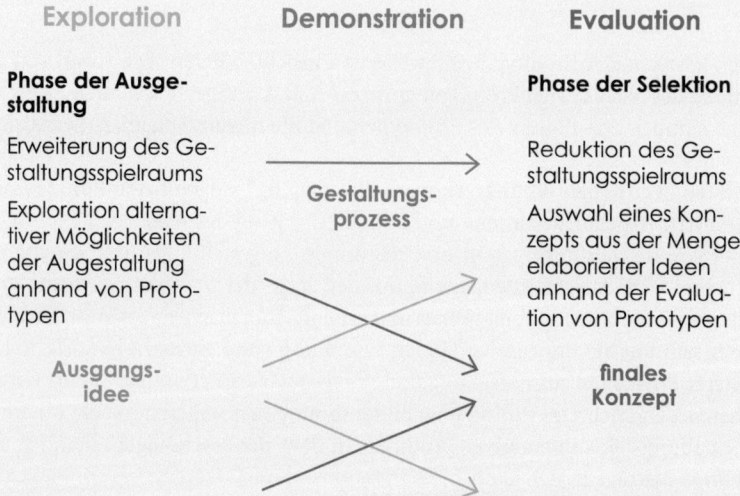

Exploration   Demonstration   Evaluation

**Phase der Ausge-
staltung**   **Phase der Selektion**

Erweiterung des Ge-   Reduktion des Gestaltungsspielraums   staltungsspielraums

                            Gestaltungs-
Exploration alterna-   prozess   Auswahl eines Kon-
tiver Möglichkeiten   zepts aus der Menge
der Augestaltung   elaborierter Ideen
anhand von Proto-   anhand der Evalua-
typen   tion von Prototypen

      Ausgangs-   finales
        idee   Konzept

◼ **Abb. 8.5** Verschiedene Rollen von Prototypen im Gestaltungsprozess. (Eigene Darstellung in Anlehnung an Buxton 2007; Laseau 2000)

Welche Personengruppe soll mit dem Prototyp konfrontiert werden? Was bringt diese Gruppe an Fokus, Hintergrundwissen, Vorannahmen, Motivationen, Interessen mit?
Unterschiedliche Personengruppen betrachten Prototypen aus unterschiedlichen Blickwinkeln bzw. mit unterschiedlichem Fokus (vgl. auch Warfel 2009). Bei Entwicklern könnte dies die technische Machbarkeit sein, bei Designer die formale Gestaltung, bei Usabilityexperten die Einhaltung von klassischen Kriterien der Gebrauchstauglichkeit (z. B. Konsistenz), bei Nutzern die notwendigen Funktionen zur Abdeckung relevanter Alltagspraktiken. Dieser Blickwinkel muss bei der Interpretation von Rückmeldungen zur Konzeptidee berücksichtigt werden und kann ebenfalls bereits die Wahl des Prototypen leiten.

Inhaltlicher Fokus von Prototyping
Zu welchen Aspekten sollen Einsichten geschaffen werden? Auf welcher Ebene liegt
das Hauptinteresse?
Unabhängig vom Einsatz von Prototyping als Mittel der Exploration, Demonstration oder Evaluation können die verschiedene Ebenen im Zentrum des Interesses stehen, beispielsweise
Fragen der Interaktionsgestaltung, des Funktionsinhalts oder durch spezifische Gestaltungselemente resultierende Erlebnisse und Emotionen. Da verschiedene Prototypen die verschiedenen Ebenen unterschiedlich gut erfahrbar machen, ist eine Definition der interessierenden
Ebene eine wichtige Voraussetzung für die Wahl angemessener Prototypingwerkzeuge,
-materialien und -methoden. Der in ◼ Abb. 8.1c gezeigte Prototyp des Musikplayers *Mo*
diente dem Treffen von Gestaltungsentscheidungen bezüglich der Interaktionsebene. Hierfür
ermöglichte der Prototyp das Ausprobieren der konkreten Interaktion. Zur Evaluation von
Gestaltungsentscheidungen bezüglich der Erlebnisebene kam hingegen ein Videoprototyp
zum Einsatz, welcher *Mo* im Kontext des sozialen Geschehens einer Party zeigt (◼ Abb. 8.1d).

Auswahl von Prototypingwerkzeugen, -materialien und -methoden
Aus den oben aufgeführten Leitfragen zur Definition der spezifischen Rolle von Prototypen,
lassen sich bereits einige allgemeine Hinweise zur Auswahl geeigneter Ansätze ableiten. Prototypingansätze, welche ein Konzept zeigen, aber kein aktives Ausprobieren erlauben, wie zum
Beispiel Videoprototyping/-performance oder auch Invisible Design, eignen sich für die Demonstration und Evaluation von Konzeptideen, weniger jedoch für die Exploration und Generierung
neuer Ideen. Auf Basis der oben zitierten Forschungsergebnisse zum systematischen Vergleich
von Prototypen möchten wir darüber hinaus für einige weitere generelle Aspekte sensibilisieren:
die Reichhaltigkeit des Prototypen, die Grenzen des Prototypen sowie die verwendete Konfrontationsmethode und begleitende Instruktionen. Auch diese Aspekte sollten bei der zielgerichteten Wahl von Prototypingwerkzeugen, -materialien und -methoden berücksichtigt werden, um
eine ideale Abstimmung auf die zuvor definierte Prototypingmotivation zu gewährleisten.

Welche Reichhaltigkeit sollte der Prototyp haben? Welche „Fidelity" benötigt
der Prototyp hinsichtlich verschiedener Dimensionen?
Ein weit verbreiteter Begriff zur Kategorisierung von Prototypen verschiedener Reichhaltigkeit
ist der Begriff der Fidelity (dt. Wiedergabetreue). Die Fidelity eines Prototyps beschreibt die
Wiedergabetreue im Vergleich zum Endprodukt. Damit sind Lo-Fi (Low-Fidelity) Prototypen solche, die noch weit vom Endprodukt entfernt sind, wohingegen Hi-Fi (High-Fidelity) Prototypen
bereits eine hohe Nähe zum Endprodukt aufweisen (z. B. Rudd et al. 1996). Neuere Arbeiten
führten auch den Begriff der Mixed Fidelity ein (z. B. McCurdy et al. 2006) und berücksichtigen
damit, dass Prototypen in einzelnen Dimensionen (z. B. Interaktivität, visuelle Erscheinung)
bereits sehr reichhaltig sein können und gleichzeitig in anderen Dimensionen kaum.
Das Filter-Fidelity-Modell von Hochreuter et al. (2013) bietet eine gute Möglichkeit zur Beschreibung von Prototypen auf der Ebene von Form/Interaktion und Funktion. Es unterscheidet fünf Dimensionen interaktiver Produkte (Erscheinung, Daten, Funktionalität, Interaktivität,
räumliche Struktur), die jeweils durch eine Reihe von einzelnen Variablen definiert sind. Prototypen können so anhand ihres Filter-Fidelity-Profils charakterisiert werden. Das Filter-Fidelity-
Modell trifft jedoch keine Aussagen zur Erlebnisebene, es bleibt offen, welche Variablen des
Prototypen hierfür besonders relevant sind.

Grundsätzlich sind zwei Ansätze denkbar, wie die Erlebnisebene im Prototyp angesprochen werden kann (vgl. auch Diefenbach et al. 2014): Ein erster Ansatz wäre ein ganzheitlicher Prototyp, der eine parallele Betrachtung mehrerer Ebenen ermöglicht. Ein Beispiel wäre ein Videoprototyp, der das Artefakt im Rahmen eines Szenarios zeigt und so gleichzeitig Einblicke in Form, Interaktion sowie Funktionalitäten und eben auch entstehende Erlebnisse bietet. Ein zweiter Ansatz wäre ein selektiver Prototyp, der den Fokus allein auf die Erlebnisebene richtet (High-Fidelity), die anderen Ebenen hingegen bewusst unscharf belässt bzw. gar nicht abbildet (Low-Fidelity). Beispiele hierfür wären Invisible Design (Briggs et al. 2012; s. auch ▶ Abschn. 8.2.1) oder ein textueller Prototyp, der nur das entstehende Erlebnis beschreibt, aber keine Aussagen zu Form, Interaktion und Funktionalitäten trifft (▶ Abschn. 8.2.2). Hinsichtlich der Passung von Fidelity und definierter Prototypingmotivation ist eine generelle Empfehlung, insbesondere die inhaltlich interessierende Ebene, reichhaltiger darzustellen. Aspekte, die aktuell nicht im Zentrum zu treffender Gestaltungsentscheidungen stehen, sollten hingegen weniger reichhaltig sein, um keine Aufmerksamkeit an die falschen Aspekte zu binden. Zu beachten ist hierbei allerdings, dass Low-Fidelity-Repräsentationen (z. B. grobe Skizzierung der Form des Produkts durch Strichzeichnungen) auch Raum für Idealisierungstendenzen bergen. Insgesamt sind Evaluationsergebnisse immer vor dem Hintergrund der im Prototyp vorliegenden Fidelity zu interpretieren.

Wie lassen sich die Grenzen des Prototypen vermitteln?
Eine weitere Herausforderung bei der Wahl und dem Erstellen des passenden Prototypen ist es, die Fidelitygrenzen des Prototypen zu verdeutlichen und gestaltete von nicht gestalteten Aspekten abzugrenzen. Teilweise werden diese Grenzen durch das Artefakt/Material selbst kommuniziert: Bei der Verwendung eines Papierprototypen zur Erprobung einer App für ein Smartphone mit Touchdisplay ist die Fidelitygrenze des Anfühlens der Interaktion offensichtlich. Es ist klar, dass sich ein Tap auf dem Display später anders anfühlen wird, als es das Papier vermittelt. In anderen Fällen ist die Grenze weniger offensichtlich. Ein in Graustufen gehaltener Prototyp könnte eine Gestaltungsentscheidung für eine minimalistische Farbwahl ausdrücken oder auch darauf zurückgehen, dass schlicht noch keine Entscheidung bezüglich der Farbwahl getroffen wurde. Ein Problem hierbei kann auch sein, dass sich Teilnehmer in Evaluationsstudien der Mixed-Fidelity von Prototypen nicht bewusst sind, sondern von einer hohen Fidelity bezüglich einer Dimension (z. B. Erscheinung) auf eine ebenfalls hohe Fidelity auf anderen Dimensionen schließen (z. B. Interaktivität). Diese implizite Annahme einer globalen, eindimensionalen Fidelity kann zu Verfälschungen bei der Bewertung führen. Wichtig bleibt insgesamt, die Grenzen des Prototypen bezüglich der einzelnen Dimensionen bewusst zu machen – wenn dies nicht durch den Prototyp selbst möglich ist, dann durch entsprechende Instruktionen (z. B. „Die vorliegende Skizze des Produktkonzepts beschreibt die Funktionalitäten des Produkts, nicht aber das Aussehen. Das visuelle Design des Produkts wird erst zu einem späteren Zeitpunkt festgelegt. Bitte beziehen Sie Ihr Urteil darauf, ob Sie die Funktionalitäten des Produkts für nützlich halten und ein solches Produkt gern nutzen würden").

Welche Konfrontationsmethode und Instruktionen fokussieren die Aufmerksamkeit auf die interessierende/n Ebene/n?
Der Begriff der Konfrontationsmethode beschreibt die Art und Weise, wie Personen mit dem Prototyp/Artefakt in Kontakt kommen. Bei einigen Prototypingansätzen ergibt sich dies aus

dem Artefakt selbst (z. B. Videoprototyp – anschauen), für andere Artefakte sind verschiedene Arten der Konfrontation denkbar. Einen Papierprototyp beispielsweise kann man ansehen oder auch anfassen, eventuell sogar verformen und so eine Idee des Anfühlens der Interaktion erhalten. Aus der gewählten Konfrontationsmethode ergibt sich, welche Arten von Einsichten primär gewonnen werden. Wird ein Papierprototyp nur angesehen und nicht angefasst/ausprobiert, ergeben sich wahrscheinlich mehr Rückmeldungen und Ideen zur visuellen Erscheinung als zur Interaktion. Auch die Art von begleitenden Instruktionen spielen eine wichtige Rolle, sowohl für Prototyping als Mittel der Exploration als auch für Prototyping als Mittel der Evaluation.

Für die Evaluation gilt: Die Bewertung von Produktideen anhand von Prototypen, d. h. einer unfertigen Darstellung des Produkts, stellt für Teilnehmer grundsätzlich eine Herausforderung dar. Umso wichtiger ist es, die Erwartungen an Studienteilnehmer klar zu vermitteln („Wir erhoffen uns von Ihnen Antworten", „Uns interessiert Ihre Meinung zu _____", „Für uns ist interessant, wie Sie über _____ denken") und Teilnehmer in einem Gefühl von Urteilsfähigkeit zu bestärken. Auch in dieser Hinsicht ist es wichtig, die Grenzen des Prototypen klarzumachen, sodass Teilnehmer beispielsweise fehlende Systemreaktionen (durch mangelnde Interaktivität des Prototypen) oder Sackgassen in Navigationspfaden (durch im Prototypen noch nicht abgebildete Funktionen) nicht auf ihr eigenes Unvermögen zurückführen, was ihre Urteilssicherheit mindert. Auch motivationale Aspekte spielen eine Rolle für die Qualität von Evaluationsergebnissen. Um möglichst umfangreiche Einsichten zu erlangen, sollte der Prototyp neugierig machen und zur Exploration anregen.

Übertragen auf den Einsatz von Prototyping als Mittel der Exploration heißt dies: Welche Instruktionen lenken den Fokus der Ideengenerierung auf die interessierende Ebene? Welche zusätzlichen Artefakte/Trigger könnten den gewünschten Fokus unterstützen? Liegt das Interesse auf der Ebene der Instruktion könnte die Instruktion lauten, den Prototyp in die Hand nehmen, interagieren und ausprobieren. Als zusätzlicher Trigger für ein Nachdenken über die Interaktion könnten die Tools rund um das Interaktionsvokabular zum Einsatz kommen (▶ Kap. 6). Für die Ebene der Produktfunktionalitäten könnten Instruktionen ein Nachdenken über potenzielle Use-Cases und notwendige Funktionen anregen. Für die Erlebnisebene könnte die Ideengeneration durch Rollenspiele und vorgegebene Szenarios angeregt werden, die Bedürfniskarten (▶ Kap. 7) könnten als Trigger eingesetzt werden.

Fazit

Prototyping ist seit jeher ein fester Bestandteil des Prozesses der nutzerzentrierten Produktgestaltung. Prototypen dienen sowohl als Instrument der Exploration und Ausgestaltung als auch für Evaluationszwecke. Mit dem technischen Fortschritt wird die Rolle von Prototyping immer wichtiger. Abschätzungen dazu, wie sich beispielsweise neue Zutaten wie Touch- oder gar berührungslose Gestensteuerung, Elemente erweiterter Realität (engl. *augmented reality*) oder standortbezogene Dienste (engl. *location based services*) im Nutzungserlebnis ausspielen, werden immer schwieriger. Dies liegt einmal schlicht an fehlenden Erfahrungswerten für innovative Technologien – gleichzeitig wird aber auch das Erlebnis komplexer. Ein Grund hierfür ist auch die zunehmende Relevanz sozialer Interaktion. War bei der Gestaltung von typischer PC-Software (z. B. ein Schreibprogramm) meist nur der einzelne Nutzer im Blickfeld, ermöglichen viele Smartphoneapps auch eine Anbindung an soziale Netzwerke oder die Möglichkeit, eigene Aktivitäten (z. B. getätigte Einkäufe, besuchte Orte, angesehene Videos) zu teilen und zu verbreiten.

All dies schafft einen Bedarf nach Prototypingwerkzeugen und -methoden, die spezifisch die Erlebnisebene ansprechen. Wir haben in diesem Kapitel einige Ansätze vorgestellt, welche die Repräsentation von Erlebnissen mit interaktiven Produkten in der Gestaltungsphase unterstützen (► Abschn. 8.2). Diese reichen von technisch sehr einfachen Artefakten (z. B. textuelle Prototypen, Platzhalterprototypen) bis zu aufwändigeren Lösungen wie Videoprototypen. Neben der besonderen Betonung des entstehenden Erlebnisses und sozialer Interaktionen (im Unterschied zu technischen Details und der formalen Gestaltung des Produkts) rückt beim Erlebnisprototyping auch die Bedeutsamkeit und Integration des Produkts im Lebensalltag von Nutzern in den Vordergrund. Die Frage, ob Virtual Reality Shopping technisch realisierbar und fehlerfrei bedienbar ist, ist eine andere als die Frage, ob Virtual Reality Shopping von Menschen tatsächlich gewünscht ist und eine Bereicherung für deren Alltag darstellt. Während sich die erste Frage gut in Laborstudien beforschen lässt, wäre für die zweite Frage eine Konzeptevaluation im Alltag mithilfe von Platzhalterprototypen hilfreicher.

Welcher Prototyp nun der angemessene ist, ist immer abhängig von der spezifischen Motivation hinter dem Einsatz von Prototypen, wie wir in ► Abschn. 8.3 und 8.4 beschreiben. Insgesamt betonen wir in diesem Buch, dass es in der Gestaltung interaktiver Produkte selten ein klares Richtig oder Falsch gibt – die Zutaten hängen von dem gewünschten Erlebnis ab: Welche Bedürfnisse möchte ich erfüllen, wie soll sich die Interaktion anfühlen, wer soll noch teilhaben? Prototyping kann helfen, die Konsequenzen einzelner Elemente der Produktgestaltung auf verschiedenen Ebenen frühzeitig bewusst zu machen und damit fundierte Gestaltungsentscheidungen zu treffen – alles im Sinne eines positiven Nutzungserlebnisses und der Mission: Wir wollen Menschen glücklich machen.

Literatur

Braun, M., Diewald, C., Schenker, A., Schönewald, I., & Vu, A. (2016). Saving Plant. https://blockpraktikumexperience-design.wordpress.com/. Zugegriffen: 17. August 2016.

Briggs, P., Blythe, M., Vines, J., Lindsay, S., Dunphy, P., Nicholson, J., & Olivier, P. (2012). *Invisible design: exploring insights and ideas through ambiguous film scenarios*. Proceedings of the DIS Conference on Designing Interactive Systems. (S. 534–543). New York: ACM.

Buchenau, M., & Suri, J. F. (2000). *Experience Prototyping*. Proceedings of the DIS Conference on Designing Interactive Systems. (S. 424–433). New York: ACM.

Buxton, B. (2007). *Sketching user experiences*. San Francisco: Morgan Kaufmann.

Coughlan, P., Suri, J. F., & Canales, K. (2007). Prototypes as (Design) Tools for Behavioral and Organizational Change. A Design-Based Approach to Help Organizations Change Work Behaviors. *The Journal of Applied Behavioral Science, 43*(1), 122–134.

Diefenbach, S., Hassenzahl, M., Eckoldt, K., & Laschke, M. (2010). *The impact of concept (re)presentation on users' evaluation and perception*. Proceedings of the NordiCHI Nordic Conference on Human-Computer Interaction. (S. 631–634). New York: ACM.

Diefenbach, S., Chien, W.-C., Lenz, E., & Hassenzahl, M. (2013). Prototypen auf dem Prüfstand. Bedeutsamkeit der Repräsentationsform im Rahmen der Konzeptevaluation. *i-com. Zeitschrift für interaktive und kooperative Medien, 12*(1), 53–63.

Diefenbach, S., Lenz, E., & Hassenzahl, M. (2014). *Handbuch proTACT Toolbox. Tools zur User Experience Gestaltung und Evaluation*. Essen: Folkwang Universität der Künste.

Gruen, D., Rauch, T., Redpath, S., & Ruettinger, S. (2002). The use of stories in user experience design. *International Journal of Human-Computer Interaction, 14*(3-4), 503–534.

Hochreuter, T., Kohler, K., & Maurer, M. (2013). Prototypen im Kontext be-greifbarer Interaktion besser verstehen. In S. Boll, S. Maaß & R. Malaka (Hrsg.), *Mensch & Computer 2013* (S. 169–180). München: Oldenbourg.

Kohler, K., & Diefenbach, S. (2015). Pimp your prototyping – der systematische Einsatz von Prototypen zur Gestaltung und Evaluation interaktiver Produkte. Forum UX Cebit Innovation Award. http://www.cebitaward.de/der-cebit-innovation-award/aus-der-praxis/pimp-your-prototyping.html. Zugegriffen: 4. März 2016.

Kohler, K., Hochreuter, T., Diefenbach, S., Lenz, E., & Hassenzahl, M. (2013). Durch schnelles Scheitern zum Erfolg: Eine Frage des passenden Prototypen? In H. Brau, A. Lehmann, K. Petrovic & M. C. Schroeder (Hrsg.), *Usability Professionals 2013* (S. 78–84). Stuttgart: Usability Professionals' Association e. V.

Laseau, P. (2000). *Graphic Thinking for Architects and Designers*. New York: John Wiley and Sons.

Laurel, B. (2003). Design-Improvisation. Ethnography meets theater. In B. Laurel (Hrsg.), *Design Research: Methods and Perspectives* (S. 49–54). Cambridge, MA, USA: MIT Press.

Lenz, E., Hassenzahl, M., Adamow, W., Beedgen, P., Kohler, K., & Schneider, T. (2016). *Four Stories About Feeling Close Over A Distance*. Proceedings of the TEI International Conference on Tangible, Embedded, and Embodied Interaction. (S. 494–499). New York: ACM Press.

Lim, Y., Stolterman, E., & Tenenberg, J. (2008). The anatomy of prototypes: Prototypes as filters, prototypes as manifestations of design ideas. *ACM Transactions on Computer-Human Interaction, 15*(2), 7.

McCurdy, M., Connors, C., Pyrzak, G., Kanefsky, B., & Vera, A. (2006). *Breaking the fidelity barrier: an examination of our current characterization of prototypes and an example of a mixed-fidelity success*. Proceedings of the SIGCHI Conference on Human factors in Computing Systems. (S. 1233–1242). New York: ACM.

Rudd, J., Stern, K., & Isensee, S. (1996). Low vs. high-fidelity prototyping debate. *interactions, 3*(1), 76–85.

Sproll, S., Peissner, M., & Sturm, C. (2010). *From product concept to user experience: exploring UX potentials at early product stages*. Proceedings of the NordiCHI Nordic Conference on Human-Computer Interaction. (S. 473–482). New York: ACM.

Virzi, R. A., Sokolov, J. L., & Karis, D. (1996). *Usability problem identification using both low-and high-fidelity prototypes*. Proceedings of the SIGCHI Conference on Human factors in Computing Systems. (S. 236–243). New York: ACM.

Walker, M., Takayama, L., & Landay, J. A. (2002). High-fidelity or low-fidelity, paper or computer? Choosing attributes when testing web prototypes. *Proceedings of the Human Factors and Ergonomics Society Annual Meeting, 46*(5), 661–665. Minneapolis/St. Paul, Minnesota: Human Factors and Ergonomics Society.

Warfel, T. Z. (2009). *Prototyping: a practitioner's guide*. New York: Rosenfeld Media.

Fazit und Ausblick

Sarah Diefenbach, Marc Hassenzahl

© Springer-Verlag GmbH Deutschland 2017
S. Diefenbach, M. Hassenzahl, *Psychologie in der nutzerzentrierten Produktgestaltung,*
Die Wirtschaftspsychologie, DOI 10.1007/978-3-662-53026-9_9

Wir möchten an dieser Stelle nicht mehr viele Worte verlieren. Bereits im Vorwort haben wir unser Anliegen formuliert: Menschen glücklich machen und den Beitrag der Technik hierzu nicht nur kritisch zu hinterfragen, zu analysieren und zu evaluieren, sondern aktiv und bewusst zu gestalten. Interaktive Produkte sollen aus unserer Sicht Wohlbefinden mehren, im Arbeits- und Privatleben. Dieses Wohlbefinden durch Technik soll nicht nur ein freundliches Marketing- versprechen bleiben, sondern sich in der alltäglichen Nutzung interaktiver Produkte realisieren.

Ein Fazit, das Sie als Leser nach dem Genuss dieses Buches vielleicht ziehen, ist, dass der Wunsch nach mehr Wohlbefinden – nimmt man ihn denn ernst – jede Menge Herausforde- rungen mit sich bringt. Es ist dann doch gar nicht so einfach zu verstehen, was Menschen glücklich macht und was nicht – warum eine Kommunikationstechnologie, wie das in den vorherigen Kapiteln vorgestellte *Flüsterkissen* zum Austausch intimer Botschaften, für einige Paare emotional erfüllend, für andere einfach ein nettes Spielzeug und für wieder andere gar ein Auslöser von Streit ist. Die Lesebestätigung in *WhatsApp* (blaue Haken) war vielleicht als Bereicherung gedacht, für viele bedeutet es aber einfach nur Stress, sich rechtfertigen müssen, warum Nachrichten noch nicht gelesen wurden oder gelesen, aber nicht beantwortet wurden. In einer Studie sagte ein Teilnehmer dazu auch: Die Haken zerstören den Raum für Kopfkis- senfragen – Fragen, über die man lieber einmal eine Nacht schlafen würde und dann auch besser antworten könnte. Wollte *WhatsApp* uns den Tiefgang klauen – die Kommunikation der Menschheit unterwandern, indem die ohnehin schon kurzen Antwortzyklen durch blaue Haken noch zusätzlich beschleunigt werden, und dadurch immer oberflächlicher machen? Wollte *Facebook* die Menschen zu Objekten machen, indem Freunde gezählt und gesammelt werden? Wir wissen es nicht. Jetzt liegt es an Ihnen, diese Beispiele als Zynismus oder fehlende Aufmerksamkeit von Technikunternehmen zu deuten. Wir hoffen auf Letzteres, denn nur dann kann ein Buch wie das vorliegende etwas ändern. Tatsache bleibt: Die Hersteller von Smart- phones und Apps bestücken ihre Produkte gnadenlos mit neuen Features und Funktionen, die vielleicht technisch funktionieren, deren wohlbefindens- und ergebnisorientieren Konsequen- zen aber völlig ungetestet bleiben. Schaut man sich an, was da so herauskommt, können wir nur wohlwollend hoffen, dass es sich nicht um Absicht handelt.

Gerade deshalb ist eine stärker erlebnis- und wohlbefindensorientierte Perspektive in der Technikgestaltung so wichtig. Mit den technischen Möglichkeiten wächst das Potenzial für die Anregung positiver Aktivitäten, aber auch das Potenzial für Chaos und Unheil. Wir sollten weder das positive Potenzial verkennen noch die negativen Konsequenzen einfach hinnehmen (... so ist das eben heutzutage in der modernen Welt). Sich für das Nutzungserlebnis interes- sieren, psychische Bedürfnisse der Menschen ernst nehmen und sich den Seiteneffekten von Technik und Herausforderungen bewusst werden, ist aus unserer Sicht immer besser, als sich der Technikgestaltung aus allein pragmatischer oder rein profitorientierter Sicht zu nähern.

Ein weiteres Fazit, dem Sie sich hoffentlich ebenfalls anschließen können, ist aber auch, dass es sich hierbei keineswegs um ein hoffnungsloses Unterfangen handelt. Es gibt systematische Wege, Modelle und Methoden, um über Erlebnisse, Praktiken und Interaktion nachzudenken und hierauf basierend Technik zu gestalten. Wir haben in diesem Buch die notwendigen Be- griffe, Modelle und praktisches Handwerkzeug vorgestellt und das Arbeiten mit diesen Werk- zeugen anhand von Beispielen illustriert. Nun sind wir gespannt, wie Sie dieses Handwerkzeug in Ihrem Bereich nutzen werden, und freuen uns natürlich auch, von Ihren Erfahrungen zu hören! Wir hoffen, dass Sie als Forscher, Lehrender, Gestalter oder einfach Alltagsnutzer von Technik zum Multiplikator werden und wir gemeinsam konstruktiv das Wohlbefinden mit und durch Technik steigern. Die Alternative dazu wäre ein Verneinen der Technik, die uns naiv erscheint. Viele möchten und können auf ihre Geschirrspülmaschinen, Smartphones und all die anderen technische Gerätschaften nicht verzichten. Sollen sie auch nicht. Aber wir können damit beginnen, Technik und wichtige menschliche Bedürfnisse nach Freude und Bedeutung miteinander zu versöhnen.

Wir sind uns sicher: Psychologische Fragen der Technikgestaltung und all das, was wir in den vorherigen Kapiteln beschrieben haben, wird zukünftig noch wichtiger werden. Es sieht nicht danach aus, als hätten die Möglichkeiten der Technik ein Ende erreicht. Gleichzeit wird es uns immer wichtiger, wie wir unsere Lebenszeit verbringen. Damit wird auch die Relevanz einer psychologischen Betrachtung eher zunehmen. Die gute Nachricht, nachdem Sie dieses Buch gelesen haben: Sie sind bereits vorbereitet.

Serviceteil

© Springer-Verlag GmbH Deutschland 2017
S. Diefenbach, M. Hassenzahl, *Psychologie in der nutzerzentrierten Produktgestaltung,*
Die Wirtschaftspsychologie, DOI 10.1007/978-3-662-53026-9

Sachverzeichnis